精细控压压力平衡法固井技术

乐 宏 郑有成 李 杰 郭建华 等著

石油工业出版社

内 容 提 要

本书以精细控压压力平衡法固井关键技术为主线,重点阐述了窄安全密度窗口精细控压压力平衡法固井工程,介绍了设计重点、计算方法、关键装备和软件、应用技术和现场效果等内容,是国内第一本精细控压压力平衡法固井工艺方面的技术专著。

本书可供从事石油天然气开发工作的管理人员、工程技术人员,以及相关院校师生参考使用。

图书在版编目（CIP）数据

精细控压压力平衡法固井技术／乐宏等著．—北京：石油工业出版社，2020.2
ISBN 978-7-5183-3885-6

Ⅰ.①精… Ⅱ.①乐… Ⅲ.①固井-井压力-研究 Ⅳ.①TE256

中国版本图书馆 CIP 数据核字（2020）第 027889 号

出版发行：石油工业出版社
（北京安定门外安华里 2 区 1 号　100011）
网　　址：www.petropub.com
编辑部：（010）64523537
图书营销中心：（010）64523633
经　　销：全国新华书店
印　　刷：北京中石油彩色印刷有限责任公司

2020 年 2 月第 1 版　2020 年 2 月第 1 次印刷
787×1092 毫米　开本：1/16　印张：11
字数：265 千字

定价：88.00 元
（如发现印装质量问题，我社图书营销中心负责调换）
版权所有，翻印必究

《精细控压压力平衡法固井技术》
编委会

主　任：乐　宏

副主任：郑有成　李　杰　郭建华

成　员：陈　刚　姚坤全　徐璧华　陈力力　李　维
　　　　段　勇　胡锡辉　王　锐　邓传光　胡永东
　　　　张本健　赵俊生　吕宗刚　张华礼　袁　彬
　　　　李俊蝠　马　勇　徐冰青　汪　瑶　黄　媚
　　　　邓广东　李　斌　马旌伦　曹　权　夏连彬
　　　　杨兆亮　付　志　沈欣宇　张玉婷　徐卫强
　　　　伍　葳　张　军　刘　强　符　豪　李成全
　　　　米光勇　王　强　李朝林　张超平　曾肃超
　　　　张　华

前　言

随着油气勘探开发不断转向更深、更复杂地层，深井超深井成为打开这类地层的主要技术手段。深井复杂地层给固井带来了巨大的挑战：套管难以居中，环空偏心大；封固段长，油气显示活跃，喷漏同层，安全密度窗口窄；环空间隙小，施工泵压高，井漏风险大；小尺寸尾管固井易漏失，水泥浆用量难以确定；顶替效率低，固井质量难以保证。在精细控压钻井技术基础上延伸和发展的精细控压压力平衡法固井技术，成为有效解决深井超深井固井遇到的小间隙、高流体摩阻、窄密度窗口条件下的敏感地层压力控制等难题的主要技术措施。

最近几年来，随着控压钻井技术和固井技术的飞速发展，精细控压压力平衡法固井技术也得到了快速发展，每年有大量的研究成果和学术论文问世，但迄今为止，国内外尚缺乏一本较为系统的、全面的、从理论到应用实践全面介绍精细控压压力平衡法固井技术的著作，因而从事固井工作的技术人员，在学习和使用该项技术时会遇到困难。所以，编写本书的目的是让从事固井工作的工程技术人员能够很自如地掌握精细控压压力平衡法固井技术原理及设计方法。

全书共分六章，主要内容有：窄安全密度窗口固井技术现状及分析、精细控压压力平衡法固井设计技术、精细控压压力平衡法固井井筒压力场精确计算方法、精细控压压力平衡法固井装备与施工技术、精细控压压力平衡法固井计算机设计与控制软件应用、精细控压压力平衡法固井现场应用及效果。

本书由乐宏任编委会主任，郑有成、李杰、郭建华任编委会副主任。具体章节编写人员如下：第一章由陈刚、段勇、徐璧华、邓传光、曹权、张玉婷编写；第二章由陈力力、马勇、胡锡辉、李斌、刘强、付志编写；第三章由李维、胡永东、徐冰青、黄媚、袁彬、夏连彬、王强、伍葳编写；第四章由姚坤全、张本健、吕宗刚、赵俊生、邓广东、杨兆亮、李成全、沈欣宇编写；第五章由张华礼、汪瑶、张军、马旌伦、曾肃超、李俊蝠、徐卫强、张超平编写；第六章由王锐、米光勇、李朝林、符豪、张华编写。全书由乐宏策划，郭建华统稿，李杰和郑有成审阅。本书编写过程中参考了大量的资料和书籍，其中一部分已在书后的参考文献中列出，在此谨对这些文献的作者和未被列出文献的作者表示深切的谢意！

由于编写人员水平有限，书中难免有不妥之处，恳请读者批评指正。

目 录

第一章 窄安全密度窗口固井技术现状与分析 … 1
- 第一节 窄安全密度窗口地层 … 1
- 第二节 窄安全密度窗口地层固井难点 … 3
- 第三节 窄安全密度窗口地层主要固井技术措施 … 4
- 第四节 窄安全密度窗口地层固井发展概述 … 11
- 第五节 窄安全密度地层固井案例 … 12

第二章 精细控压压力平衡法固井设计技术 … 15
- 第一节 压力平衡法固井 … 15
- 第二节 精细控压压力平衡法固井原理与方法 … 22
- 第三节 精细控压压力平衡法固井浆柱结构设计 … 32
- 第四节 精细控压压力平衡法固井井口补偿压力计算 … 43
- 第五节 精细控压压力平衡法固井适应性评价 … 45

第三章 精细控压压力平衡法固井井筒压力场精确计算方法 … 49
- 第一节 下套管过程中井筒压力场计算 … 49
- 第二节 高温对水泥浆流变性能的影响 … 59
- 第三节 注水泥过程中井筒压力场计算 … 70
- 第四节 水泥浆失重及影响因素分析 … 78
- 第五节 候凝期间气窜预测方法 … 91

第四章 精细控压压力平衡法固井装备与施工技术 … 96
- 第一节 精细控压压力平衡法固井装备 … 96
- 第二节 精细控压压力平衡法固井施工技术 … 108

第五章 精细控压压力平衡法固井计算机设计与控制软件应用 … 112
- 第一节 精细控压压力平衡法固井设计软件 … 112
- 第二节 水泥浆失重与候凝过程控压计算软件 … 126
- 第三节 下套管环空当量密度模拟分析软件 … 128
- 第四节 控压固井实时控制软件 … 129
- 第五节 精细控压平衡压力固井现场应用井设计示例 … 131

第六章 精细控压压力平衡法固井现场应用及效果 … 135
- 第一节 四川盆地九龙山构造现场应用及效果 … 135
- 第二节 四川盆地双鱼石区块现场应用及效果 … 145
- 第三节 四川盆地高石梯—磨溪构造现场应用及效果 … 157

参考文献 … 164

第一章 窄安全密度窗口固井技术现状与分析

随着石油勘探不断向深部地层、复杂地层开展，这类地层开发将面临越来越多的窄安全密度窗口地层固井，需要不断提高固井技术水平，实现对地层有效封隔的目标。窄密度窗口地层就是地层孔隙压力和地层破裂压力梯度之间差值很小的地层。这类地层在钻井过程中往往伴随其他一些井下复杂情况。这些复杂情况导致固井施工过程中所遇问题难度大、变化多，一直难以有效解决。针对窄安全密度地层的固井难题，过去采用的技术措施是平衡井筒压力，维持井筒的过平衡状态，并结合相应的水泥浆体系，最大限度地提高固井质量。但是，该方法在处理特殊地层时，其固井质量并不理想。随着控压钻井技术的提出以及在实践应用中的效果，固井时借用控压钻井的设备进行精细控压固井，动态地平衡井筒压力，使窄安全密度窗口地层的固井质量有显著地提高。近年来，精细控压固井技术不断发展，丰富了实时监控系统、水力模拟软件、自动节流系统，并建立了相应的数据库，能够实现软硬件结合更精准地处理井下复杂多变的数据，做到精确动态地控制井筒压力，保证复杂井况下的封固质量，为窄安全密度窗口井提供了切实有效的固井手段。

第一节 窄安全密度窗口地层

在钻井工程中，要做到安全钻进就要在整个作业过程中维持井壁稳定，而井壁稳定则是要保证井壁不坍塌、不破裂。从岩石力学角度来看，井壁坍塌的原因是由于井内液柱压力过低，造成井壁周围岩石剪切破坏，对于脆性地层会产生坍塌掉块，而对于塑性地层会产生径向塑性变形从而造成缩径。井壁破裂的原因主要有两种不同观点，一种认为是井内流体压力沿着地层裂缝薄弱面入侵使其开裂；另一种则认为是井壁周围岩石所受周向应力超过其抗拉强度而产生破裂。当环空静水压力小于地层坍塌压力时，井壁发生坍塌；当井内流体循环时，井筒压力大于地层破裂压力，导致地层破裂发生严重漏失。同时，要保证安全钻进，还要综合考虑地层孔隙压力和漏失压力的影响。

因此，钻井安全密度窗口通常定义为在钻井过程中不造成井漏、井塌、井喷等井下安全事故，用于平衡地层压力以维持井壁稳定性的钻井液密度范围。即：

$$\max(\rho_b, \rho_p) < \rho < \min(\rho_f, \rho_L) \tag{1-1}$$

式中 ρ_b——地层坍塌压力当量密度，g/cm^3；

ρ_p——地层孔隙压力当量密度，g/cm^3；

ρ_f——地层破裂压力当量密度，g/cm^3；

ρ_L——地层漏失压力当量密度，g/cm^3。

窄安全密度窗口是在钻井安全密度窗口的基础上延伸出的相关概念。窄安全窗口则是指钻井过程中环空压力损失大于或等于孔隙压力与破裂压力的差值，这对于钻井液密度的选择及钻井安全提出了挑战。这说明，在窄安全窗口地层中，地层孔隙压力和破裂压力非常接近，作业过程中井筒压力极易超过安全窗口，最终导致井涌、井漏等井下严重事故发生。因此，解决窄密度窗口钻井安全问题，就是要解决井涌、失稳、坍塌、涌漏同层等钻井安全问题。

压力参数也是固井作业需要重点考虑的影响参数，可影响环空浆柱结构、水泥浆体系性能、平衡注水泥施工设计、顶替流速、流态和在候凝过程中压稳地层流体、防止地层流体窜槽等一系列影响固井质量的关键环节。固井窄安全密度窗口的定义是指由该井眼地层漏失压力梯度和地层流体侵入压力梯度所确定的压力范围，它们分别是窄安全窗口的上、下限，即固井施工过程中压力操作范围。

在固井作业过程中，通过泵送不同密度和不同流变性的不同流体来完成固井作业，水泥浆必须被泵送到井口表面或环空指定深度处，并对环空提供有效封隔。在任何时候，固井作业的关键都是维持井筒内压力系统处于过平衡状态，以压稳地层并维持正常井控。总的来说，要实现有效的层间封隔，达到良好的固井质量，避免地层流体侵入井筒及井漏发生，就要保障固井施工中井筒压力控制在安全密度窗口内，即使流体在环空中的动态当量密度始终大于最大孔隙压力小于最小破裂压力梯度。

随着油气资源勘探开发不断向深层超深层进军，深井超深井越来越多，钻遇具有挑战性的窄安全密度窗口的区域也越来越常见。窄安全密度窗口区域常见的地层特征：(1) 地层压力敏感；(2) 同一裸眼井段上多套压力系统；(3) 发育容易坍塌和漏失的薄弱地层；(4) 钻遇压力系统被破坏的枯竭油气层；(5) 深海海底地层。在实际施工中，窄安全密度窗口地层常会伴随其他复杂地质情况，故窄安全密度窗口地层的有效封固问题非常突出，固井工作设计与施工中要做到统筹兼顾更是难上加难。

第二节　窄安全密度窗口地层固井难点

安全有效地提高固井质量，实现良好的层间封隔，一直是窄安全密度窗口固井作业中的难题。与窄安全密度窗口相关的非生产时间逐渐增加，尤其是在深海、枯竭井和超深井中。相较于普通地层，窄安全密度窗口地层最明显的特征是地层孔隙压力或坍塌压力高、地层破裂压力或漏失压力低，且两者之间的窗口非常小，使井筒压力维持在操作窗口内，达到安全作业的要求就更高。

窄安全密度窗口固井不仅对控制井筒压力的要求高，而且还需要考虑提高顶替效率保证固井质量，这就涉及如何合理设计固井液密度差、流变性及施工工艺。常规固井技术通常是通过提高水泥浆密度来预防井涌和气窜，但是高密度水泥浆和循环压力容易压裂地层、导致漏失，难以兼顾压稳和防漏。钻井液和水泥浆保持一定的密度差有利于提高顶替效率和减少混浆，但在顶替过程中密度稍微增加都可能会引起循环压力增加而压漏地层。固井施工中提高固井泵速有利于清除钻井液滤饼，但提高泵速会增加循环摩阻从而增大循环压力。窄安全密度窗口固井情况复杂、操作窗口小，相应的施工工艺、技术手段和应对措施等限制条件多。

目前，钻井技术发展迅速，深井和超深井的数目也不断增加，所遇到窄安全密度窗口相关的技术难题也越来越多。窄安全密度窗口固井，需要根据不同地质特征、不同施工要求，综合分析其固井难点。不同地质情况、不同施工要求中的窄安全密度窗口固井常见难点如下。

（1）在漏失性地层中，井漏会给固井带来比较严重的后果。固井过程中井漏造成的危害有：水泥浆返高不高，导致水泥环纵向压力不够，不能有效地封隔地层；漏失造成环空中钻井液流速下降，降低顶替效率，水泥固结后，强度下降；井漏可导致在下套管作业中套管被卡等事故；漏失影响水泥环的强度，层间水不能有效封堵，导致互窜；频繁漏失，通井循环排量低，固井前清洗井眼的目的难以实现，井眼中较多沉砂会影响水泥环的胶结甚至在上返过程中发生桥堵。常见的漏失性地层在固井作业过程中面临的技术难点主要有以下三种：①地层中伴随有人工裂缝和天然裂缝发育、承压能力较小；②井身结构简单、裸眼井段长、层间复杂；③施工中工艺参数要求较高，对固井质量要求严格。

（2）对于气层活跃区域，由于水泥浆失重、水泥浆窜槽和水泥石胶结截面存在裂缝，会导致环空气窜，环空气窜对开采油气有着严重的危害。在注水泥结束以后，水泥浆窜槽引起胶结质量降低或水泥浆难以承受气层压力，导致气层气体窜入水泥石基体，影响水泥石的胶结强度；气层气体进入水泥与套管或水泥与井壁的间隙导致层间窜流，会对油气层的测试评价产生影响；窜出井口，在井口冒油、冒气，引起固井后的井喷事故。防气窜固井的技术难点主要有：①硫化氢、二氧化碳等腐蚀性气体含量比较高，在井下环境中，极易反应生成腐蚀性强的物质，会对套管等防护设备产生影响，甚至会导致水泥浆的性能发生变化；②压力层系复杂多变，非常容易产生漏气、缩径甚至坍塌等事故。

（3）开发中后期的油气田中，注水开发是最广泛采用的保持油田油藏产能的开发方式，调整井所钻位置往往是主要的长期高压注水油藏，其地层非均质性特征和局部注采不平衡问题突出。其调整井固井技术难点主要有：①地层压力系统复杂。原始压力系统被破坏，地下压力重新分布，在地层孔隙压力平面内，从注水井到产油井往往形成压降漏斗。在纵向上形成高压层、低压层和常压层的多套压力系统。层间压差较大，高压与亏空层共存，易发生层间窜流。地层流体渗流对水泥环的冲刷严重影响调整井固井质量。②井眼尺寸不规范。在调整井钻井过程中地层易发生出水，导致井壁坍塌，井径扩大率高。如果钻井液性能较差，局部"大肚子"和"糖葫芦"形状井眼出现较多。当井眼扩大率大于15%时，井壁滤饼厚度可达3~5mm，形成钻井液滞留带，直接影响固井水泥浆封固。③固井质量要求高。布置调整井的主要目的是开发主力油藏间混合的薄、差油层等，在固井过程中，必须防止调整后薄油层的互窜以及调整后薄油层与老油层的互窜，由此固井质量要求提高。④水泥浆性能要求特殊。地层水进入水泥浆后，将直接影响水泥浆的凝固过程，影响水泥硬化体的性能。研究表明，地层流体以"溶蚀运移"的方式对水泥环的结构和胶结质量造成损害，这种损害比气侵造成的损害更为严重。

（4）在高温高压地层中，主要问题是地质条件复杂，存在地层孔隙压力或坍塌压力高和破裂压力或漏失压力低造成的压力窗口窄、同一裸眼井段中存在多套压力层系等特征。高温高压地层固井主要技术难点体现在：高温高压对水泥浆和井下工具性能影响大。水泥浆性能受温度的影响很大，常规降失水剂、缓凝剂、防气窜剂等外加剂在高温下其作用效果明显下降，且高温条件下缓凝剂加量与稠化时间非线性关系极大增加了水泥浆体系的设计难度，也给固井施工带来安全隐患。同时，水泥石在高温下存在后期强度衰退的问题，影响油气井的寿命和后期试采作业。因此，高温对水泥浆的流变性、沉降稳定性、水泥石强度等提出了更高的要求。此外，高温对固井工具附件性能的影响也很大，为确保工具附件的井下安全及密封件的有效性，其抗高温性能需满足要求。高压对固井工具附件的抗压能力提出了更高的要求，同时对水泥浆稠化时间也有影响。

（5）在窄安全密度窗口小间隙井中，其固井技术难点主要有：①套管的居中问题。小井眼固井由于环空间隙小，通常采用无接箍或薄接箍套管，无法安放扶正器，套管居中度不能保证，从而影响固井顶替效率，并且容易形成憋泵和桥堵，导致产生无法泵替的工程事故。②环空摩阻大。小井眼具有较小的环空间隙，套管容易黏附井壁造成过大的摩擦阻力，因此对套管的安全顺利下入带来困难。另外，小间隙导致了在套管下放、钻井液循环及固井作业时，均会引起较大压力波动，会引起井塌、憋泵或井漏发生。③顶替效率低。小井眼固井，套管壁薄，容易弯曲，套管偏心较常规井眼严重。小井眼的本身缺点就是环空间隙小，流动阻力大，为了减少过高的泵压，因此排量不能过大，只能采取较低返速的方法，难以实现紊流顶替，造成顶替效率低。④影响水泥浆的性能。由于流体通道整体变小，使注水泥作业中流动阻力明显增大，造成泵压增高，使水泥浆在小井眼窄环空中处于高剪切状态，可能造成水泥浆在高压差作用下迅速失水和脱水，流动性变差，环空摩阻增大，环空发生桥堵和憋泵的概率增大。

在以上列出的不同地质特征、不同施工要求的窄安全密度窗口固井难点中可以看出，固井施工措施限制条件多且问题突出，如果不能有效处理或控制，容易导致固井作业失败，以及后期水泥石失效。诸如此类的固井难题在深部地层、深部海域及非常规油气储层等勘探开发重点区域非常普遍，因此，不断发展出新的技术措施来解决窄安全密度窗口固井的一系列难题是非常必要的。

第三节　窄安全密度窗口地层主要固井技术措施

处理好窄安全密度窗口地层层间封隔问题，需要有效地避免井漏、溢流等井下事故的发生，同时应尽量提高顶替效率，保障固井质量。最初，窄安全密度窗口的固井技术措施主要集中在：水泥浆体系、压稳防漏防窜技术、提高顶替效率以及配套的辅助固井工具。近些年来，国内外进行了大量有关防窜、低密度、高强度、增韧水泥浆的研制以及防窜固井工具的开发等方面的工作，为提高易窜、易漏井段的固井提供了有效手段。虽然新型水泥浆及固井工具在窄安全密度窗口被广泛使用，但是固井中的漏失现象不能有效避免。于是后来又从固井防窜防漏的力学机理出发，提出控制井筒压力的平衡压力固井技术措施。平衡压力固井技术措施就是保证水泥浆顶替过程及水泥浆候凝期间的环空液柱压力大于地层孔隙压力、小于地层漏失压力。该固井技术措施以确定安全密度窗口、分析环空循环压降及水泥浆失重规律为依据，合理设计固井施工前后的井底压力，从力学角度达到压稳、防窜的目的，并结合防窜、防漏水泥浆体系，进一步提高固井质量。目前，针对窄安全密度窗口安全固井问题，最常用的技术措施是精细控压固井，该技术能够有效控制井下事故并能使用配套的水泥浆体系提高固井质量，在现场也得到了良好的实践。

针对窄安全密度窗口地层固井的相关技术措施主要包括：水泥浆体系、提高顶替效率、提高固井质量的配套工艺技术，从防窜防漏力学机理出发的平衡压力固井技术，以及目前应用效果最佳的精细控压固井技术。

一、功能性水泥浆体系

根据压稳防窜防漏的要求，应用于窄安全密度窗口固井的主要水泥浆体系有以下几种。

1. 低密度水泥浆

低密度水泥浆主要用于存在低漏失压力地层时的固井，常作为领浆封固上部地层。通过在水泥灰中加入减轻剂和填充剂，优化水灰比开发而成。普遍应用的减轻剂和填充剂有漂珠、微硅、膨润土、粉煤灰、惰性气体等。多压力体系共存时，低密度水泥浆密度设计不仅需满足易漏层防漏，还需兼顾高压层的压稳防窜。

2. 防窜水泥浆

在防窜水泥浆技术研究方面，有提高水泥浆防窜性的关键性能、水泥浆防窜能力量化指标和防窜外加剂优化以及防窜水泥浆体系等研发。现场应用的防窜水泥浆体系有触变水泥、充气水泥、膨胀水泥、延缓胶凝水泥、非渗透水泥等。触变水泥在顶替到位后，迅速形成大于240Pa的静胶凝强度，有效缩短了水泥浆由液态转化为固态的过渡时间，但触变水泥施工存在潜在风险，如施工不连续有可能造成憋泵或灌"香肠"事故。充气水泥利用气泡膨胀补偿水泥浆的体积收缩和压力损失，达到防窜的目的，但受施工设备、控制工艺或发气量限制，充气水泥的应用受到一定限制。延缓胶凝水泥是匹配长时间初凝时间与短初、终凝过渡时间（或静胶凝过渡时间），降低环空窜流概率。非渗透水泥浆中加入高分子聚合物或微细材料，利用化学交联剂的交联反应或利用微细材料充填作用形成不渗透膜，增加气体在水泥浆中的侵入和运移阻力，如胶乳水泥、部分交联聚合物水泥、硅灰水泥等。

3. 防漏水泥浆体系

防漏水泥浆体系主要包括各种低密度体系、交联聚合物材料、专用防漏水泥浆体系。交联聚合物防漏水泥浆体系主要成分为交联的水溶性聚合物材料（如触变水泥），其本身具有堵漏作用，但施工风险大，对作业设备和操作人员技术要求很高（如触变性小，堵漏效果不佳，而触变性强，施工中容易憋泵），故其应用十分有限。专用防漏水泥浆体系的主要成分为特种纤维材料，防漏失效果十分显著。堵漏水泥浆所形成的水泥石还具有显著的增韧抗裂作用，有助于防止聚能射孔对水泥环的破坏，延长油气井生产寿命。防漏水泥浆应具有以下效果：由于井下真实漏失类型难以判断，因此堵漏水泥浆最好既能封堵裂缝性地层，又能封堵孔隙性地层；堵漏后其所形成的堵漏层必须具有一定的承压能力；由于是窄压力安全窗口情况下的固井，水泥浆堵漏后在井壁上所形成的滤饼不能太厚，否则可能会发生井漏，甚至导致固井施工失败。

二、提高顶替效率设计

影响水泥环封固质量的首要因素是顶替效率，没有良好的顶替效率，其他任何措施都不会对固井质量起到有效作用。顶替效率是固井施工过程中最难控制的因素，受到井眼条件、套管居中度、水泥浆性能、钻井液性能、浆体结构设计、施工参数、接触时间等多方面因素的影响。提高顶替效率的技术措施主要包括扶正器的安放、活动套管、使用滤饼刷等实用技术，以及利用壁面剪切应力提高顶替效率方面的理论研究。

三、提高固井质量的配套工艺技术

1. 滤饼固化技术

对钻井液滤饼改性或钻固一体化，可实现固井两界面整体固化胶结，提高固井界面胶结强度与胶结质量，主要技术有 MTC 技术和 MTA 技术。MTC 固井技术是在钻井液中加入高炉矿渣等水硬性材料，配套激活剂，使之转化成具有一定强度的固化物。MTA 技术是实现"水泥环—滤饼—地层"整体胶结技术，完钻前在钻井液中加入处理剂改性滤饼，注水泥浆前注入以凝饼形成剂为主体的前置液，以硅溶蚀、铝置换、层间阳离子交换作用对滤饼进行处理和改性，借助凝饼形成剂和油井水泥水化初期产生的可溶性离子基团，诸如 OH^-、$H_3SiO_4^-$、$H_3AlO_4^{2-}$ 等，与钻井液改性滤饼发生成岩反应作用，实现了固井两界面整体固化胶结。

2. 环空压力补偿

采用井口加回压或附加循环摩阻的方式，补偿封固目的层水泥浆因"失重"造成的压力损失，提高对高压地层的压稳能力，防止候凝过程中油气水窜，为水泥浆候凝及强度发展提供静态的环境。压力补偿值的确定应由高压层地层压力、其他层位漏失压力、水泥浆"失重"后压力损失值、上层套管鞋漏失压力、上层套管抗内压强度和井口放喷器组额定工作压力综合决定。针对尾管固井或双级固井，也可借助钻井液循环产生的循环摩阻对下部固井浆柱结构进行压力补偿。

3. 管外封隔器

管外封隔器固井是将并存于同一裸眼井段的高压层、易漏层进行"分而治之"的技术。管外封隔器一般加放在漏失层或高压层之上，憋压涨封后在环空形成良好密封，以承担上部静液柱压力或阻止高压层油气水上窜。若存在多组高压或易漏失层位，可采用封隔器组。封隔器安放位置设计需要建立准确的地层压力剖面，掌握地层岩性特征与井径数据。另外，由于封隔器阻止上部液柱压力传递，在候凝与强度发展过程中体积缩小，易在第一、二界面处产生微裂缝，影响封隔段内的固井质量。

4. 浆柱结构设计

多凝浆柱结构可以实现分段压稳。功能性钻井液提高对虚滤饼冲洗效率，稀释钻井液，减少聚合物驱地下滞留物对水泥浆的不利影响。隔离液有效隔离钻井液与水泥浆，必要时起到辅助压稳作用。地层压力高且不存在漏失的井，固井前可加重井内部分段长钻井液，碰压后保留在环空内。当钻井液性能无法调整至固井要求时，固井前泵注一定段长低黏切且同等密度的新配钻井液。根据井径数据，精确计算水泥浆量，准确控制返高，避免因返高过高导致上部水泥浆在候凝时失去对全井段的压稳。

5. 井底加压工具配合管外封隔器

对井底至封隔器位置封隔段内的水泥浆进行加压，保持固井施工和候凝期间对地层的正压力，或维持平衡状态，避免因体积收缩产生油气水窜而影响界面胶结质量。加压工具位置在浮箍之上，两者之间调整一定套管段长，固井施工碰压后，先打开封隔器坐封，再通过压缩套管内水泥浆进入环空，达到对环空压力补偿的目的。补偿至环空压力大小是在"失重"后平衡压力差值基础上再附加 1~8MPa。加压行程套管长度确定需考虑流体压缩量与压力之间的关系、压力造成的套管伸长量以及工具打开后由压差产生的自由行程。

四、平衡压力固井技术

窄安全密度窗口地层固井压稳和防漏矛盾突出，虽然新型水泥浆以及固井工具不断被推广应用，但固井发生窜槽、漏失的情况并未得到有效控制。因此，从固井防窜防漏的力学机理出发，提出控制井筒压力的平衡压力固井技术措施。窄安全密度窗口地层平衡压力固井以安全密度窗口研究、固井环空循环压降分析、水泥浆失重规律研究为基础，优化设计环空浆柱结构、浆体性能及固井顶替工艺，合理设计固井施工前后井底压力，从力学角度实现压稳、防漏目的，并在此基础上提高水泥浆体系的防窜、防漏能力，提高固井质量。

平衡压力固井技术的核心是"高效顶替、整体压力平衡"，就是在保证高效顶替和尽量减少对储层伤害的前提下，使整个注、替水泥浆过程中，井下不同深度固井流体所形成的环空总液柱压力小于相应深度地层的破裂压力。而且当水泥浆被顶替到设计的环空井段后，在水泥浆凝固阶段，仍能保持环空液柱压力大于地层压力，防止地层油、气、水的互窜。平衡压力固井技术通过有效的压差控制技术和固井流体设计，在提高顶替效率的同时，防止固井中漏失和气窜的发生，获得理想的固井质量，从而实现对产层的最好保护。

平衡压力固井的关键是合理设计施工压力、固井液密度、施工排量以及环空浆体结构性能。(1) 环空压力设计：根据该井在钻井施工、地层漏失时和发生油气侵时钻井液的密度，结合漏失层井深位置和油气侵位置以及固井质量要求水泥浆返高，合理设计环空液柱当量密度。(2) 固井液密度设计：水泥浆不仅要满足性能的要求，还要达到平衡压力固井的要求，在顶替过程中固井液之间还需要保持一定的密度差，因此，需要多方面考虑进行固井液密度设计。(3) 施工排量设计：固井液排量设计基于流体的流变性，保证在固井施工过程中的压力平衡，同时还应达到对钻井液的有效驱替。在窄密度窗口固井中使用较多的是紊流—塞流变排量的复合顶替技术。采用紊流顶替有利于提高顶替效率，保证固井质量；塞流顶替环空摩阻非常小，可减小漏失发生的危险，同时塞流顶替可以保证水泥浆处于流动状态，传递环空液柱压力压稳气层，一旦顶替结束，水泥浆可以迅速胶凝，防止环空气窜的发生。

五、精细控压固井技术

精细控压固井是目前窄安全密度窗口地层固井作业最有效的技术措施。传统的固井方法是增加水泥浆的密度，以避免井涌，但该方法在窄安全密度窗口地层极易压漏地层。精细控压固井的隔离液、领浆和尾浆循环顺序和选择标准与常规固井相同。唯一不同的是，在控压固井系统中，建立一个封闭循环系统来实现控制环空压力在一定深度保持不变。精细控压固井是在精细控压钻井（Managed Pressure Drilling, MPD）的基础上提出的，其使用与控压钻井类似的装置，但是由于涉及不同流体具有不同密度和流变性，因此操作更加复杂。

1. 精细控压固井原理

控压固井技术基于优化环空加重隔离液、加重水泥浆等浆体结构，通过压稳计算，结合控压装置可控制井口及井底压力，在固井作业过程中压稳地层，减少井筒与地层之间不必要的流体交换，且不至于压漏地层，能更好地保障固井施工安全。该技术在下套管、注隔离液、注水泥浆、替钻井液及候凝等各种作业阶段井底压力都有变化的情况下，各阶段都能精准的动态井口控压，从而保证压稳地层且不压漏地层。精确控制井底压力在安全窗口内（即地层压力和破裂压力之间），需要综合考虑影响静液柱压力、环空循环压耗、井口回压的不同因素，其主要影响因素如下：

$$p_{BH} = p_{hyd} + \Delta p_f + p_{SB} \tag{1-2}$$

式中　p_{BH}——井底压力，MPa；

　　　p_{hyd}——静液柱压力（主要影响因素为固井液密度），MPa；

　　　Δp_f——环空循环压耗（主要影响因素为泵速、流变性能、温度、井眼尺寸），MPa；

　　　p_{SB}——井口补偿压力，MPa。

固井泵单元泵送固井液并将数据传递给 MPD 控制中心，经过数据处理后，MPD 控制中心通过控制节流阀开度调节进出口流量。在动态工况下，回压是通过流量计检测出的进出口流量变化来确定的，并由回流管线上的自动节流装置进行控制；而在静态条件下，背压由辅助背压泵提供，以维持井筒环空压力，避免固井作业出现漏失或溢流。

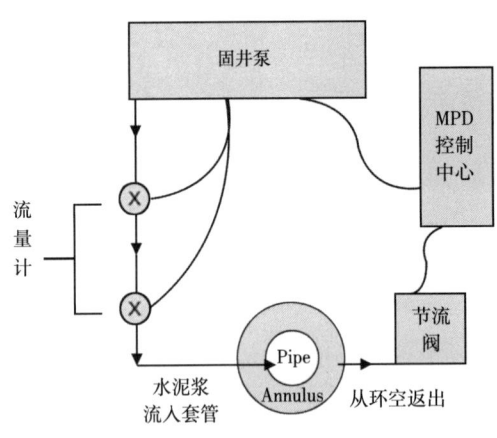

图 1-1　精细控压压力平衡法固井原理示意图

目前，多个国际油服公司均研发了各自的控压固井系统，其系统基本原理相同（图 1-1），主要是通过实时监控并调节井口回压或排量来实现环空压力的精细控制。其中，哈里伯顿、斯伦贝谢、Enhanced Drilling 公司的控压固井技术的工艺及设备等方面处于世界领先水平，哈里伯顿和斯伦贝谢公司控压固井技术的工艺流程、系统组成大致相同，主要用于海上或陆地窄密度窗口井固井，而 Enhanced Drilling 公司的控压固井系统略有不同，主要使用在无隔水管钻井液回收系统。下面将分别介绍各个公司控压固井的系统组成与工艺流程。

2. 精细控压固井系统组成与工艺流程

哈里伯顿、斯伦贝谢控压固井系统作业主要工艺流程如图 1-2 所示。

（1）固井操作窗口的确定。一旦一口井的钻井作业完成，固井作业的操作窗口就能完全确定。其能提供估计的孔隙压力（PP）和破裂压力（FP）剖面，指出在钻井过程中的漏失点和流体侵入点，并确定较窄 PP-FP 窗口的关键点，为固井设计的后期阶段进行评估提供依据，以调整当量循环密度（ECD）和当量静态密度（ESD）。

（2）固井液的预选。水泥浆的密度和流变性能是两个重要的参数，对 ECD 剖面影响很大，也将决定回压的供应流程。可根据不同情形，从固井流体主数据库（MDB）选择水泥浆密度，并预测用于初始水力模拟的水泥浆配方的准确流变性能。隔离液也有相似的过程。

（3）固井设计的优化。从固井液主数据库中，预选好隔离液和水泥浆体系，估算出它

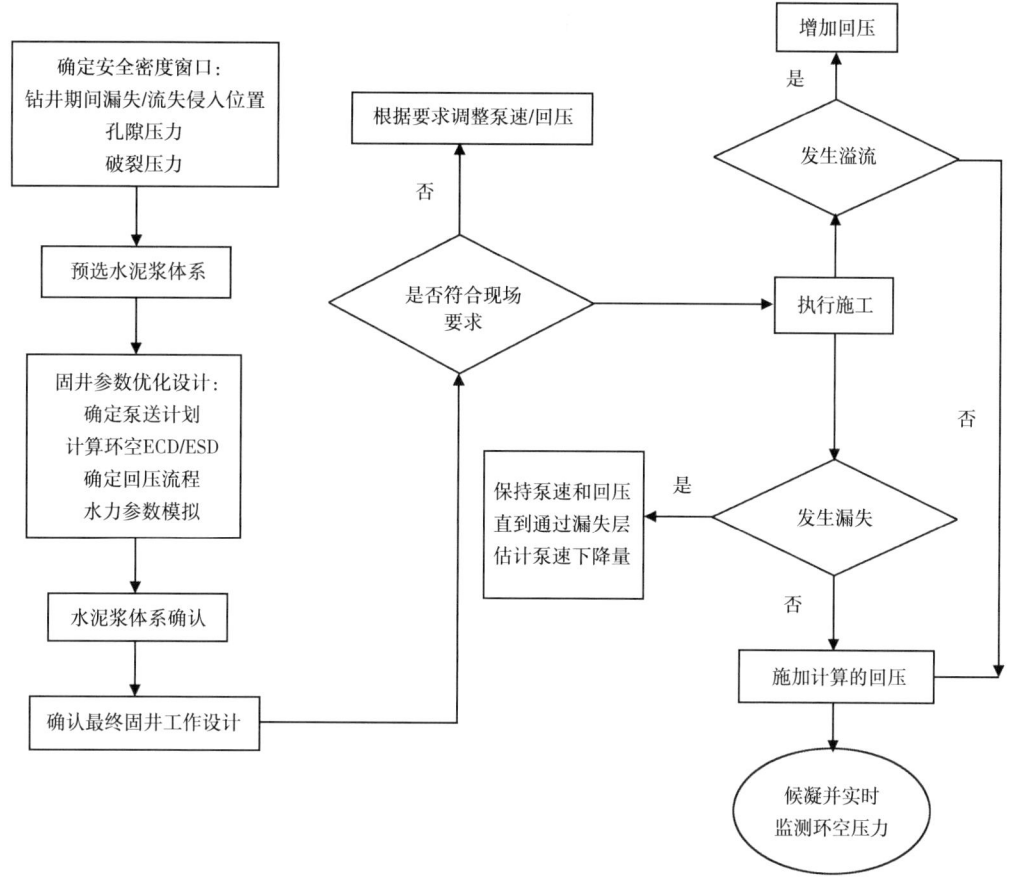

图 1-2 精细控压压力平衡法固井工艺流程示意图

们的流变特性后，固井设计的下一步就是创建初始泵送计划，确定每个阶段的泵送速率，以获得初始 ESD 和 ECD 剖面，然后将得到的曲线与 PP 和 FP 剖面进行比较，初步评估所需的背压，并确认固井作业设计在节流器的工作范围内。在初始水力模拟之后，确定了详细的回压流程，根据作业窗口调整 ECD 剖面，最好的做法是将泵送计划分成几个阶段，以获得更平滑的 ECD 曲线。通过采用系统迭代方法，优化后的动压剖面可以有效地控制关键点压力在压力窗口内。若 ECD 始终不能在要求压力窗口内，优先控制 ECD 略高于 PP 或尽可能趋近平衡，并添加纤维堵漏材料预防或减缓漏失。

（4）水泥浆的确认。最符合设计标准的水泥浆配方是用实际的水泥、二氧化硅和添加剂进行批量的实验室测试，以确认其性能，并验证水力模拟的预测输出。一般情况下，调整水泥浆性能只需进行较小的改动，整个确认过程通常在 24~36h 内完成。

（5）最终程序的验证。对于最终程序的验证，需要各方工作人员包括固井工程师、油井工程师和动态压力管理工程师协调合作。对最后时刻井况的变化进行分析，以确定是否需要对固井方案进行任何修改，主要是关于泵送和回压流程。一旦水泥浆得到确认，最终程序得到验证，就可以开始执行作业。

（6）施工阶段。第一步是创建一个程序集进行危害分析和风险控制，还实施了一个紧急响应程序，在紧急停止时在工作过程中施加相应的回压。在作业中需要解决的重要问题是进行有效的井控，因为环空回注无法可靠地测量。为了解决这一问题，一种更精确的测量方法应用于施工作业中。该过程包括每隔一定量液体的测量，通过将回流分流到钻井液池内的隔离回路，可以更好地估计施工过程中发生环空流体侵入和漏失的时间，以及对体积的量化，这一过程也将用于工作评价。

（7）在固井作业结束时，油井处于静止状态，调整封井压力，使油井处于超平衡状态。在水泥候凝时，保持关闭压力，并观察环空，直到水泥浆的抗压强度发展到规定强度后结束水泥作业。释放关闭压力后，在 1h 内监测环空压力积聚。如果没有检测到环空带压，则作业成功。否则，需要进行补救工作。

Enhanced Drilling 公司的精细控压压力平衡法固井系统应用于无隔水管钻井液回收系统。无隔水管钻井液回收系统组成：海底吸入模块（SMO）、海底泵模块（SPM）、钻井液返回管线（MRL）、管缆绞车、办公室和工具集装箱、电力和控制集装箱。海底泵模块（SPM）安装在海底，将钻井液和地层岩屑泵回地面。管缆绞车为海底泵模块提供电力和仪器信号。钻井液返回管线（MRL）为钻井液和地层岩屑返回钻井平台提供通道。包含压力传感器的吸入模块（SMO）安装在低压井口上，使海水和较重的钻井液之间保持着清晰的界面，并将钻井液和岩屑导向海底泵模块。

该系统用海底泵产生压差，调节施加在表层套管上的井口压力。加大海底泵转速，井口和井底产生相同的压降，从而抵消环空中因为水泥浆高度增加而造成的环空压力增加值，有助于在固井施工中减小漏失的可能。相反，降低海底泵的速度，可以增加施加井口压力以及增大施加在地层上的压力，有助于降低固井过程中发生井涌的可能。当海底泵突然停泵时，启用备用海底泵。

Enhanced Drilling 公司的精细控压压力平衡法固井系统作业主要工艺流程如下。

该系统的水泥浆顶替钻井液主要分为两个阶段。

第一阶段：在水泥浆顶部达到关键区域之前（关键区域是指需要保持井筒压力与固井作业开始前相同的区域，通常在上层套管鞋处）。在该阶段，海底泵被设置为在恒定的进口压力下工作。这确保了关键区域井筒压力保持恒定。在这一阶段，当水泥浆顶部出了套管鞋，底部环空压力随着环空中水泥浆顶替密度低的钻井液而自然增加。在关键区域处，较小的压力增加也可能导致发生地层漏失，因为破裂压力与环空压力很接近。

第二阶段：在水泥浆顶部达到关键区域之后，改变海底泵的进口压力使得固井泵压力（立管压力）保持不变。假定循环速率不变，这一措施将保持关键区压力不变。

对于水泥浆的循环，井口压力应遵循根据需要顶替的各种固井液（水泥浆和隔离液）体积所制定的压力计划表。为了制定这个压力计划表，水泥浆的顶替可以分为 5 个不同的时期。

（1）开始循环重钻井液。从重浆（通常是隔离液和水泥浆）泵入到钻杆中开始，到重浆顶部进入环空为止。此期间保持海底泵的进口压力恒定，以保证井底环空压力和关键区域（套管鞋处）的压力保持不变。当井口压力（海底泵的进口压力）和流量保持恒定时，立管压力（SPP）随着重浆泵入钻杆而降低，用 SPP 表示固井泵组的压力。

（2）顶替环空至上层套管鞋处。重浆进入套管环空和裸眼井，直到重浆顶部到达上层套管鞋时（关键区域）结束。同样，海底泵的进口压力应保持不变。在这一阶段，通过

SPP 变化可以判断重浆顶部位置及水泥浆的用量。当重浆顶替到环空、海底泵进口压力保持恒定时，SPP 压力自然增大。

（3）顶替上层套管鞋至井口。继续循环，直到重浆顶替较轻钻井液进入套管环空的关键区上方和井口下方。此时，海底泵的进口压力必须降低，以抵消较重水泥浆沿环空流动时高度增加所产生的较高静液柱压力。为维持上层套管鞋处环空压力和井底压力，应保持 SPP 不变，海底泵的进口压力应相应降低。

（4）重浆返至平台表面。继续循环，直到重浆返至平台表面。这一时期，SPP 和海底泵进口压力与阶段（3）一样保持不变。

如果不需要在振动筛上确认水泥浆是否返回或取样，则可以选择性地将水泥浆倒入大海。水泥可以倾倒在远离井底的地方，保持井底清洁。

（5）钻井液顶替钻杆内水泥浆。常规固井作业需要对钻柱内的水泥浆进行顶替，需要顶替的体积可以计算出来。在此阶段，为了保持井筒压力恒定，需要维持海底泵进口压力不变。

当系统中有三种或四种不同密度和流变性的流体（钻井液、隔离液、领浆和尾浆）循环时，上述过程将变得更加复杂。

第四节　窄安全密度窗口地层固井发展概述

从世界范围来看，窄安全窗口地层分布区域广泛，主要集中在墨西哥湾、北海、亚太、中国南海和西部。窄安全窗口的问题常常伴随在深井超深井、高温高压井、深水井等复杂井况中，但往往该类地层油气资源丰富，是目前勘探开发的重点。固井质量好坏直接影响了井的目标完钻深度、后期完井效果、油气开采效率以及使用寿命。因此，一套切实有效能处理该类地层封固难题的固井技术显得至关重要。

窄安全密度窗口固井技术的发展主要集中在：防窜固井技术的研究、防漏失固井技术的研究、固井工具的研究及固井外加剂的研究。防窜固井技术的研究保证井筒的密封完整性。对水泥浆的防气窜能力的室内实验研究，获得了较好的效果，将其应用于固井施工的现场，设计环空带压试验装置，达到应用的标准，有效地防止固井施工中的气窜。防漏失固井技术的研究和应用，硅基合成纤维水泥浆体系的选择和使用，使水泥浆中的固体颗粒被纤维网固定，建立了桥塞，阻止漏失情况的发生，达到防水泥浆滤失的效果。固井工具的研究和应用，保证固井施工的长效密封性能，对已有的固井工具进行革新改造，使其适应特殊井筒的固井施工的需要。对管外封隔工具的研制，与大型固井工具组合起来，能够封固异常高压层，防止发生井漏的情况，保证固井施工的安全，达到设计的固井施工的质量。固井外加剂的研究，以聚合物为主，成为国内外研究的重点，研究抗高温缓蚀剂、抗高温降失水剂等，形成乳胶水泥浆体系，以控压固井技术的应用为主，保证固井施工的安全进行，预防各种安全事故的发生，为提高固井施工质量提供依据。

最初，利用平衡压力法使井筒处于过平衡状态并结合相应的水泥浆体系能够最大限度地提高固井质量，但遇到一些特殊地层则难以达到目标深度同时也无法保证固井质量。随着控压钻井的不断发展，开始使用配套的地面设备进行全过程动态平衡压力的控压固井，在整个固井施工过程中使井筒压力始终保持在安全窗口内，安全有效地提高了窄安全密度窗口的固井质量。最近几年，国际上控压固井技术不断完善发展，能处理的复杂井况也越来越多，逐渐成为封固窄安全密度窗口以及其他复杂条件共存地层的有力手段。

一、国外窄安全密度窗口地层固井技术发展现状与趋势

目前，国外控压固井技术的发展也逐渐趋于精细化、自动化、智能化。系统配备的实时监测系统，是整个流程精准实施的重要保障。该套系统用于固井注替过程的动态参数实时计算、获取与分析，通过实时掌握、处理与分析关键参数，计算整个作业过程压力敏感井段的静、动压变化情况，完成与其他系统之间的通信及数据交互，负责向液气控制系统发出相应的调整指令，保证井筒动态压力的精准控制。在技术中还能运用固井软件与控压钻井软件配套使用，实时获取动态信息，然后将信息传递给水力模拟系统，该系统输出一个目标动态压力给自动节流系统，从而达到固井施工过程中的自动动态调节。为了达到更加精准、更加智能化，国外油服公司将运用该技术的作业的所有相关数据，创建一个完整的数据库，并根据水泥浆和隔离液类型及密度、泵送流程、动态回压曲线、漏失量流体侵入量、关井压力等进行分类和数据分析。该数据库的建立可以指导固井流程设计、水泥浆设计、井口控压设计以及施工前模拟计算，为控压固井计算提高更加精确的数据。

二、国内窄安全密度窗口地层固井技术发展现状与趋势

四川盆地、塔里木盆地、新疆南缘、玉门青西、柴达木盆地、渤海湾盆地深层、南海莺琼盆地是窄窗口问题比较突出的地区，对于该地区的固井作业一直难以到达满意质量。目前，我国也开始研发控压固井技术，并开始运用于现场。例如：2016年，采用精细动态控压固井技术对塔中顺南6井四开ϕ177.8mm尾管进行固井作业。2017年，在四川盆地剑阁构造上，对LG70井ϕ139.7mm井眼（6934~7793m）采用精细控压钻井技术完成裸眼段钻进，ϕ114.3mm尾管固井采用了精细控压压力平衡法固井。

我国的控压固井技术起步较晚，应用还不够广泛，该技术主要的关键设备仍由国外提供，因此施工成本相对较高。并且在施工过程中，缺少实时的压力监控设备，井筒动态压力变化及控压操作只能通过理论计算得到，因此存在一定误差。未来的非常规油气藏开发以及深海油气资源开发，必须有效处理窄安全窗口的固井问题。因此，精细控压压力平衡法固井技术必不可少。我国控压固井技术还应该着手从装备、工艺和相关配套技术方面加大研究力度，最终要做到软件硬件结合，利用大数据资源，不断发展控压固井技术，为窄安全密度窗口固井提供切实有效的技术措施。

第五节　窄安全密度地层固井案例

在国内外有不少应用新型固井技术对典型的窄安全密度窗口地层进行有效层间封隔的成功固井案例。

一、国外案例

国外窄安全密度地层固井技术相对成熟，主要运用控压固井技术处理该类地层封固难题，并得到了良好的效果。尤其是哈里伯顿和斯伦贝谢的控压固井技术最为突出，其工

艺、装备、配套设施精良，在世界多处典型地层应用良好，解决了不少复杂情况地层封固难题。

哈里伯顿公司在马来西亚近海的超高压高温井成功完成了两次尾管固井作业。该区域孔隙压力和破裂压力梯度窗口极窄，固井作业时会限制封固段的长度，从而限制了最终的完钻井深。运用控压固井技术，采用控压钻井设备，在下套管柱后用欠平衡进行钻井液驱替，然后用欠平衡隔离液和水泥浆进行固井。该技术成功地封固了 ϕ298.45mm 技术尾管和 ϕ250.82mm 生产尾管，从而在目标深度处完成固井作业。尽管 ϕ298.45mm 技术尾管处只有 0.024g/cm^3 压力窗口（1.84~1.86g/cm^3），井底静温 133℃，依然成功封固尾管段，无井涌无溢流发生。这项工作是使用 1.77g/cm^3 的钻井液、1.77g/cm^3 的隔离液、1.77g/cm^3 的水泥浆和高达 2.76MPa 的井口回压完成的。并在井底静温为 163℃，0.106g/cm^3（2.053~2.159g/cm^3）压力窗口条件下，ϕ250.82mm 的尾管同样成功固井，无井涌无溢流发生。该作业使用了 2.01g/cm^3 钻井液、2.01g/cm^3 隔离液、2.01g/cm^3 水泥浆和高达 4.13MPa 井口回压。对 ϕ250.82mm 生产尾管进行水泥浆胶结测井，结果表明，整个裸眼井段均具有良好的胶结性能。

斯伦贝谢应用控压固井技术在阿根廷页岩地层成功完成固井施工。阿根廷西部的非常规油气藏的开发是油气工业发展的重点，尤其是该地区页岩地层的开发尤为重要。但该类地层具有异常高地层压力和非常窄的安全密度窗口，并且对于这些需要通过大量水力压裂完成的完井项目，井的完整性是关键要求。这些对于固井工作来说都是巨大的挑战，常规固井技术不能完成该项任务，必须采用精细动态压力控制的控压固井技术。

该地区控压固井施工的几个主要过程：（1）在确定最终井况的同时，通过固井液数据库来精确估计隔离液和水泥浆系统的流变参数，以进行初步模拟；（2）在隔离液和水泥浆中加入纤维技术，以预防或缓解漏失情况，特别是在安全窗口极其低的情况下；（3）设计泵送计划，避免在动态条件下反压值高于 6.89MPa，在静态条件下（如暂停、关闭压力等）反压值高于 10.34MPa，根据节流器的工作范围，始终保持至少 2.07MPa 的安全余量；（4）将泵送计划分成几个 1.6m^3 的阶段，调整泵速和背压，以获得一个光滑的当量循环密度剖面，以便更好地适应操作窗口，在出现严重漏失时，尽可能接近接近平衡；（5）通过在不同的关键点处评估当量循环密度剖面，更新泵送计划，找到最适合目标的平衡解；（6）制作紧急节流图表，以应对工作期间计划外的停机，在关键环节加强监督，并在施工中做出适当的决定；（7）在水泥浆达到返高条件下，保持环空封闭压力，直到尾浆的抗压强度达到 6.89~10.34MPa。

该地区一个典型井固井施工：该井采用控压钻井，平均回压 4.13MPa，采用 ϕ155.6mm 的钻头钻至 3002m，采用 1.702g/cm^3 钻井液。在钻进过程中出现漏失，漏失速率达到 2.9m^3/h，并出现了几次地层出水，临界注入深度分别为 2316m、2587m 和 2682m。井底静态温度大约为 107℃，下 ϕ127mm 的生产套管固井。

2013—2016 年期间，哈里伯顿公司应用控压固井技术在 Paradox 盆地（窄安全密度窗口地层）和 Piceance 盆地（高压地层）成功固井 20 余次；2015 年，在马来西亚海上超高温高压井固封 ϕ298.45mm 中间尾管（井底静止温度 133℃，压力窗口 0.024g/cm^3）和 ϕ250.82mm 油层尾管（井底静止温度 163℃，压力窗口 0.109g/cm^3），以及阿根廷内乌肯盆地非常规高压页岩油井。

2015年，斯伦贝谢公司运用控压固井技术在SDX海上油田超高温高压（最高温度235℃，最高压力77MPa）探井中成功封固ϕ298.45mm和ϕ250.82mm尾管；2016年，在里海窄密度窗口地层（孔隙压力2.36g/cm^3，破裂压力2.44g/cm^3）封固7in尾管；在阿根廷内乌肯盆地的页岩地层（高地层压力以及窄密度窗）固井。

二、国内案例

采用精细动态控压固井技术对塔中顺南6井四开ϕ177.8mm尾管进行固井作业。钻遇奥陶系碳酸盐岩储层，上奥陶统储层：以基质低孔、低渗，次生溶蚀孔洞和构造缝为主要储集空间，相对均质，局部发育较大洞穴；中下奥陶统一间房、鹰山组：裂缝、洞穴十分发育，缝洞一体。在钻遇异常高压气层时，气侵非常严重，且后效持续时间长，全烃值居高不下，钻井液进出口密度差大。采用欠平衡钻井无法正常钻进，提高钻井液密度进行过平衡钻进，又会出现不同程度的漏失，即地层压力窗口窄。

采用格瑞迪斯的自动精细控压装置，实现施工过程中的动态控压，在井眼循环、起钻、下套管、进行悬挂器投球坐挂倒扣、安装水泥头等作业时，控制井底当量密度大于1.98g/cm^3，确保压稳地层。在固井作业中的目标井底当量密度为2.05g/cm^3，根据此目标当量密度调节不同工况的施工排量和控压压力：在注前置液、领浆、尾浆时，施工排量为0.6m^3/min，并控压5.5MPa；替浆时前置液未出套管前保持施工排量为0.8m^3/min，并控压4.3MPa；前置液和水泥浆出套管过程中，环空静液压力不断增加，保持施工排量，降低控压值；替量达到49m^{3}时，控压值降为1.4MPa；替浆最后8m^{3}时降低排量至0.3m^3/min，采用塞流顶替并控压4~2.6MPa，同时防止井漏；计量误差实际最后5m^{3}降低排量至0.3m^3/min，控压4MPa。起钻5柱，反循环，反循环控制排量，使井底当量密度控制在2.05g/cm^3。现场反循环排量0.6~0.9m^3/min，控制反循环压力10MPa。

近年来，国内外控压固井技术应用逐年增加，对于复杂地层的固井作业成功率越来越高，固井质量也越来越好，封固后的环空带压情况也大幅度减少。控压固井技术的不断提高和现场实践效果良好，对于以后常规和非常规油气田的复杂地层层间封隔和提高开采质量提供了有效手段。

第二章　精细控压压力平衡法固井设计技术

在同一裸眼油气井段存在多压力系统、窄安全密度窗口地层，其尾管固井作业若采用常规方法，在满足小间隙尾管固井顶替效率的前提下，施工过程中必然造成井漏；若采用"正注反打"工艺，固井质量又难以满足后期超深井试油工程的需要。在精细控压钻井技术上发展起来的精细控压压力平衡法固井能够很好地解决上述问题。精细控压压力平衡法固井是通过降低环空钻井液和固井液的密度，使环空静液柱压力低于地层孔隙压力，来间接增大窄安全密度窗口地层的安全密度窗口，然后通过流通阻力和在井口施加补偿压力来平衡地层孔隙压力的一种全新的固井技术。

第一节　压力平衡法固井

平衡压力固井技术是在高效顶替和尽量减少对产层污染的前提下，将规定数量的水泥浆成功地驱替到设计的封固环空井段，在注入、顶替甚至凝固的全过程中不发生固井流体的漏失和地层油、气、水层的侵窜，实现注替施工及候凝全过程的压力平衡，它的核心是"高效顶替，整体压力平衡"。

一、井筒压力体系与安全密度窗口

1. 地层孔隙压力与坍塌压力

孔隙压力是指作用在岩石孔隙内流体（油、气、水）上的压力。准确掌握地层孔隙压力是控制压力平衡的关键。如果得到的地层孔隙压力低于实际，那么将导致设计的井筒环空压力不能平衡地层孔隙，压力平衡固井时出现气窜降低固井质量。目前获取地层孔隙压力的方法有：电阻率法、声波时差法、中子孔隙度法、自然电位法等。通过反复降低钻井液密度来确定地层孔隙压力，以释放地层圈闭的地层坍塌压力是衡量钻井过程中井壁是否稳定的钻井液液柱压力值，它的确定对于合理调配固井液密度和固井设计施工都具有重要意义。根据岩石力学分析，井眼形成后井壁周围的岩石将产生应力集中，当井壁周围岩石所受切向应力和径向应力之差达到一定程度后，将形成剪切破坏，造成井壁坍塌，井壁坍塌的钻井液液柱压力即为地层坍塌压力。地层坍塌压力也可用当量钻井液密度表示，它主要与地层的应力、岩石的力学参数有关，计算模型为：

$$P_\mathrm{t} = \frac{\eta(3\sigma_\mathrm{H} - \sigma_\mathrm{h}) - 2CK + \alpha p_\mathrm{p}(K^2 - 1)}{(K^2 + \eta) \times H} \tag{2-1}$$

式中　K——$\tan^{-1}\left(45° - \dfrac{\varphi}{2}\right)$；

σ_H、σ_h——分别为最大、最小水平主应力，MPa；

C——岩石的黏聚力，MPa；

η——应力非线性修正系数；

H——井深，m；

α——有效应力贡献系数。

2. 地层破裂压力与漏失压力

地层破裂压力是指使地层产生水力裂缝或者张开原有裂缝时的井底流体压力。它是钻井设计和压裂设计的基础和依据。如何准确地预测地层破裂压力，对于水泥浆浆柱结构设计预防井漏等有着重要意义。获取地层破裂压力的方法较多，如伊顿法、史蒂芬法、最大拉应力法、应力强度因子法、摩尔—库伦圆法等。这里用最大拉应力法、应力强度因子法和摩尔库伦圆法获取地层破裂压力。

（1）最大拉应力法。

最大拉应力法是获取地层破裂压力最简单的方法，该方法通过弹性空间应力张量来计算破裂压力，其计算模型为：

$$p_{bm} = 3\sigma_h - \sigma_H + \sigma_t - \alpha p_o \tag{2-2}$$

式中　p_{bm}——最大拉应力法计算的破裂压力，MPa；

σ_H、σ_h——分别为最大、最小水平主应力，MPa；

σ_t——岩石的张应力，MPa；

p_o——初始地层孔隙压力，MPa；

α——有效应力贡献系数。

α 用下式计算：

$$\alpha = 1 - (1-\phi)^{\frac{3}{1-\phi}} \tag{2-3}$$

式中　ϕ——地层孔隙度。

（2）应力强度因子法。

应力强度因子法是计算地层破裂压力最好的方法，它与岩石的断裂韧性、断裂面能、应力强度函数等因素有关。该方法的计算模型为：

$$p_{bs} = \sigma_t + \frac{\sigma_H k + \sigma_h g}{h_0 + h_a} \tag{2-4}$$

式中　p_{bs}——应力强度因子法计算的破裂压力，MPa；

g、h_0、h_a——无量纲应力强度因子。

（3）剪切应力法。

剪切应力法是1972年Hubbert等人根据摩尔库伦失效准则提出的判断岩石在剪切应力作用是否毁坏的方法。剪切应力法的计算模型为：

$$p_{bc} = \sigma_H \frac{(1+\beta)}{2} - \sigma_H \frac{(\beta-1)}{2\sin\varphi} + C \cdot \cot\varphi + p_o \tag{2-5}$$

式中　p_{bc}——剪切应力法计算的破裂压力，MPa；

σ_H——最大、最小水平主应力，MPa；
β——侧向应力有效系数，由岩石泊松比决定；
φ——剪切角，(°)；
C——黏聚力，Pa。

固井设计时，地层破裂压力准确性对于浆柱结构设计以及注水泥顶替排量设计非常重要。在计算地层破裂压力时，可以通过同时采用多种方法计算求平均值来获取地层破裂压力。

井筒漏失问题制约固井质量的提升，影响井筒完整性。窄密度窗口易漏失井一次性正注固井成功的关键点在于准确掌握地层承压能力，保证固井过程中地层薄弱层位环空循环当量密度不高于地层漏失压力。因此，有必要建立地层漏失压力预测模型，判断漏层及地层承压能力。地层漏失压力是地层破裂压力与流体在裂缝中运移损耗压力的总和。

流体在裂缝通道中运移损耗的压力为：

$$p_{fc} = 9.81\left(\frac{p_V}{30}\right) \times 5^{0.1m} fH \times 10^6 \tag{2-6}$$

$$m = 2 - \frac{\left(\frac{5+\Phi}{10}\right)}{2} - \frac{kxd - \left(\frac{kxd+5}{10}\right)10}{10} \tag{2-7}$$

式中 p_V——塑性黏度，mPa·s；
f——漏失压力校正系数；
[ ]——取整算子；
kxd——漏失系数。

地层漏失压力为：

$$p_{loss} = p_{fc} + p_b \tag{2-8}$$

式中 p_{loss}——地层漏失压力，MPa；
p_{fc}——流体在裂缝通道中运移损耗的压力，MPa；
p_b——地层破裂压力，MPa。

3. 当量钻井液密度与流体压力传递规律

当量钻井液密度是指平衡地层压力所需要的钻井液密度。钻井液当量循环密度(Equivalent Circulating Density，ECD）是钻井液的当量静态密度（ESD）与钻井液流动造成的环空压耗当量密度之和，其计算公式为：

$$\text{ECD} = \rho_m(1 - C_a) + \rho_s C_a + \frac{\Delta p}{0.0098H} \tag{2-9}$$

式中 ρ_m——环空钻井液密度，g/cm³；
Δp——环空压耗，MPa；
H——井深，m；
C_a——钻井液中岩屑浓度，%。

二、固井对压力平衡的要求

为了保证固井施工作业安全，同时还要保证固井质量，在整个固井过程中，从下套管开始到环空候凝结束，均要求保证环空压力与地层孔隙压力、地层漏失压力与破裂压力之间保持一种平衡关系，既要压稳地层，防止环空窜流；又不能压漏、压裂地层，造成施工作业失败。

平衡压力固井要求包括从下套管到注水泥顶替，以及候凝过程的三个过程。基本原则是要求在整个过程中环空压力处于一个压力平衡状态，且在封固段水泥浆能充分顶替掉钻井液，从而既不会压漏地层，也不使油气水窜入环形空间，使固井期间的环空液体形成有效的液压屏障，也是保证井筒完整性的一个重要环节。

注替阶段的关键是保证环空压力平衡和顶替效率，候凝阶段则是防止水泥失重与气窜，这两个阶段的结果直接影响到水泥环后期的长期有效。根据注水泥封隔油、气、水层，保护生产层和加固井壁的主要目的，注水泥质量的基本要求如下：

（1）水泥浆返高和套管内水泥塞高度必须符合地质和工程设计要求，过高和过低都是不允许的；

（2）注水泥段环形空间的钻井液应全部被水泥浆顶替干净，即在封固井段无钻井液窜槽存在；

（3）水泥环与套管和井壁间有足够的胶结强度，能经受住酸化压裂等增产措施；

（4）水泥石应具有良好的密封性能和低渗透性能，能较好地防止油、气、水窜及油气水的长期侵蚀和破坏。

如果注水泥质量不好，则可能造成环空压力平衡破坏，从而影响到井筒的完整性与安全性，常常出现以下问题：

（1）井口有冒油、气、水现象；

（2）开采时，高压油气层向低压油气层或非生产高渗透层窜流；上部气层向油层侵入或下部底水侵入淹没油层；

（3）不能完全满足酸化、压裂等增产措施的要求；

（4）水泥浆候凝过程中，油气水窜入，破坏了水泥环的封隔作用；

（5）套管挤扁、破裂或腐蚀。

因此，要求固井作业要精心设计、精心准备、精心施工，并要有较完备的预防固井复杂情况的预处理方案，确保优质高效地完成固井作业。

三、环空压力平衡破坏的影响因素

固井作业的关键环节是下套管与注替水泥现场施工作业，在这期间造成的复杂问题与事故可能直接导致固井的失败，而这其中主要的影响就是造成环空或井眼压力平衡系统的破坏，其主要现象分为以下几类。

第一类：套管及下套管复杂情况，包括下套管阻卡、套管断裂、套管泄漏、套管挤毁、套管附件和工具失败、下套管后漏失或循环不通等。

第二类：水泥浆浆体性能事故，包括水泥浆闪凝、水泥浆触变性、水泥浆过度缓凝等。

第三类：注水泥现场施工复杂情况，包括注水泥漏失、环空堵塞、注水泥替空等复杂情况和事故。

1. 下套管过程中环空压力平衡破坏的影响因素

下套管过程中可能出现环空压力平衡破坏，包括：

下套管前对漏失地层没有很好地堵漏，加之下套管时速度过快，易压漏地层，造成井塌引起卡套管事故；

高压层下套管前没有压稳，在下套管过程中发生溢流，环空液柱压力下降，易发生井塌。

下套管过程中环空波动压力是破坏井眼压力平衡系统，导致井喷、井漏、井塌及其他复杂情况的重要原因，其预测及应用在钻井工程中占有重要地位。在固井作业下套管过程中，主要表现为激动压力，通过控制套管下放速度来控制激动压力，从而实现全过程平衡压力固井，不压漏低压层和保护薄弱地层。

对波动压力的计算分为两种方法，即稳态法和动态法。稳态法是基于流体不可压缩，一般忽略管柱及井眼的收缩与膨胀，也不考虑运动的惯性（即忽略加速度的影响），这样，使得因下钻或套管下放被顶替的钻井液能够全部进入环空而向上流动。动态法则部分（或全部）考虑了上述因素。

国内外理论计算和实验表明，实测井内波动压力与动态模式理论计算值较吻合，而稳态模式理论计算比实测大 $50\% \sim 100\%$。虽然动态模式理论计算与实测较为吻合，但动态计算值比实测值要小，如果按此进行设计，可能导致的结果就是不安全，特别在高温高压井段。所以在研究过程中，无论是浅井还是深井，均选用稳态模式进行波动压力的预测，特别对于海洋钻井，是较为安全的。

由于钻井液黏滞阻力引起的波动压力最大，因此要准确计算波动压力就必须选择能够准确描述钻井液流变性质的方程。具体的下套管过程中环空压力波动计算见第三章。

2. 注水泥过程中环空压力平衡破坏的影响因素

注水泥施工复杂情况是指在注水泥施工中，由于水泥浆性能、井下复杂地层或施工工艺等方面的原因，造成注水泥作业复杂情况或失败。主要包括注水泥漏失、"灌香肠"、注水泥替空等复杂情况和事故。

1）注水泥漏失

注水泥漏失是指在注水泥或替浆过程中，由于环空液柱压力和环空摩阻之和超过地层破漏压力，水泥浆漏失到地层，造成水泥浆返高不够、油气水层漏封和水泥胶结质量差。注水泥漏失的原因：

(1) 地层方面的原因有地层渗透率高，发生水泥浆渗漏；地层胶结差，地层承压能力低，破漏压力低；地层裂隙、断层发育，造成水泥浆漏失；

(2) 套管与井眼环空间隙小，循环摩阻大，造成注水泥漏失；

(3) 水泥浆密度设计高、水泥浆封固段长，造成环空液柱压力高，易发生注水泥漏失；

(4) 钻井液密度、黏度大，循环摩阻大，造成注水泥漏失；

(5) 注水泥和替浆排量大，循环摩阻大。

2)"灌香肠"

（1）"灌香肠"的原因。

注水泥"灌香肠"是指在注水泥过程中，由于水泥浆闪凝、套管内堵塞或环空桥堵等原因造成水泥浆返不到设计井深，套管内水泥塞过长等。注水泥"灌香肠"的原因：

①水泥浆稠化时间短，注水泥施工长，造成注水泥"灌香肠"事故；

②水泥浆发生闪凝，造成注水泥或顶替泵压高；

③环空发生井塌或桥堵，造成环空堵塞；

④套管内落物，造成套管内堵塞。

（2）防止注水泥"灌香肠"的技术措施。

①设计合理的水泥浆稠化时间，保证稠化时间大于注水泥施工1h左右为宜；

②采用合适的固井前置液体系，防止水泥浆发生闪凝；

③在下套管和固井前充分循环钻井液，井眼稳定后再下套管和注水泥，防止发生井塌或桥堵；

④严防套管内落物。

（3）发生注水泥"灌香肠"后的处理方法。

水泥浆发生灌香肠后要立即根据现场施工情况，在保证设备和井下安全的条件下用高泵压顶替，如果可能，应迅速接水泥车顶替，尽可能多地将水泥浆替到环空内，后采用挤水泥的方法补注水泥。

3）注水泥替空

注水泥替空是指在注水泥替浆过程中，由于替钻井液量超过设计量（一般为套管内容积），造成套管下部环空没有水泥浆。

（1）注水泥替空的原因。

①替浆量计算错误或计算不准确；

②替浆量计量发生错误或误差大；

③固井胶塞未装，或胶塞与塞座密封不严；

④替浆碰压排量太大，造成承托环损坏，无法碰压引起替空；

⑤套管有破损或上扣不紧，造成替空。

（2）防止注水泥替空的技术措施。

①替浆量要计算准确并准确计量；

②用规范质量可靠的胶塞；

③替浆快结束时，要降低排量碰压，防止造成承托环损坏引起替空；

④使用合格套管并按规定扭矩上扣，不合格的套管不允许入井。

（3）发生注水泥替空的处理办法。

水泥浆发生替空事故后要立即停泵，后根据测井曲线用挤水泥办法补救。

3. 候凝期间环空压力平衡破坏的影响因素

固井后环空油气水窜是指在注水泥结束后，由于水泥浆胶凝，在由液态转化为固态过程中，水泥浆难以保持对气层的压力或由于水泥浆窜槽等原因造成水泥胶结质量不好，气层气体窜入水泥石基体或沿水泥与套管或水泥与井壁之间间隙造成层间互窜甚至窜入井口，甚至发生固井后井喷。固井后出现油气水窜也是环空压力平衡破坏所造成的结果，其主要原因有以下几点。

(1) 因为顶替效率不高而造成水泥浆窜槽，随着钻井液胶凝、脱水和收缩，进而形成气窜通道。

(2) 由于水泥浆凝固时化学收缩或水泥浆自由水析出以及温度压力变化，在水泥环与套管及水泥石与地层之间形成微环隙，造成环空油气水窜。

(3) 水泥浆失重引起环空油气水窜。在水泥浆进入环空初期，由于水泥浆的静胶凝强度小于48Pa，水泥浆仍保持液态性质，能够顺利传递液柱压力，进而压稳气层，此时不会发生环空气窜；当水泥浆的静胶凝强度大于240Pa，已具有足够的强度阻止环空油气水窜的发生；而在水泥浆静胶凝强度为48~240Pa之间，水泥浆属于由液态向固态转化期，水泥浆逐步失去传递液柱压力的能力，也是油气水窜易发生时期。

四、平衡压力固井设计方法

1. 平衡压力固井施工压力的正确选用

压力作为平衡压力固井设计中的约束条件，是实现平衡压力固井的基础。固井施工注替过程中，井下不同深度固井流体所形成的环空总的动液柱压力（环空各种固井液体静液柱压力与流动阻力之和）应小于相应深度的地层破裂压力。水泥浆被置替到设计的环空井段后，在凝聚和"失重"条件下，仍能保持环空静液柱压力大于产层压力，控制油、气、水的侵窜。

在固井设计中考虑的四个压力就是地层破裂压力 p_b、最大孔隙压力 p_p、水泥浆静液柱压力 p_m 和环空流动阻力 p_r，所有的施工必须保证 p_m+p_r 在大于 p_p 而又小于 p_b 的工况下完成。首先，必须保证 $p_b>p_p$。其次，p_b-p_p 值越大，施工越安全、方便；p_b-p_p 值越小，施工难度就越大，安全系数随之降低，因此，p_b-p_p 值即为施工安全限。p_b 和 p_p 均为地层本身的状态系数，在固井过程中一般要使固井水泥浆静液柱压力 $p_m>p_p$，以免油、气、水侵，同时又必须保证 $p_b>p_m$，以防井漏；局部地层 $p_b<p_m$ 发生井漏，要通过堵漏使 $p_b>p_m$ 方能进一步施工。因此，在完井前，必须清楚地知道 p_b 和 p_p，才能准确安全地进行固井作业，在高压盐水层和高压气层的固井中，这一点显得尤为重要。

获取固井地区的地层压力剖面，掌握地层孔隙压力（包括正常地层孔隙压力和异常高压层、低压层孔隙压力）、地层破裂压力，充分了解井下情况（钻进过程中是否有井漏，是否有井涌，是否有后效，油气上窜速度是多少），使整个注替过程中固井流体液柱压力控制在相应的压力范围内，才能获得平衡压力固井。固井施工前循环压力偏小，带不出井底沉砂，可能造成憋泵；固井施工中注、替浆压力过大，造成井漏；固井结束后井口压力施加不当，发生油、气、水窜，都会严重影响固井质量。

2. 环空压力设计

要获得良好的固井质量，必须保证注水泥施工及水泥浆候凝期间的环空液柱压力大于地层孔隙压力、小于地层破裂压力。即：

$$p_p < p_d < p_b \tag{2-10}$$

式中 p_d——注水泥施工及水泥浆候凝期间的环空液柱压力，MPa；

p_p——地层孔隙压力，MPa；

p_b——地层破裂压力，MPa。

注水泥施工期间，环空液柱压力处于动态变化，注水泥结束瞬间，环空压力达到最大值 p_t1；水泥浆候凝期间，环空静液柱压力为 p_h1：

$$p_\mathrm{t1} = p_\mathrm{m} + p_\mathrm{s} + p_\mathrm{c} + p_\mathrm{r} \qquad (2-11)$$

$$p_\mathrm{h1} = p_\mathrm{m} + p_\mathrm{s} + p_\mathrm{r} \qquad (2-12)$$

式中　p_m——环空钻井液液柱压力，MPa；

　　　p_s——环空隔离液液柱压力，MPa；

　　　p_c——循环压降，MPa；

　　　p_r——候凝期间环空水泥浆柱压力，MPa。

固井压稳设计一般依据式（2-10）和式（2-11）进行，防漏设计一般依据式（2-10）和式（2-12）进行。

第二节　精细控压压力平衡法固井原理与方法

精细控压压力平衡法固井是精细控压钻井的发展，可有效解决尾管固井小间隙、高流体摩阻、窄密度窗口条件下的敏感地层压力控制难题，它的发展丰富了精细控压钻井技术。该技术通过有效控制井口、井底压力，防止井漏、溢流的发生，在保证施工安全的同时还能提高固井质量。

一、精细控压压力平衡法固井技术原理

第一章介绍了在窄安全窗口条件下，既要保证固井施工作业安全，又要尽可能提高注水泥顶替效率，保证固井质量，其技术方法与措施将受到很多限制；其中最大的问题就是固井时施工排量受到很大限制，其变化波动范围很小；下套管速度稍微过快、注水泥作业排量过快都会造成环空流动阻力增大，使关键点当量循环密度超过地层安全窗口，造成地层漏失。

因此，在窄安全窗口固井作业中，如果能让环空流阻波动范围增大，让允许的流动阻力当量密度值增大，其固井期间的压力安全便能够得到有效控制。固井过程中环空总的当量密度是由流体的静液压力当量密度与流动摩阻当量密度组成：

$$\rho_\mathrm{p} < \rho_\mathrm{h} + \rho_\mathrm{af} < \rho_\mathrm{lost} \qquad (2-13)$$

式中　ρ_p——地层孔隙压力当量密度，g/cm³；

　　　ρ_h——环空静液压力当量密度，g/cm³；

　　　ρ_af——环空流动阻力当量密度，g/cm³；

　　　ρ_lost——地层破裂或漏失压力当量密度，g/cm³。

因此，要提高 ρ_af 的允许变化范围，降低环空静液压当量密度 ρ_h 便是一个主要的或者唯一可行的途径，且 ρ_h 值降低得越多，其允许的环空流动阻力变化 ρ_af 范围就越大，也即是允许的环空流动速度的变化范围也越大。这样，即使下套管速度增大也不会造成漏失，同时还可以提高注水泥作业排量，从而保证顶替效率，保证固井质量。

但降低 ρ_h 后，当环空流体静止时或流动速度不大时，环空总的压力当量可能会小于地层孔隙压力，如果不能及时补充这部分压力降低，会造成新的压力不平衡，出现气侵溢流等危险，由此便提出了精细控压压力平衡法固井技术。

图 2-1 比较了精细控压压力平衡法固井与传统固井方法的不同。为了防止环空压力过高而压漏地层，传统固井方法的顶替排量 Q_1 远远低于精细控压压力平衡法固井时的压力排量 Q_2。此外，为了使静液柱压力压稳地层，由于井口没有补偿压力，传统固井方法环空钻井液的密度比精细控压压力平衡法的高很多。精细控压压力平衡法通过降低环空流体（如隔离液和水泥浆）等的密度，即使在高排量的情况下，也能保证环空压力小于固井过程中的破裂压力（p_b）。通过增加井口补偿压力（p_c），使环空压力保持在孔隙压力（p_o）以上或等于孔隙压力（p_o）。当环空流体密度降低时，固井安全压力窗间接由 p_b-p_o 向 p_b-p_o+p_c 增大。这种新的安全压力窗可以定义为拟安全压力窗。在固井过程中，在安全压力窗条件较窄的情况下，可以通过提高排量实现紊流顶替而不是层流顶替。从而，精细控压压力平衡法可以实现降低漏失风险，同时还能提高顶替效率。

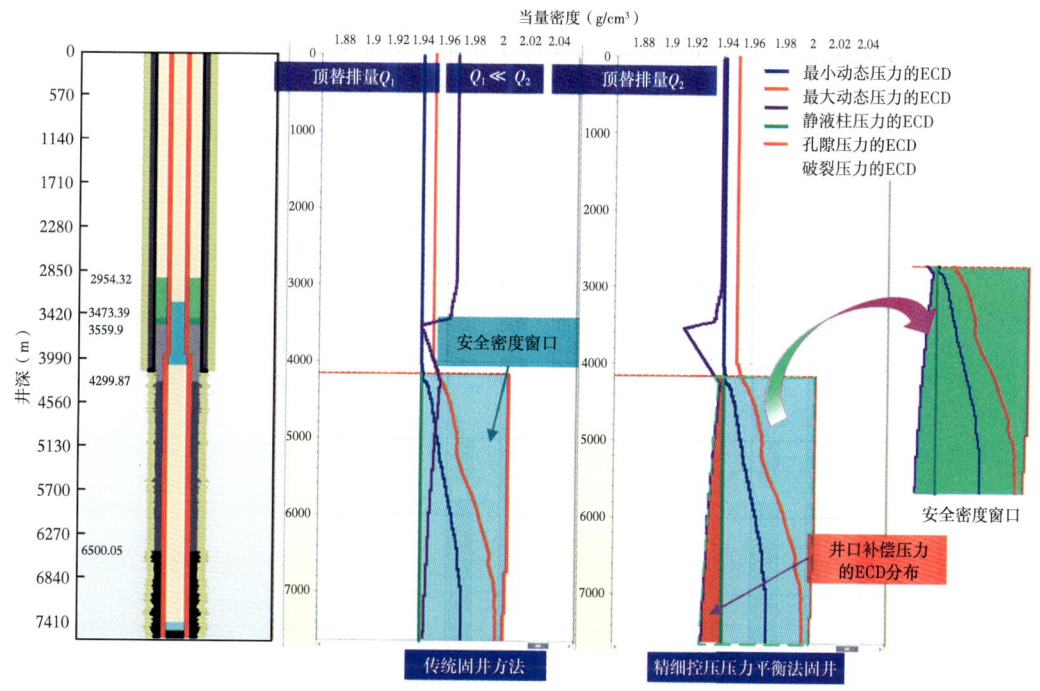

图 2-1 传统固井和精细控压压力平衡法固井技术原理图

精细动态控压固井技术是主要在固井前循环、注固井液、替钻井液及后续反循环等固井过程中，通过精确动态控制正注入排量和返出口流量控制产生反向回压来调节井筒液柱压力，实现安全固井的技术。该技术基于优化环空加重隔离液、加重水泥浆等浆体结构，通过压稳计算，并结合控压装置，在固井作业过程中压稳地层，减少固井液对井筒的进一步侵入，且不至于压漏地层，可控制井口及井底压力，更好地保障固井施工安全。该技术在固井施工前循环、注隔离液、注水泥浆、替高密度钻井液、替浆等各种工况下井底当量都有变化，各种工况均要有精准的动态井口控压，才能确保压稳地层且不压漏地层。

精细控压压力平衡法固井思路：

（1）通过设计计算降低钻井液密度，使环空静液压力当量 ρ_h 小于地层孔隙压力当量密度一定范围。

$$\rho_p > \rho_h \tag{2-14}$$

$$\rho_{hnew} = \rho_p - \Delta\rho_h \tag{2-15}$$

式中　ρ_{hnew}——降压后环空静液压力当量密度，g/cm^3。

（2）通过计算固井注水泥过程的流动阻力当量，确定在固井注水泥过程中需要补充的环空液柱压力当量密度。

$$\rho_p < \rho_{hnew} + \Delta\rho_{back} + \rho_{af} < \rho_f \tag{2-16}$$

$$\Delta\rho_{back} = \rho_p - \rho_{hnew} - \rho_{af} \tag{2-17}$$

（3）通过井口环空回压控制补偿装置，在固井注水泥过程中，给井口环空施加一个回压，通过该回压使环空压力当量形成新的平衡。

由环空回压与环空关注点深度当量增加值计算公式：

$$\Delta\rho_{back} = \frac{p_{back}}{0.00981 \times H_{special}} \tag{2-18}$$

可以得出环空回压计算公式：

$$p_{back} = 0.00981 \times \Delta\rho_{back} \times H_{special} \tag{2-19}$$

从式（2-19）可以看出，通过在环空施加回压的方法，其施加给环空的当量密度是随井深变化的，如图2-2所示。井深小的位置，其作用的当量密度较大；因此，控制环空回压时应该以计算的关注位置（漏失位置）为依据。

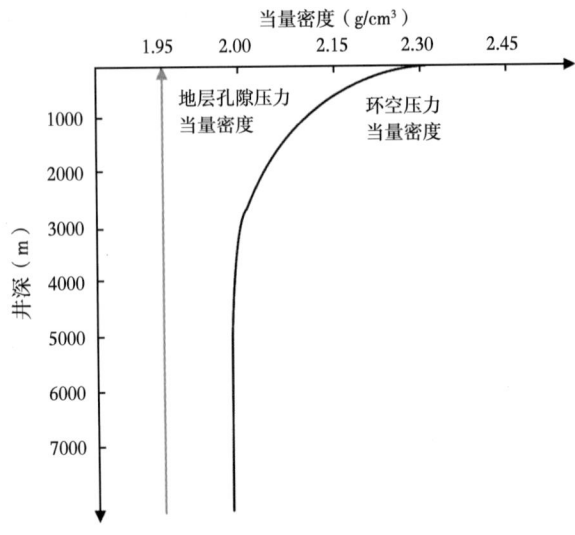

图2-2　地层孔隙压力与环空压力当量

二、精细控压压力平衡法固井基本方法

针对窄安全窗口，从套管下入过程开始就应该考虑采用精细控压压力平衡法固井技术，以保证安全下套管与提高固井质量。要实现精细控压压力平衡法固井，其主要技术方法包括如下内容。

1. 井眼准备

1) 井眼

如果不研究下套管前钻井过程中发生的情况和其他条件，就不能保证固井顺利。在一个不规则的井眼中如果存在几段冲蚀的大井眼，不管顶替排量多大，都很难将积存在大井眼段的钻井液驱替干净。残存在大井眼段内趋于脱水或者胶凝化的钻井液也可能被水泥浆携带出来，从而污染上部的水泥浆柱。弯曲的井眼使套管不容易居中，从而增加了驱替环形空间窄边钻井液的难度。钻井液处理不好也可导致冲蚀井壁形成厚滤饼，如果不能清除这些滤饼也会产生问题。钻井施工顺利仅仅能防止事故发生并不能保证固井成功。尽管钻井工程师们认为其目的就是尽可能安全、快速、高效钻井，但是在钻进过程中他们应时刻牢记钻井的最终目的还是钻出最适合固井要求的井眼：

（1）能控制井下压力的井眼；

（2）"狗腿"尽可能少的平滑井眼；

（3）井径规则的井眼；

（4）岩屑清除干净的井眼；

（5）正确处理钻井液，使其在渗透部位形成薄而韧的滤饼。

但是实际钻井过程中，并不是总能达到上述的理想条件。因此，必须进行固井顶替技术优化设计以弥补井眼准备的不足。

2) 调整水泥浆性能

对钻井液性能设计只局限在能满足钻井作业携带岩屑的要求，但是却不一定有利于提高顶替效率。因此，有必要调整钻井液即改善钻井液的性能。在注水泥之前可以改变钻井液的两种性能——密度和流变性，为了达到最适合顶替的条件，希望把钻井液密度降低到井下安全允许的最低限度。窄安全压力窗口地层通常采用的是近平衡或欠平衡钻井，在降低钻井液密度时需要增加井口回压来平衡地层压力。此外，降低钻井液的静切力、屈服值和塑性黏度也是有效的办法。这是由于降低了顶替时所需要的驱动力，同时还增大了钻井液的流动性。当然，只有在将井内岩屑清除之后才能进行上述的钻井液性能调整。同时，还必须注意防止加重剂沉淀，在大斜度井中这是最重要的限制条件。

通过在地面上向钻井液中加水（同时降低密度）和分散剂来改善钻井液的流变性，循环钻井液直到其流变性达到要求的性能范围为止。循环钻井液至少应保证一个循环周期以上，最好在起钻前进行，否则未经调整的钻井液假静态期间（起钻、测井及下套管）会发生胶凝。

在下套管完后还需要循环钻井液。但是，通常的做法仅仅在这一阶段才调整钻井液性能，按下列方法循环处理是最有效的：

（1）确保井眼内岩屑清除干净；

（2）确保没有气侵现象发生；

(3) 钻井液处理后性能均稳定；

(4) 由于大多数钻井液具有触变性，因此需要降低屈服值和塑性黏度；

(5) 冲蚀掉滞留在大井眼、偏心环形空间窄边一侧及渗透性地层井壁上胶凝和脱水的钻井液。

在开泵循环前，下套管过程中挂掉的岩屑、胶凝的钻井液会导致压力增加过高，因此常常在未下到井底前采用中途开泵循环的方法。

但是，上述定性的建议帮助不大，因为必须对起钻前和下完套管后的循环钻井液状态（排量、压力、循环周期）进行设计。因此，需要预测及测量钻井液的循环。

(1) 循环钻井液过程模拟。

假设在 $t=0$ 时，通过环形空间入口进入循环系统的所有颗粒加上瞬时的标记。而后对 $t>0$ 的时间，根据流场的知识可以追寻所有这些颗粒的位置。因为做了标记的颗粒绕着环形空间运动，这些颗粒的位置表示出在 $t=0$ 时，在循环系统内仍然留在系统内的流体与 $t=0$ 瞬间以后进入循环系统流体之间的边界。实际上，这种现象表明了流体本身的顶替状况。

在任意时刻 t，循环效率为进入环形空间的新流体的体积除以环隙空间的总体积。因此，当使用单一的循环液体时，这种概念与前面关于顶替效率的定义在本质上相同。如前面所述，顶替效率等于到时间 $t=t_b$ 为止泵入环形空间体积量的数值，而后逐渐平缓趋于一个不大于 1 的渐近值。下面将讨论直径为 D_i 和 D_o 的两个管子之间的不可压缩非弹性流体的绝热流动。

(2) 同心环形空间内层流流动。

在层流流动中，可以通过跟踪做了标记的颗粒的方法计算循环效率。通过求解流动方程进行计算。图 2-3 和图 2-4 给出了循环效率与环形空间循环体积大小之间的关系曲线。对于幂律流体和宾汉塑性流体，这一曲线取决于无量纲参数对于幂律流体为幂律指数 n，对于宾汉塑性流体为无量纲剪切应力 ψ，ψ 等于：

$$\psi = \frac{\tau_y}{\left[\dfrac{D_o - D_i}{4} \times \dfrac{\mathrm{d}p}{\mathrm{d}z}\right]} \quad (2\text{-}20)$$

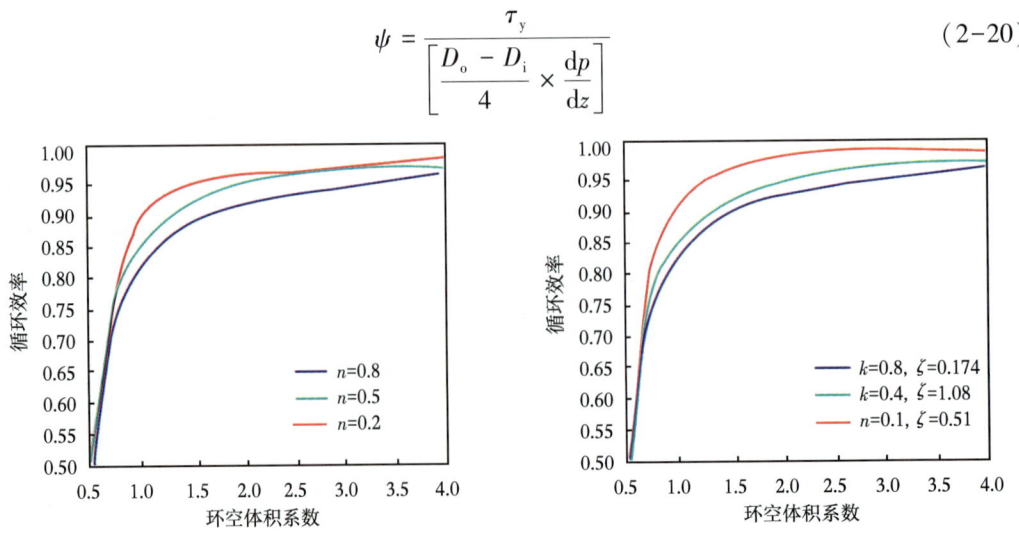

图 2-3　幂律流体在窄间隙同心环中的循环效率　　图 2-4　宾汉流体在窄间隙同心环中的循环效率

式中 dp/dz——摩阻压降，MPa；

τ_y——流体屈服应力，Pa。

因为假定环形空间为窄间隙同心环形空间，所以无量纲剪切应力 ψ 也等于流体屈服应力 τ_y 与管壁处的剪切应力 τ_w 之比：

$$\psi = \frac{\tau_y}{\tau_w} \quad (2-21)$$

需要注意到突破时间和平均速度与最大速度之比一致。对于牛顿流体这一数值为23。因为环形空间中管壁处流体内颗粒的速度为零（即管壁处无滑动），因此在突破时间之后从理论上讲，在无限长的时间该顶替效率接近100%。

流体的剪切稀释性越强（即幂律指数越小或无量纲剪切应力越大），则循环效率越高，在循环效率为100%的状态下，流速分布曲线呈全平直的形状（相当于幂律指数为0，或者无量纲剪切应力为0）。

还有重要的一点需要指出的是，对于幂律流体来说循环效率与流动条件（流速）无关。而对于宾汉流体来说，循环效率与流动条件有关。对于宾汉塑性流体起决定作用的循环效率为：

$$\xi = \frac{12V}{D_o - D_i} \times \frac{\mu_p}{\tau_y} \quad (2-22)$$

式中 V——单位面积上的体积流量，m³/s。

μ_p——宾汉塑性流体的塑性黏度，mPa·s；

τ_y——宾汉塑性流体的屈服应力，Pa。

因此，在其他条件相同的情况下，在同心环形空间层流状态下平均流速越高、环形间隙越小，μ_p/τ_y 比值越高，循环效率越低。

3) 管柱偏心的影响

当环形空间中的内管不居中时，环空内的流速分布将发生变化，在宽边一侧流速加快。由于沿着环形空间各个方向上流体的局部雷诺数不同，使得在环空的窄边一侧流体处于层流状态而在宽边一侧处于紊流状态。当环形空间内流体处于层流状态时，图2-5中绘出了牛顿流体的计算结果（假设直径比 $D_i/D_o = 0.8$）。只要环形空间直径比 D_i/D_o 基本保持一致，循环效率就仅与居中度有关。

对于剪切稀释性液体，情况变得更加复杂。居中度降低时，流速分布发生变化使突破时间变小而循环效率变差。在偏心环形空间内这种流体的流速分布更加不均匀，偏心度对于循环效率的影响更加明显。突破时间 t_h 突破以后，循环效率增加的速度随着居中度的降低而大幅度下降。

假定环空直径比基本保持一致，对于幂律流体，循环效率取决于套管的居中度和幂律指数

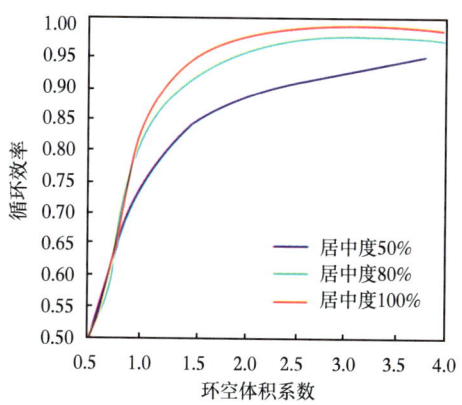

图 2-5　牛顿流体在偏心环空中的循环效率

n。图 2-6 中绘出了幂指数为 0.5 的典型循环效率曲线。

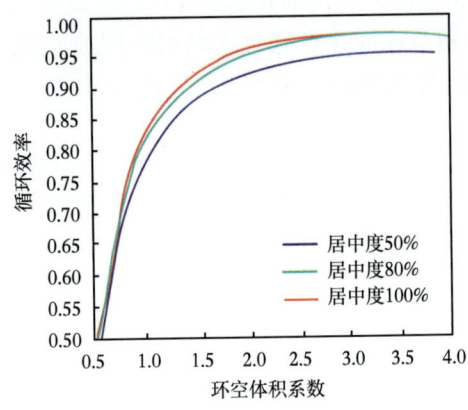

图 2-6 幂律流体在偏心环空中的循环效率
($\frac{D_i}{D_o}=0.8$，$n=0.5$)

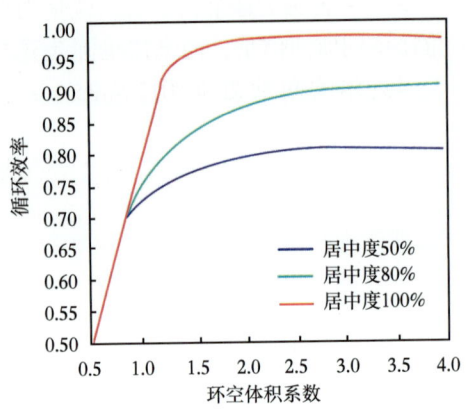

图 2-7 宾汉塑性流体在偏心环空中的循环效率
($\frac{D_i}{D_o}=0.8$，$n=0.5$)

对于宾汉塑性流体，循环效率取于管子的居中度以及无量纲剪切应力或者无量纲剪切速率。因为无量纲剪切速率在给定的流速下，当不考虑居中度时为常数，所以更适合用于偏心环形空间。而摩阻压降和流速之间的关系却与居中度有关。图 2-7 中给出在无量纲剪切速率等于-0.174 时，不同居中度条件下宾汉塑性流体的循环效率。

把图 2-5、图 2-6 与图 2-7 相对照，其结果如所料想的一样，即套管偏心度对剪切稀释流体的影响比牛顿液体的影响更大。流速分布对于流体的流变性（像幂律指数或无量纲剪切速率）敏感程度具有下列的结果。在居中度低于 80%～90% 时，并给定环形空间体积的大小，那么流体的剪切稀释性越强其循环效越低。因此，在这样的居中度范围内，幂律流体的循环效率随幂律指数的增加而增加。对于宾汉塑性流体，居中度低于 80%～90% 时无量纲剪切速率 ε 越高，则循环效率越好（图 5-9）。因此在这种居中度的情况下，可以通过增加流量或增大 μ_p/τ_y 的方法改善循环效率。如前面所述，对于同心环心空间可得出相反的结论。因为现场上不存在完全同心的环形空间，所以应采取改善偏心环形空间循环效率的方法，而不是采用同心环形空间的方法。

在剪切稀释液中，那些具有屈服值的流体属于特殊情况。当流速很低时。由于沿环形空间剪切应力分布不均匀，在窄边一侧流体处于静止状态。基本槽式模型表明，如果在局部环形间隙为 e 的情况下，计算的管壁处剪切应力 $\tau_w(e)$ 符合下列条件时，窄边一侧仍有流体处于静止状态：

$$\xi = \frac{12V}{D_o - D_i} \times \frac{\mu_p}{\tau_y} \tag{2-23}$$

因为循环效率将趋近于一个小于 1 的值（图 2-7），所以在循环钻井液过程中不希望出现这种现象。为了避免这种现象发生，需要使环形空间所有流体处于运动状态。如果管壁处的最小剪切应力大于流体的屈服应力时，即可实现整个环空流体的流动。

$$\frac{dp}{dz} > \frac{4\tau_y}{(D_o - D_i) \times 居中度} \quad 或 \quad \psi < 居中度 \tag{2-24}$$

对于宾汉塑性流体应用基本槽式公式可以确定相应的最低无量纲剪切速率。

图 2-9 表明了这个最小值，就是当整个环形空间的流体都处于层流状态时最小的无量纲剪速率的值。但是，情况往往不是这样，特别是在居中度较低的情况下更是如此。例如，当流体的塑性黏度为 20mPa·s、屈服值为 4.79Pa，在外径 ϕ311.2mm，内径为 ϕ244.5mm 的环形空间内流动时，如果假定在完全层流状态下，当居中度较低时下表中对环形空间流体流动所需的最小流速的估计数据可能偏高很多。

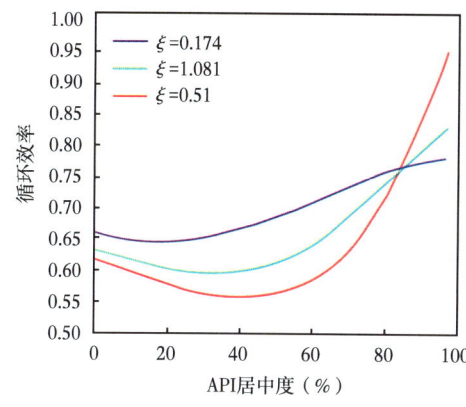

图 2-8　泵送环空体积系数为 1 时，宾汉塑性流体在不同居中度的环空中的循环效率

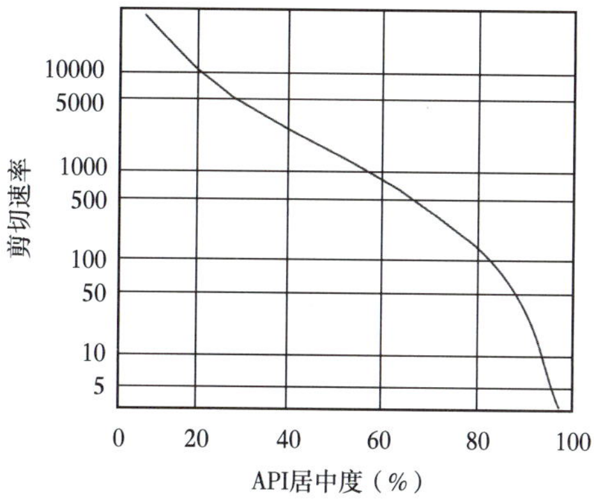

图 2-9　宾汉塑性流体在较窄偏心环空内流动的最小无量纲剪切速率（假设流体完全处于层流状态）

4）胶凝钻井液和滤饼对循环过程的影响

理论研究的结果很少考虑胶凝钻井液或脱水泥浆对于循环过程的影响。因为椭圆形井眼、井眼不规则（由于冲刷）和套管的偏心可引起某些局部井眼流体流速为零，所以不仅当钻井液静止时会产生胶凝和脱水，在循环钻井液时也会产生这种现象，这种钻井液通常称之为"死钻井液"。

当钻井液静止时，大多数会形成结构，通常用胶凝强度来描述。这一参数表示使钻井液产生流动所需的最小剪切应力值 τ_{gel}。钻井液具有这种触变性能，是由于在停止循环时钻井液必须能够悬浮岩屑和加重料。但是，钻井液的切力对于开泵循环时井口的压力升高具有一定的影响。此外，特别是在管子不居中的情况下，胶凝强度对于循环过程的效果有很大的影响。一旦钻井液处于胶凝状态，要想改变这种状态所需的力，不再等于屈服应力而应等于胶凝强度。因为对于胶凝强度为 τ_{gel} 的流体，在偏心环空窄边流动时最小摩阻压降为：

$$\frac{dp}{dz} > \frac{4\tau_{gel}}{(D_o - D_i) \times 居中度} 或 \psi < \frac{\tau_y}{\tau_{gel}} \tag{2-25}$$

关于钻井液胶凝强度的增长与时间的关系已经发表了许多文章。但是，对于石油工业标准测量过程所得到的试验结果的解释仍然存在着问题。因为测量钻井液胶凝强度的标准方法包括最多静止 10min 后的一次读数，在日常使用时，与实际情况不符。10min 远不能代表重新开始循环前，钻井液所经历的很长的静止阶段（m 个 h 或 n 天）。因为缺少反映钻井液性能的有价值的资料，就很难推导出含有更多参数的循环模型。对于钻井液胶凝强度的认识，还不足以确定已经经历了一定胶凝过程的循环效率。破坏胶凝结构的动力与经历的剪切过程有关，为了确定流动钻井液对胶凝钻井液的冲蚀，必须对这种动力进行讨论。由于缺少这方面的资料，所以只能确定环形空间窄边一侧是否发生流动，却不能确定其流动速度。但采用石油工业标准测量程序，可以测量与时间有关的钻井液的胶凝强度。采用公式（2-24）可以确定最低摩阻压降，只要在环空没有静止胶凝钻井液存在，就可计算相应流场的流量。

在渗透层井壁上的滤饼是影响循环过程的另一个因素。当没有流体流过渗透层时，仅存在静态滤失现象。如果不控制钻井液滤失量，就可能形成很厚的滤饼，并且使环形井眼尺寸变小。采用井径测井已测出性质很差钻井液的滤饼厚度达1.2cm。

开始循环时，因为其密度和黏度（特别是在低剪切速率时）比原浆高得多，这部分脱水的钻井液很难被驱替掉。因为大多数滤饼是可以压缩的，并且滤饼的特性随着与地层的距离而变化。因此很难预测开始循环时究竟能冲蚀掉多少滤饼。继续循环，往往只能够冲掉井壁上的疏松滤饼、很难冲掉紧靠地层上的硬滤饼。

由于钻井液的滤失和套管偏心的共同作用，可能影响循环洗井的效果。由于对滤饼的冲刷作用随着作用在井壁上的剪切应力增加而增大，所以在环形空间窄边的滤饼有可能在循环过程中变厚。沿环形空间滤饼厚度分布的不均匀加剧了过流断面流速分布的不均匀，使得窄边的流体流速进一步降低。继续发展的结果，有可能使窄边流体完全停止流动，而且由于静失水作用，后来变得更加难以流动。

5）活动套管的作用

每当井内钻井液发生不能恢复循环的现象，可采用的办法是上下或旋转活动套管。目前还没有就活动套管对钻井液循环过程的影响进行充分的研究，但是活动套管有助于提高顶替钻井液的效率是毫无疑问的。活动套管确实能够在很大程度上抵消管柱偏心的有害影响（图2-10）。

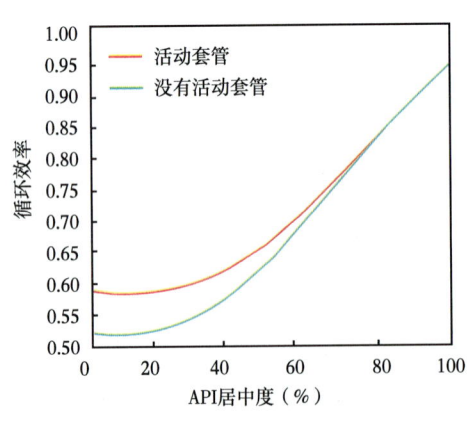

图2-10 上下活动套管对循环效率的影响

但是必须强调，这些结论都没有考虑套管柱的横向运动。在上下活动套管时很可能会发生横向运动。在使用滤饼刷或滤饼刮时，活动套管通过机械作用可清除滤饼，对改善循环效果也有很大的作用。目前还缺乏这类装置对循环效果影响的定量数据，但是无疑这些装置对于改善循环效率有明显作用。

保证绝大部分钻井液参加循环是固井成功的关键。考虑到问题的复杂性，毫无疑问在固井前需要设计足够的时间对井内的钻井液进行循环，并对井内钻井液所处的状态进行评价。根据上述讨得出了以下的准则。

（1）综合考虑钻井液的流变性能胶凝强度和套管的居中度，保证达到一定的排量以使环形空间的钻井液全部发生流动。通过改善套管居中度、增大 μ_p/τ_y 比值、降低胶凝强度或增加排量的方法可以达到这一目的。

（2）如果满足不了上述条件，在循环钻井液过程中应上下或旋转活动套管。

（3）当条件允许时，为改善顶替效率应采用循环模式对上述的参数进行优选。

(4)从经验出发,至少应循环钻井液一个循环周以上。采用循环模式,可以更好地估计需要循环钻井液的时间。

(5)每当对估计的结果产生怀疑时,应采用对流体计量的方法,定性地测量循环效率。应保持循环钻井液,直到参加循环的钻井液达到电测井眼所计算井眼容积的90%以上为止。

2. 下套管过程精细控压

套管下入过程会产生激动压力,在窄安全窗口地层固井时若不对下套管过程进行控制,其产生的激动压力可能压漏地层。环形空间的当量流量(Q_{anr})是下套管速度V_{run}的函数,由式(2-26)求出:

$$Q_{anr} = V_{run} \times A_{pipe} \tag{2-26}$$

式中 A_{pipe}——套管表面积,m^2。

计算表明,这一当量流量是不能忽略的。例如,以1m/s的速度下入ϕ177.8mm套管,其环形空间当量流量为1.37m^3/min。因为套管下入过程不是连续的,所以钻井液的返出速度也是变化的,并且惯性力液对环形空间压力产生影响。

为了防止下套管过程中压力波动导致的井漏,精细控压压力平衡法固井在下套管过程中采取的做法是先将钻井液密度降低,然后通过井口补偿压力来平衡地层孔隙压力。井口的补偿压力根据下套管的速度而实时变化,实现下套管过程中的精细控压。因此,下套管过程中的波动压力计算就显得尤为重要,在第三章中给出了有关计算下套管过程中波动压力的数学公式。

3. 注水泥顶替过程精细控压

注水泥顶替过程精细控压从注隔离液开始直到起钻柱循环钻井液洗井完成。由于这一过程中在循环钻井液时降低了钻井液密度,同时在设计固井液时设计密度条件下的环空静液柱压力也不能压稳地层,主要靠在井口通过节流或者直接加压而施加补偿压力,从而达到平衡地层的目的。环空压力取决于环空流体密度和流动阻力,因此井口施加的补偿压力会实时变化,这就需要在井口进行精细控压。精细控压压力平衡法固井的注水泥顶替过程包括:注隔离液、冲洗液、水泥浆、压胶塞、钻井液顶替、碰压、起钻柱循环洗井(图2-11)。

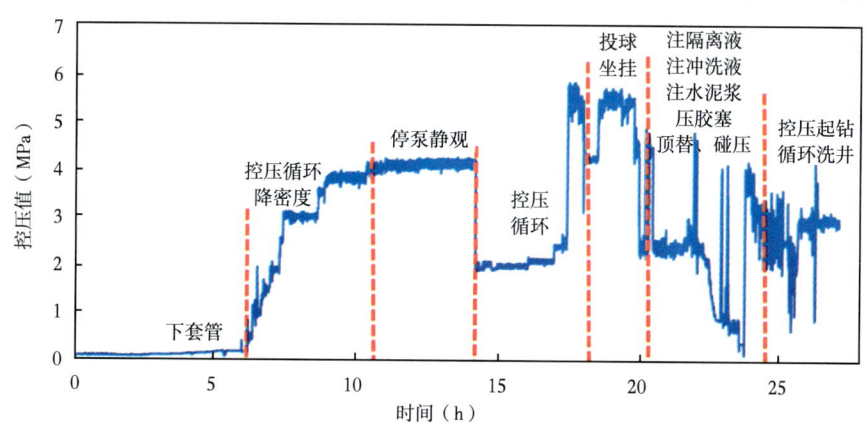

图2-11 精细控压压力平衡法固井过程中井口补偿压力

投球坐挂时需要停止循环，这时井口就需要通过泵施加较高的补偿压力。坐挂完成后开始注隔离液、冲洗液、水泥浆，这个过程中环空的流体处于流动状态但是速度不高，环空的液柱压力和流动阻力仍然不足以压稳地层，需要通过节流或者直接施加回压来压稳地层。环空流体和流速在不断变化，因此井口的补偿压力也在实时变化，如图2-11所示。停泵压胶塞时，环空流体停止流动失去了流动阻力，因此井口补偿压力又需要增加。

钻井液顶替时，注水泥顶替时环空流体处于流动中，在井口需要施加的补偿压力也需要根据流动阻力和环空流体来确定。

当碰压后环空流体失去了流动阻力，只有静液柱压力，因此需要增加一个较大的井口补偿压力。这时环空中的流体与投球坐挂时相比，隔离液、冲洗液、水泥浆替代了环空中的钻井液，所以此时环空中的静液柱压力比投球坐挂时高，井口的补偿压力比投球坐挂时低。

注水泥顶替过程精细控压，井口压力控制参数计算见本章第四节。

4. 候凝期间精细控压

控压起钻循环洗井完成后，水泥浆进入候凝阶段。水泥浆在候凝过程中，水泥浆体积收缩和胶凝悬浮液凝结都会使其在凝结过程中发生失重。水泥浆的失重原理和测量方法将在本书的第四章中介绍。水泥浆体积收缩后环空压力无法平衡地层压力，这是导致气窜和水窜的主要原因。因此，水泥浆候凝过程中需要在井口施加一个补偿压力来补偿由于水泥浆减重而造成的环空压力降低。环空水泥浆压力变化过程随水泥浆凝结时间发生变化，第三章总结出了水泥浆凝结过程中环空压力随时间变化的函数关系式。失重压力呈现出先快后慢的增加直到最后凝结。凝结过程中水泥浆井口补偿压力需要在原来的基础上随着时间的增加而增大。候凝过程中的井口补偿压力计算见本章第四节。

第三节　精细控压压力平衡法固井浆柱结构设计

前面介绍了精细控压压力平衡法固井的基本原理方法，要实现这一过程，从固井前就需要开展系统的设计，包括环空流体密度设计、隔离液浆柱结构设计和水泥浆柱结构设计。

一、环空流体密度设计

正常作业时，钻井液密度是按能否平衡地层孔隙压力来设计的。由于窄安全密度窗口的限制，如果钻井液密度仍采用前期钻井过程时的密度，则在下套管与注水泥过程，由于套管与井眼之间环空间隙减小，会造成下套管与注水泥过程产生的流动摩阻增加，造成环空ECD比正常钻井过程增大，从而加大井漏的风险。

为此，为了保证下套管或注水泥期间，环空流动阻力增大不会造成井筒漏失，在下套管前或注水泥前有计划地降低环空流体的静液压当量。

1. 降低钻井液密度

钻井液密度降低后，施工过程有两种环空补压方式，一是井筒环空仍有流体循环流动，这时可直接通过调整节流管汇来达到需要的环空回压；二是井筒环空流体没有流动，下套管或注水泥过程停止循环，则需要在井口环空通过回压补偿装置来平衡对地层的压力。因此,钻井液密度降低幅度必须考虑到环空回压补偿系统与节流系统的控压能力。式(2-28)为考虑补偿能力后的钻井液密度最大降低值,考虑安全余量后其实际降低范围应比该值小。

考虑环空流体在静止时也能平衡地层孔隙压力,需要满足下面平衡式:

$$p_p = \rho_m g H_{vspecial} = (\rho_m - \Delta\rho_{max}) g H_{vspecial} + p_{back} \tag{2-27}$$

式中 p_p——地层孔隙压力,MPa;

$H_{vspecial}$——管柱垂直深度,m;

ρ_m——地层流体密度,g/cm³;

$\Delta\rho_{max}$——钻井液降低的最大密度,g/cm³。

由此,可计算出通过环空补偿回压后,钻井液可以降低的密度值:

$$\Delta\rho_{max} = \frac{p_{back}}{g H_{vspecial}} \tag{2-28}$$

2. 水泥浆与隔离液密度设计

水泥浆与隔离液密度设计应遵循常规固井设计中的规范,保持隔离液、水泥浆与钻井液密度形成一个阶梯,以有利于提高顶替与防止混浆。

密度阶梯为:水泥浆密度>隔离液>钻井液。

二、隔离液浆柱结构设计

预冲洗液和隔离液的目的是通过避免水泥浆和钻井液的不相容混合物来帮助去除大块钻井液。使用非水泥浆时,采用前置液和隔离液去除油膜,并用水湿润井下表面,测试垫片兼容性的程序见 API RP 10B-2/ISO 10426-2。如果油气井条件允许,可能需要对水泥和隔离液或水泥、隔离液和钻井液混合物进行相容性测试。一些计算机程序可用于确定为去除钻井液而泵送的隔离液的类型和体积,并预测在灌注过程中可能出现的流体(水泥、隔套、钻井液)混合程度。在某些情况下,使用未加重量的预冲洗液或基础油可能会恶化管道,计算机模拟器可用于预测这一情况。

1. 选择原则

前置液的选择应考虑钻井液与水泥浆类型、注水泥的顶替流型以及地层情况等因素。

前置液的类型主要有冲洗液和隔离液两类,各类流体的具体分类、作用和相关标准不同。在注水泥中,应主要按照其标准进行选择设计。

2. 前置液结构

对一般的注水泥作业,当使用紊流流态进行顶替时,一般可采用"冲洗液+隔离液"的前置液结构,冲洗液和隔离液应是容易达到紊流的类型;对使用段塞流流态进行顶替时,也可只用一种隔离液(应是黏性隔离液,有利于塞流的实现);对水泥浆在顶替中不能实现紊流的情况,则应充分应用前置液的作用,可使用"冲洗液+隔离液+冲洗液"的结构,同时在保证环空安全的情况下可加大前置液的用量,通过前置液实现紊流顶替。

进行注水泥设计时具体应使用哪种结构,应根据当时的钻井液、水泥浆条件、环空的压力平衡情况、现场对使用的前置液的经验和所能提供的前置液情况来具体确定。

3. 前置液的密度和用量

前置液为在水中加入表面活性剂或用钻井液直接稀释配制而成，故一般密度较低，在 1.0~1.03g/cm³ 左右，对隔离液的密度则要求应大于钻井液密度 0.06~0.12g/cm³，小于水泥浆密度 0.12~0.06g/cm³。

前置液的用量是在保证其所用前置液能充分发挥其作用的前提下确定的，其一般要求为：

（1）只用冲洗液或紊流隔离液时，要求用量满足 10min 接触时间，其用量可计算如下：

$$q = 0.6Q_c \tag{2-29}$$

式中 q——冲洗液用量，m³；

Q_c——顶替临界排量，L/s。

当计算的冲洗液用量在环空中的长度超过 250m 时，则以冲洗液封固 250m 环空所需的用量为准。

（2）同时使用冲洗液和隔离液时，其总的用量仍按式（2-29）计算，然后两种流体按 2∶1 的容积比例分别计算其用量即可。但对总量的限制要求 w 不超过环空高度 300m 为准。

（3）对黏性隔离液的用量，要求能充填环空长度 150~200m。

（4）对尾管或小间隙井眼注水泥，因环空容积较小，故按上面要求计算的用量可能很小。一般要求用量不小于 1.6m³。

（5）根据所固井的井深情况和环空压力的平衡情况，可适当增加用量，一般当井深超过 3000m 后，每增加 300m 深度，应在设计总量中附加 0.2~0.3m³。在环空井眼稳定、地层压力平衡满足的情况下，为提高顶替质量，可加大前置液的用量，长度可达到其应封固层段的长度。

4. 后置液设计

后置液主要用于隔离水泥浆与管内顶替钻井液，一般使用配浆水即可。但在尾管注水泥中，后置液的使用还有平衡注水泥后管内外压差，防止形成小循环的作用。故在设计中需根据管内外压力情况计算需使用的后置液量。

计算原则为：

（1）计算位置的环空压力 = 计算位置的管内压力 + 附加值；

（2）计算位置的管内压力 = 顶替液（钻井液）压力 + 轻压塞液或碰压液压力；

（3）轻后置液或碰压液压力 = 流体高度 × 密度；

（4）方法：根据前三方程可解出轻顶替液的使用高度。

三、水泥浆浆柱结构设计

1. 环空水泥浆组成

为了平衡环空压力，同时保证水泥封固段能形成良好质量的水泥环，防止环空窜流。环空水泥浆柱通常使用不同密度与性能的水泥浆组成，不同深度的水泥浆体系具有不同的性质。注入环空的水泥浆，一般并不采用纯净水泥浆（或称原浆），而是采用改性水泥或改性水泥浆。所谓改性水泥，即是通过添加外加剂改变了水泥化学或物理性能的水泥，如稀水泥浆，不同凝结时间的水泥浆（两凝水泥），减轻或加重水泥浆，以及加入各种外加剂的水泥浆等，水泥浆体系性能设计可参见其他相关专业书籍。

1）环空浆柱结构组成

环空水泥浆的组成，根据其作用与性能的不同，设计时，其结构一般要求采用两种或三种浆体组成（对双级注的第二级可除外），如图 2-12 所示，常用结构如下：

（前置液）+先导水泥浆（领浆）+尾随水泥浆（尾浆）；

（前置液）+先导水泥浆+中间浆+尾随水泥浆。

（1）先导水泥浆。

常用稀水泥浆配制，密度较低，流动性较好，配浆成本较低。一般将它用在主封固段上面起充填作用，并与前置液一起组成紊流顶替浆体，保证紊流接触时间，以更好地清除环空钻井液。同时，因它具有较长的稠化时间，在水泥浆的失重过程中，还可起到维持一定环空液柱压力的作用。但对这类水泥浆的总体综合性能（如抗压强度、失水、自由水等）的要求不如尾浆严格，不能用于封固主要的层段。

（2）中间浆。

其作用与先导水泥浆相近，只是对浆体的密度和其他性能作了进一步的要求，以满足所封固层段的要求。常用于双凝或多凝注水泥设计，以避免水泥浆柱失重造成下部油气水窜。

（3）尾随水泥浆。

用于封固环空主封固段，一般在套管鞋至产层段以上 150m 的井段。对这类浆体，要求有优质的胶结强度，隔绝井下流体的互窜，满足分层测试与长期开采的要求。

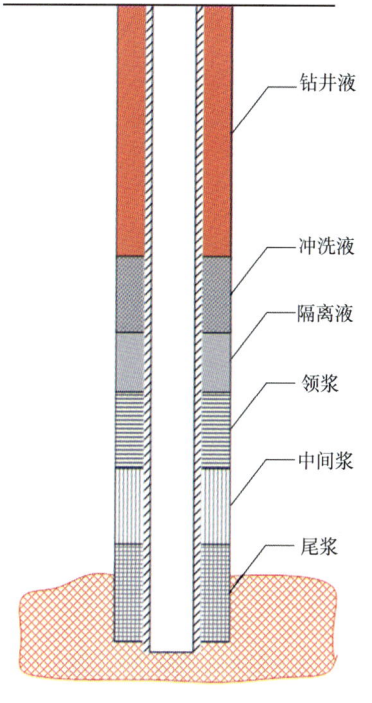

图 2-12 注水泥后环空流体组成结构示意图

这类浆体一般是由原浆加入降失水剂、增强剂、热稳定剂等多种外加剂配制而成，并对其抗压强度、失水、析水、密度等综合性能有严格的控制要求。

2）各段水泥浆长度的设计原则

前面介绍了注水泥时应采用的环空水泥浆组成结构，对于每段水泥浆的具体使用长度，一般应根据如下原则进行设计：

为了保证良好的封固质量，一般要求尾浆应返到主封固段以上 50~150m，而领浆返至设计返高以上，如有中间浆，其返深应视具体要求确定。按这一返深初步确定了各浆体的长度后，还应根据其对各段水泥浆的密度要求，在考虑满足环空平衡压力要求的原则下进一步进行调整。

3）各段水泥浆密度的设计原则

对各段水泥浆的密度，一般要求在保证环空压力安全（平衡压力条件）的原则下，尾浆密度应首先考虑使用正常密度范围（即在标准配浆水灰比下配出的水泥浆的密度），而领浆密度可稍低于尾浆密度，一般低于正常水泥浆密度 0.01~002g/cm³ 即可，中间浆一般与尾浆密度一致或介于领浆与尾浆之间。

设计水泥浆的密度时，还应考虑如下因素的制约：

(1) 使用外加剂下综合性能最佳时的密度值；

(2) 水泥浆不发生沉降的最大用水量（最低密度）及具有最低可泵性情况下的最小用水量（最大密度）；

(3) 满足抗压强度要求的密度值和保证顶替效率时与钻井液密度的最低密度差；

(4) 通过减轻与加重处理后，水泥浆可能达到的最低密度与最大密度值。

按上面要求设计出水泥浆的密度后，应根据环空的整个浆柱结构进行平衡压力校核，如果不满足压力要求，应采用调整密度结构或调整浆柱长度的方法保证环空压力处于平衡状态。一般可如下步骤进行，如图 2-13 所示。

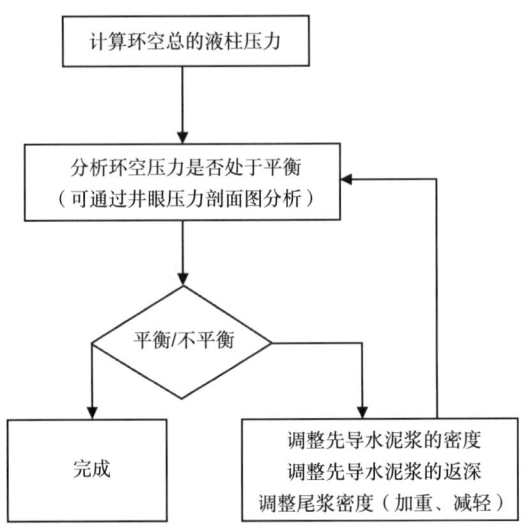

图 2-13　水泥浆柱密度设计流程示意图

进行了环空液柱压力校核后，如井眼有油气窜的可能，还应校核环空浆柱的失重情况，如失重较严重并可能引起油气窜时，还应进一步采用多凝结构（使用中间浆）以控制失重的速度。

设计中应注意的是，在实际施工中，不可能完全达到设计的水泥浆密度和返深位置，因此在设计时，必须使得水泥浆密度和各段流体长度在一定范围内变化时，其环空仍能保持一平衡压力状态。其方法是将密度和长度分别在一定范围内变化，然后校核其环空压力的平衡情况。

2. 水泥浆体系与性能要求

作为一个总体设计，在前面基本确定了环空水泥浆柱组成结构、各段水泥浆的密度和长度后，还应对各段水泥浆应具备的综合性能提出要求，并建议采用什么水泥浆体系来满足这些要求。

1) 水泥浆性能的要求

水泥浆的性能应从产层、地层压力、深度、温度、钻井液性能和封固段的情况以及已设计的施工方案（如顶替流态、顶替流速）来具体确定。一般而言，对水泥浆的基本要求主要有：

（1）能配成设计需要密度的水泥浆，不沉降，不起泡；
（2）有好的流动性，适宜的初始稠度，较小的流动摩擦阻力，容易混合泵送；
（3）流变性能可通过外加剂调整，以获得很好的顶替效率；
（4）在注水泥、凝结、硬化期间应保持需要的物理性能及化学性能；
（5）已顶替至环空的水泥浆在固化过程不受油气水的侵染。顶替及候凝过程具有小的漏失量，固化后不渗透；
（6）注水泥结束后，应有足够快的早期强度，且强度能迅速发展，并有长期强度的稳定性；
（7）能提供足够大的套管、水泥、地层间的胶结强度；
（8）具有抗地层水的腐蚀能力；
（9）满足要求条件下的稠化时间和抗压强度，满足射孔条件下的较小碎裂程度。

要达到这些要求，主要应控制好如下的水泥浆性能参数：

（1）密度（水灰比）；
（2）自由水含量（反映水泥浆的稳定性）；
（3）初始稠度与稠化时间；
（4）流变参数（反映水泥浆的流变性能）；
（5）水泥石的抗压强度；
（6）失水量；
（7）与钻井液的相容性；

此外还有：

（1）特殊井况下对水泥浆性能的特殊要求，如抗腐蚀、热稳定、触变性、可压缩性、胶凝强度等；
（2）水泥浆的初凝与终凝时间等。

2）对水泥浆的特殊和关键性能要求

在设计水泥浆时，首先应确定出在注水泥中使用的水泥浆应满足的特殊性能和关键性能。特殊性能主要指水泥浆对某些特殊情况（如盐岩层，低压高渗漏层，高压气层等）的适应要求。关键性能是指该设计井对水泥浆要求非常严格，且必须通过使用外加剂进行严格控制才能满足要求的哪些性能（同时控制这些性能也是整个性能处理的关键技术），如设计水平井时要求水泥浆在120℃下自由水为零，且失水量小于50mL，而一般水泥浆要达到这一要求是较困难的，因此控制水泥浆自由水和失水便是水泥浆性能要求中的关键性能。

一般设计水泥浆时，应考虑的特殊要求主要有：

（1）有漏失的井眼，如低压高渗漏层；
（2）低压地层；
（3）高压地层；
（4）高温井况；
（5）气层、高压气层；

(6) 盐岩层；

(7) 抗腐蚀要求。

3) 密度控制要求

前面已经确定了注水泥中各段水泥浆应具有的密度，但实际施工时注入的水泥浆密度如果偏离设计密度的允许范围，则按预期设计经外加剂处理后的水泥浆所具有的优点可能会丧失掉。图 2-14 说明了密度变化对水泥浆性能的影响情况：

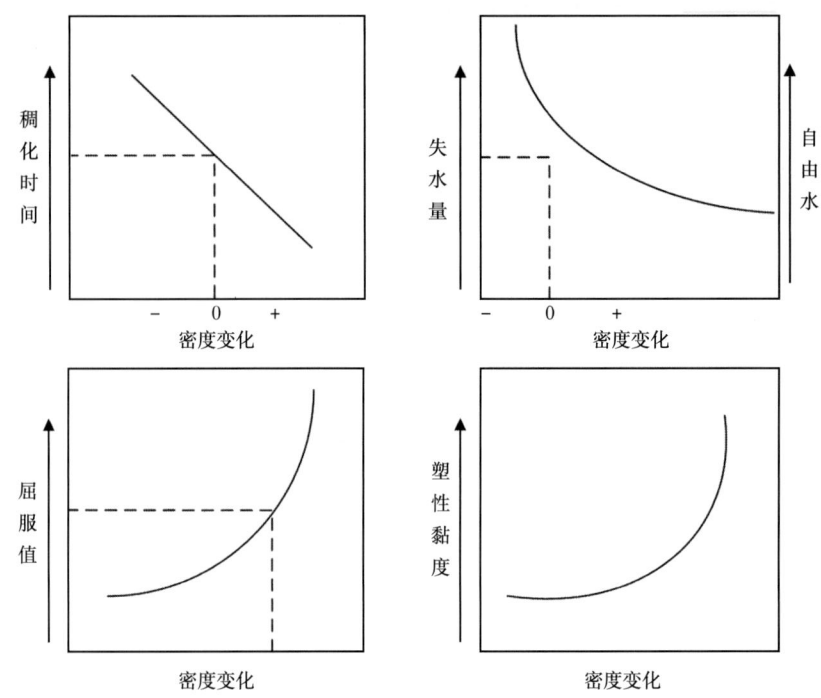

图 2-14　密度变化对水泥浆性能影响示意图（0 为设计密度点）

因此，要求在设计水泥浆时，所使用的外加剂在较大的密度变化范围内均能较好地控制水泥浆的性能。

4) 失水和自由水控制要求

对水泥浆失水和自由水的要求应根据施工条件、地层、井斜等情况决定，一般要求如下。

失水：

(1) 套管注水泥，控制在 100~200mL/30min×6.9MPa；

(2) 尾管注水泥或挤水泥，控制在 50~150mL/30min×6.9MPa；

(3) 要求有效控制气体窜动时，控制在 30~50mL/30min×6.9MPa；

(4) 一般认为水泥浆失水控制 50~200mL/30min×6.9MPa 之间是最佳的。

自由水：

一般直井注水泥，大斜度井或水平井注水泥，应将自由水降至 0，以免形成上部水槽造成油气水窜。

5) 水泥石抗压强度要求

水泥石必须具有一定强度以支撑套管轴向载荷，承受钻进与射孔等作用的震击，承受压裂作用等。现场对水泥石抗压强度的要求根据其所使用的水泥类型一般如下：

(1) 对正常密度和加重后的水泥浆，要求其24h的抗压强度应大与13.8MPa；

(2) 对低密度水泥浆，因受加入减轻材料的影响，一般要求大于10MPa即可。

6) 稠化时间控制要求

控制稠化时间的目的是保障注水泥施工的顺利进行，因此，稠化时间与注水泥施工时间是密切联系的。一般要求稠化时间与实际施工时间的关系是：

(1) 稠化时间=现场施工时间+60~90min

(2) 而测定稠化时间所规定的稠度值也不是取100Bc，而是根据施工具体情况在50~70Bc内取值，因为达到70Bc时水泥浆已产生可泵条件的最大黏度。

现场施工时间应根据具体的注入量、注入速度以及施工的难度来确定，一般尾浆的施工时间比领浆的施工时间短，故对尾浆的稠化时间要求应比领浆短。对于双级注第一级的领浆，设计稠化时间时还应考虑打开分级箍、清洗水泥浆等作业的时间。

7) 流变性能要求

对水泥浆流变性能的设计，是现在流变学注水泥技术的关键。要实现注水泥的最佳顶替，其流变特性应满足注水泥顶替工艺的要求，即要调节水泥浆的流变性使其在设计要求的顶替流速范围内达到设计的顶替流态。

从流变学原理可知，只要控制水泥浆的流变参数在一定的范围，便可获得要求的顶替流态。

也可在配制出实际水泥浆后，根据实测的流变性能（黏度计读数）来计算实际的流变参数，并计算出在设计井眼下要达到设计流态所需的临界返速值、环空流动压力情况，再根据临界返速来判断所调节的水泥浆流变性是否满足要求。如果不能满足设计要求，则应进一步调节其流变性。

8) 与钻井液相容性要求

钻井液处理剂对水泥浆有一定的影响，见表2-1，因此，在设计水泥浆时，应考虑尽量避免这些影响。

表2-1 钻井液处理剂对水泥浆性能的影响

钻井液类型及处理剂	加入的目的	对水泥浆的影响
重晶石（$BaSO_4$）	加重	增密度，增稠，促抗压及胶结强度下降
碱类（$NaOH$、$NaCO_3$）等	调整pH值	增稠，促凝
含钙化合物 CaO，$Ca(OH)_2$、$CaCl_2$、$CaSO_4 \cdot H_2O$	降低摩阻，控制pH值	/
柴油、原油	降低摩阻	降低密度，胶凝强度下降
防漏剂（木质素磺酸、丹宁、褐煤）	分散剂	缓凝
防漏剂（碎屑、纤维、橡胶）	堵漏	缓凝，降低抗压及胶结强度

续表

钻井液类型及处理剂	加入的目的	对水泥浆的影响
三磺钻井液	调整性能	缓凝
乳化剂（木质素磺酸盐、烷基乙基、羟磺酸盐）	油包水、水包油	缓凝
甲醛	防腐	缓凝
降失水剂（CMC、淀粉、聚丙烯酰胺、木质素磺酸盐）	降失水	缓凝

9）水泥浆体系的选择与外加剂选用

根据井深和温度情况可选择出应用的干水泥级别，其各种级别的选择在前面已介绍，如没有相应级别可使用基本水泥浆级别，如 G 级或 H 级。

但要设计出满足前面性能的水泥浆，必须使用一定的外加剂。选择外加剂时，应首先根据对水泥浆性能的特殊要求或关键性能要求，确定出本次注水泥应使用的水泥浆体系（一般根据水泥浆所能满足的一种或几种功能将其称为相应的水泥浆体系，如防窜体系、抗高温体系、低密度体系），确定出要使用的主导外加剂，保证其水泥浆满足特殊要求或关键性能要求，然后再根据其他性能的调节要求，在考虑主导外加剂配伍性的基础上，选择一些其他外加剂，组成一外加剂体系，达到能综合调节水泥浆性能的要求。

如对高压气层，要求其水泥浆体系具有防窜的特点，则首先应考虑使用防窜水泥浆体系，而目前可用于防窜的体系有可压缩水泥、膨胀水泥、不渗透水泥、直角凝固水泥等。根据具体的气层情况可选择其中的一种体系，然后按照该体系对水泥浆的控制要求选用相应配套的外加剂体系即可。

设计水泥浆体系时，应根据领浆、尾浆或中间浆的要求进行分别设计。

目前水泥浆的体系发展到一定程度，可以满足各种施工情况的要求，具体进行这部分设计时，应根据不同水泥浆体系和外加剂进行具体的选择。

3. 水泥浆配方与性能试验

根据前面设计的水泥浆体系和外加剂的使用要求，便可初步选定一个水泥浆配方，然后在设计井的温度、压力和施工条件下进行室内试验，并通过调节外加剂加量将水泥浆性能调整到满足前面的设计要求；如果不能达到要求，应更换外加剂直至达到目的。

根据前面选定的水泥浆体系和作出的性能要求，再根据对现有外加剂的使用经验和选择要求，可以初步制定一个水泥浆配方（针对某一段水泥浆而言）。然后便可在选定的试验条件下进行试验，测定其水泥浆的全部施工性能参数，对有特殊要求的水泥浆，还应测试其特殊的性能。测试内容与方法应根据 API 油井水泥试验标准进行。

如果测出的性能数据不能满足其设计要求，则应调整某些外加剂的加量或更换其他外加剂再进行测试，直至满足要求。

标准配方的性能测试完成后，还应改变其外加剂的加量范围和试验条件，如升高或降低试验温度值，再进行其性能测试，确认其配方在一定的加量变化和使用条件变化下，仍能保持原有性能且性能变化不大，才能最终推荐该配方为注水泥的设计配方。

1）试验条件

水泥浆性能试验条件，应是在模拟所设计井的实际井况和施工过程而定的，主要有：

①温度条件：井底静止温度、井底循环温度和水泥浆柱顶面温度。

进行试验时，应根据具体的试验项目设定所用温度，如进行稠化时间试验，则应使用井底循环温度作为试验的最佳温度，然后根据施工过程制定一个升温方案（升温速率）。

②压力条件：考虑试验时应模拟的压力值大小，一般由实际井底压力数据来确定。

2）外加剂选择

在进行外加剂的选用时，应注意以下要求。

（1）所选外加剂应具有一定的通用性，体现在廉价和与其他化学外加剂具有良好的通用性。同时，除解决主控性能要求外，它应保持水泥石的基本强度（抗压强度），改善流变性和稳定性（在斜井中，当同一段水泥浆密度变化达到 $0.06g/cm^3$ 时，该水泥浆性能应属不合格）。

（2）外加剂加入量应有一定范围与宽度，且具有一定的线性关系，使之在实际的施工中加量上下限有误差时，水泥浆的性能不发生突变；不宜采用过高效的外加剂，其最小加量应有一定限制，如在 0.1%~0.03% 以上。

（3）外加剂对水泥石及套管不产生腐蚀和破坏作用。

（4）所用外加剂应具有良好的使用性，即操作简单。固态的应易溶于水，干混在水泥中的应是粒度均匀，有一定的比表面积，并易与水泥浆掺混均匀，在相应的储存期保持效能不变。

（5）选用的特殊外加剂应能与常规外加剂配伍和相容，所谓常规外加剂是指消泡剂、促凝剂、缓凝剂、减轻剂与加重剂等。

（6）选用外加剂时，应避免使用一种外加剂来抵消另一种外加剂对水泥浆性能的不利影响，这种方法只能在选择最后一种水泥浆外加剂时可用。

（7）所用的外加剂，应能适应较大范围的温度变化，并能适应各种配浆水质（如淡水、海水及其钠盐、甲盐混合的水质）。

（8）注意能使加入的外加剂发挥它的预期效能，要考虑影响效能的施工因素，因此要保证实配水泥浆的均匀性和密度（严格密度要求与二次混配），同时要求水泥浆被顶替过程和到位后外加剂试验温度与条件温度应一致。

（9）提供前置液设计（包括前置液设计、先导水泥浆段的外加剂处理），尤其对使用油基钻井液条件的井，应考虑加入表面活性剂，使水泥浆在水湿环境中胶结。

（10）选择使用外加剂应当注意到每种外加剂均有一种或多种副作用，因此应在设计中加以调节。

综上所述，设计水泥浆时对外加剂的使用要求是：

（1）设计简单；

（2）易于配制与质量维护；

（3）全部性能参数合格与性能稳定；

（4）适当的成本；

（5）提供实验室试验程序及性能试验注意事项；

（6）提供实验室报告应包括的内容：试验条件、测试指标、敏感度分析情况。

4. 用量计算

1) 水泥浆用量

计算水泥浆用量可先根据各段水泥浆的设计返深和该返深段的井眼环容计算出理论所需水泥浆量，然后再根据具体施工要求和井眼环容计算的准确性确定应附加的水泥浆量。

（1）水泥浆总量。

$$V_c = V_{ca} + V_{cp} \tag{2-30}$$

式中　V_c——注入水泥浆总量，m^3；

　　　V_{ca}——环空水泥浆量，m^3；

　　　V_{cp}——管内水泥塞用量，m^3。

（2）环空水泥浆量计算。

对于裸眼环空水泥浆量的计算根据其环空容积的附加方法分为两种。

方法一：先按裸眼段实际井径计算环容，再附加一定比例。

$$V_{ca} = \left[\frac{\pi}{4}(D^2 - d^2)H\right]K_1 \tag{2-31}$$

式中　D——井径，m；

　　　d——套管外径，m；

　　　H——水泥段长度，m；

　　　K_1——水泥浆容积附加系数。

方法二：先考虑井径扩大后再计算裸眼环容。

$$V_{ca} = \left[\frac{\pi}{4}[(DK_2)^2 - d^2]H\right] \tag{2-32}$$

式中　K_2——井眼扩大系数。

套管尺寸越大附加数越高，以此来补偿计算误差。244.5mm以上尺寸附加量为10%~20%，以下尺寸为8%~10%。小尺寸尾管及石灰岩井段可控制在5%~8%范围。按钻头尺寸计算水泥量，一般附加在25%~40%之间（更多取决于地区经验系数，但不超过40%）。只有表层及浅井（松软垮塌地层）附加数可在100%或更大。定向井及斜井电测井径数据误差更大，一般应考虑30%~40%的附加数。

（3）管内水泥浆量计算。

$$V_{cp} = \frac{\pi}{4}d_i^2 h \tag{2-33}$$

式中　d_i——套管内径，m；

　　　h——水泥塞长度，m。

如是尾管注水泥还应计算上水泥塞的用量。

2) 干灰与配浆用水量

水泥浆用量计算出来后，可根据各段水泥浆所要配成的密度，确定出应用的水灰比，然后计算出各段水泥浆分别需要的干灰和配浆水量，最后将各段所需的量累加起来即可得到干灰和配浆水的总需用量。

国外计算干灰与配浆用水量的方法是先根据所配水泥浆密度确定出每袋干水泥的造浆率,再根据水泥的造浆率计算所需用干灰袋数和需水量。

$$水泥浆密度 = \frac{水泥质量+水质量+外加剂质量}{水泥体积+水体积+外加剂体积} \tag{2-34}$$

计算中需区分清绝对体积和毛体积,例如,一袋重42.63kg的水泥具有1ft³的毛体积(水泥颗粒体积加上颗粒间空隙所占的体积的总和),而绝对体积则是0.0084m³/kg,它意味着一袋水泥中的水泥颗粒所占的体积为42.63×0.0084=0.358m³,而颗粒间空气占的体积是0.015m³。

第四节 精细控压压力平衡法固井井口补偿压力计算

精细控压压力平衡法固井井口控压参数主要包括两个方面的内容,即注水泥顶替过程和候凝期间井口环空回压控制计算。井口回压控制的精确计算是实现精细控压压力平衡法固井的关键,只有精确的计算出井口控压才能准确地指导实施施工。

一、注水泥顶替过程中井口补偿压力控制

1. 环空液柱压力

注水泥顶替过程中环空的钻井液不断地被固井液(隔离液、冲洗液、钻井液)替代,环空液柱类型和高度均随时间变化的变量,所以环空流体所产生的液柱压力随着注入时间变化。环空液柱压力可用式(2-35)计算:

$$p_{al} = \rho_1 g H - \rho_1 g \sum_{i=2}^{n} h_i(t) + \sum_{i=2}^{n} \rho_i g_i h_i(t) \tag{2-35}$$

式中 ρ_1——钻井液密度,kg/m³;
 H——井深,m;
 h——固井液在环空中的动态高度,m;
 g——重力加速度,m/s²;
 i——环空中流体类型;
 n——固井液总类型;
 t——注水泥顶替施工时间,s。

式(2-35)中右边第一项是环空中初始状态下钻井液产生的液柱压力,第二项是固井液进入环空后环空中的钻井液减少的液柱压力;第三项是固井液进入环空后在环空中产生的液柱压力。

固井液进入环空后流体高度呈动态变化,其表达式为:

$$h_i(t) = \begin{cases} 0 & \left(t \leqslant \dfrac{H\pi D_{in}^2}{4Q}\right) \\ \dfrac{4Q}{\pi D_e^2}\left(t - \dfrac{H\pi D_{in}^2}{4Q} - \sum_{i=2}^{n} \dfrac{V_{i-1}}{Q}\right) & \left(t > \dfrac{H\pi D_{in}^2}{4Q}\right) \end{cases} \tag{2-36}$$

式中　Q——注水泥顶替排量，m^3/s；
　　　D_{in}——套管内径，m；
　　　D_e——环空当量直径，m，具体计算见第三章。

2. 环空流动阻力

环空流动阻力是环空压力的重要组成部分，在注水泥顶替过程中，环空流动阻力也是平衡地层压力的压力之一。控压固井多用于窄压力安全窗口固井，这类地层多采用尾管固井，环空间隙窄。考虑套管偏心和窄间隙影响下的环空流动阻力计算如下：

$$p_f = \frac{32Q^2 L}{\pi^2 D_e^5 H}\left[\rho_1 f_1 \left(H - \sum_{j=2}^{n-1} h_i(t)\right)\right] \times \xi^2 + \frac{32Q^2 L}{\pi^2 D_e^5 H} \sum_{i=2}^{n} \rho_i f_i h_i(t) \times \xi^2 \times R \quad (2\text{-}37)$$

式中　f——流体在窄间隙环空中的流动摩阻系数，具体计算见第三章；
　　　R——偏心度；
　　　ξ——局部阻力系数，见第三章。

3. 井口补偿压力控制

注水泥顶替过程中，为了防止压漏地层，井口控制压力与环空压力的和不能高于地层破裂压力，同时，还要能压稳地层所以它们之和又不能小于孔隙压力。因此，根据某一深度薄弱地层需要控制的井口补偿压力大小范围为：

$$\left[p_p - \frac{L}{H}(p_f + p_{al})\right] < p_{wc} < \left[p_b - \frac{L}{H}(p_f + p_{al})\right] \quad (2\text{-}38)$$

二、候凝期间井口补偿压力控制

注水泥完成后水泥浆在候凝期间会发生失重，失重后环空静液柱压力会降低，但由于此时水泥浆胶凝强度还不足以防止地层气窜，因此，在候凝期间还必须在井口环空控制一定的回压，补偿其环空压力的降低。候凝期间环空静液柱压力随着候凝时间变化，井口补偿压力也要随时间变化。

1. 水泥浆有效压力

理论计算法建立在水泥胶凝失重实验结果的分析基础上，把水泥浆柱失重压降规律与水泥浆初凝时间关系有机地联系起来，并运用积分的形式，计算出初凝前水泥浆柱不同时刻的有效压力。假设如下：

（1）顶部水泥浆柱失重至水柱压力的时间为该处水泥浆条件下初凝前 1h，而底部水泥浆柱失重至水柱压力的时间为该处水泥浆条件下初凝前 0.5h；

（2）水泥浆失重按线性变化处理；

（3）同一水泥浆初凝时间，随着井深的增加而线性减少；

（4）环空几何尺寸对失重的影响忽略不计。

然后取微元分析，建立起关系式进行积分。最后，转换成浆柱在不同时刻的有效压力表达式，其表达式为：

$$p(h, t) = p_0 + p_c - \frac{0.01T(h_2 - h_1)(\rho_c - 1)}{t_2 - t_1 - 30}\ln\left(\frac{t_1 - 70}{t_2 - 100}\right) \quad (2\text{-}39)$$

式中 $p(h,t)$——浆柱不同时刻的有效压力，MPa；

p_0——作用在水泥浆柱顶部的压力，MPa；

p_c——水泥浆柱原始压力，MPa；

ρ_c——水泥浆密度，g/cm³；

h_2、h_1——分别为水泥浆柱顶端和底端深度，m；

t_1、t_2——分别为水泥浆柱顶端和底端的初凝时间，min。

2. 环空压力补偿计算

水泥浆的失重规律与水泥浆外加剂体系类型、井筒环空尺寸、温度、压力均有复杂的影响关系，因此候凝期间环空控压压力计算应按下面方法考虑。

$$p_a = 0.00981(G_{pgoal} + \Delta G_f - ESD_{goal})H_{vgoal} \quad (2-40)$$

$$ESD_{goal} = \frac{p_h - \Delta p_{weightloss}(t)}{0.00981 H_{vgoal}} \quad (2-41)$$

式中 ΔG_f——控压过程地层破裂压力安全值，g/cm³；

$\Delta p_{weightloss}$——水泥浆失重压差随时间变化函数，MPa；

G_{pgoal}——目标井段地层控制当量密度，g/cm³；

ESD_{goal}——目标位置实际环空静压当量密度，g/cm³；

H_{vgoal}——目标位置垂深，m。

3. 环空压力补偿方法

（1）最终加压值：环空回压增加值以始终能够平衡地层压力为依据计算。

$$G_{pgoal} + \Delta G_p \leqslant \frac{p_h - \Delta p_{weightless}(t) + p_a}{0.00981 H_{vgoal}} \leqslant G_{fgoal} - \Delta G_f \quad (2-42)$$

（2）初始加压值：以环空静压力平衡地层压力为依据，考虑控压固井过程。

$$G_{pgoal} + \Delta G_p \leqslant \frac{p_h + p_a}{0.00981 H_{vgoal}} \leqslant G_{fgoal} - \Delta G_f \quad (2-43)$$

（3）加压过程。

从初始加压值开始在60~90min内按计算曲线梯度逐渐加到最终加压值；

以最终加压值持续憋压候凝，结束时间按现场水泥样终凝后附加8~10h考虑；或以水泥胶凝强度仪测量曲线判定，胶凝强度达到240Pa以后8h。

（4）数值模型：建立一体综合数值算法。

对环空各水泥浆（速凝、缓凝、中间浆等）的失重曲线按候凝时间进行数值拟合，通过软件计算出各候凝时间下的浆柱压力下降规律，计算出最终加压值。

第五节 精细控压压力平衡法固井适应性评价

对一口井而言，最大的问题在于其是否适合控压固井作业，适合哪一种控压固井方式。随着技术的发展，工艺和装备都有了很大的提高，但还缺少控压固井技术及其应用的筛选评价模型，用来考虑给定井的工程和经济方面的可行性问题。这里探讨一种新的控压固井方法适应性评价模型，即"三步法评价体系"，如图2-15所示。

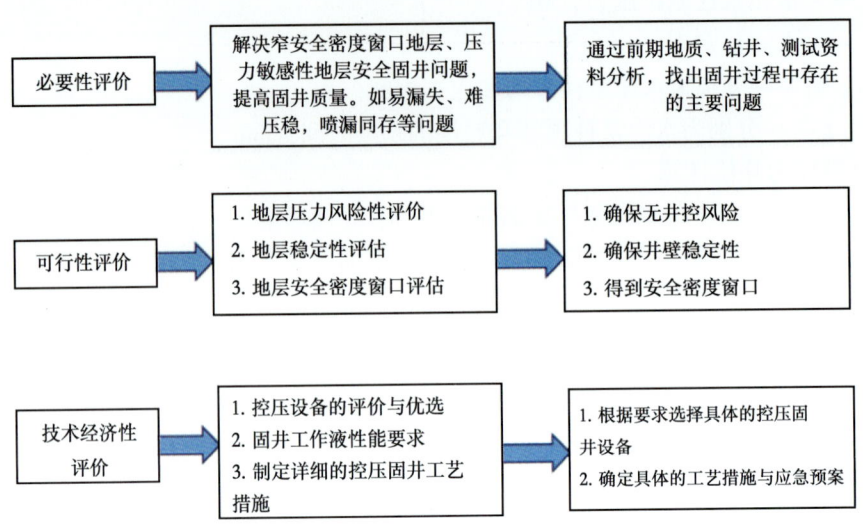

图 2-15　控压固井适应性评价流程

一、必要性

必要性需要从使用控压固井技术的原因和目的出发，是否是针对窄安全密度窗口的易发生溢流、易漏、漏喷同存问题等复杂问题。通过前期四川盆地川西地区超深井固井出现的事故、问题及地层资料，来评价是否有必要采用精细控压压力平衡法固井技术。

二、可行性

可行性评价分为地质可行性和工程可行性。地质可行性主要从井壁稳定、地层流体情况、储层敏感性等方面评价是否可行；工程可行性主要从井控安全性、井下压力调节灵活性、场地、作业队伍等方面评价工程上是否可行。

三、技术经济性

技术方案包括控压固井设备的选择、工艺方法的确定及各种应急预案等。经济评价方面，控压固井应和常规固井方式对比预期的经济效益等。

采用精细控压压力平衡法固井适应性评价关键技术如下。

1. 地质环境因素描述

地质环境因素描述主要包括地层压力剖面的预测、工程地质基础分析（地层与构造特性、岩石特性、流体特性）、储层敏感性分析、储层物性分析等，如图2-16所示。精确描述井下地质环境因素，可以为控压固井适应性评价提供依据。

2. 精细水力学计算

目前控压固井系统由数据采集与处理系统、自动节流控压装置、水力学核心模块构成，井底压力的控制是基于内部的水力学模型处理结果。在目前常用的水力学计算模型中，流体的密度和黏度都被假定为定常数，不适用于高温深井。为了实现对井下压力预测

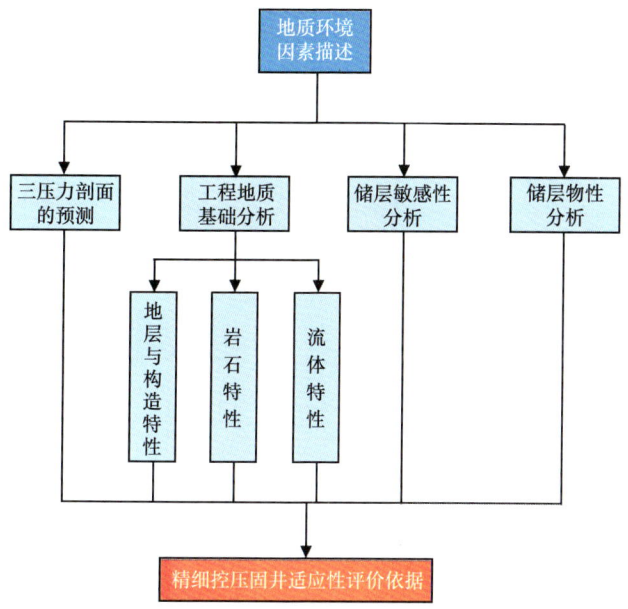

图 2-16 地质环境因素描述内容

更加精细、准确，水力计算模型应该综合考虑高温深井温度场、高温高压密度特性及流变性、地层出气后环空多相流动等对井底压力的影响，如图 2-17 所示。

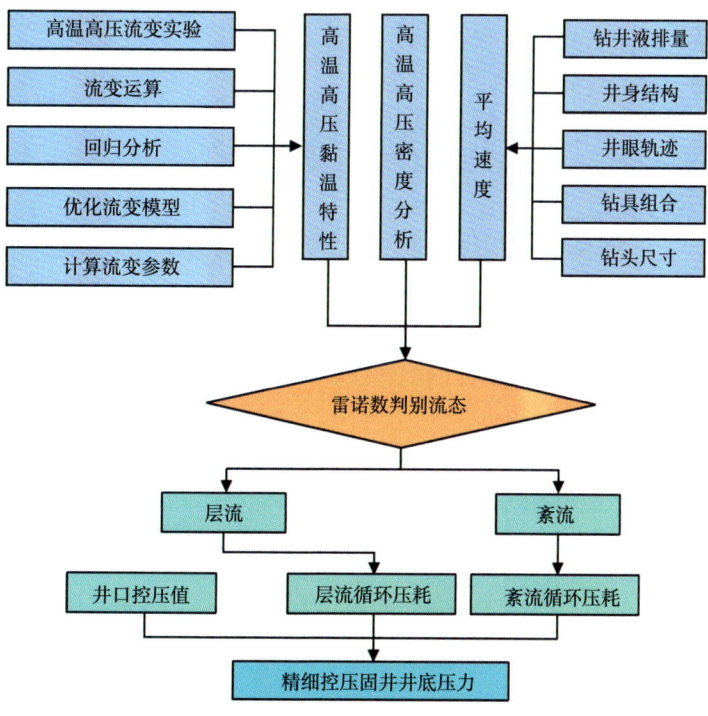

图 2-17 控压固井精细水力学模型图

3. 设备配套与优选

根据设计的控压固井工艺参数和风险等级划分对应的设备配置，综合考虑设备之间匹配关系、场地因素、复杂事故处理、设备经济性等因素，进行设备配套，优选井口设备、地面设备、井下设备。控压固井设备配套方法流程如图 2-18 所示。

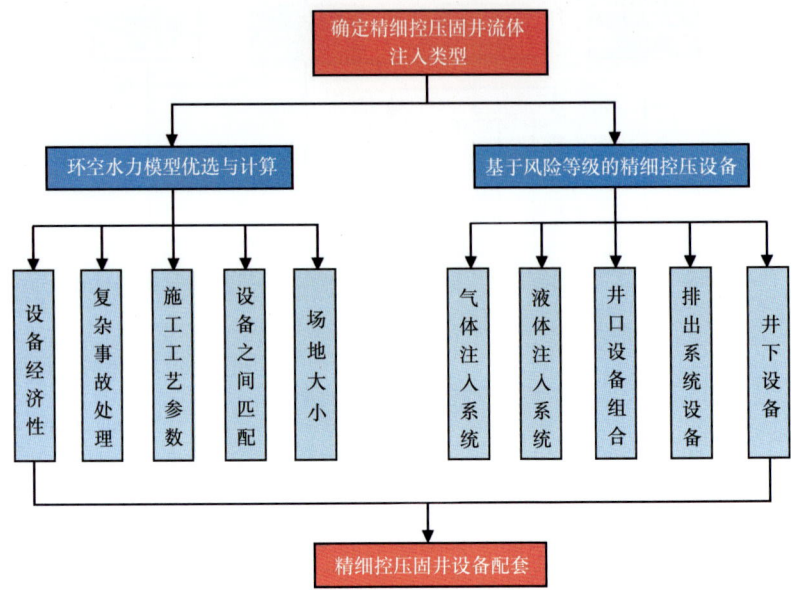

图 2-18　精细控压压力平衡法固井设备配套方法流程

4. 环空压力控制方法

环空压力控制就是要控制井底压力为常数，其控制方法主要是根据压力剖面在相应井段进行低密度钻井液设计，计算井口回压，最后根据设计结果优化浆柱结构，设计过程中环空压耗的计算基于所建立的控压钻井精细流动模型。

5. 经济性评价

精细控压压力平衡法固井技术优势在于减少窄安全密度窗口等压力敏感性地层的固井风险，提高固井质量。与常规尾管固井比较，得出精细控压压力平衡法固井的经济性结论，其中所涉及的费用包括漏失钻井液的材料费、固井前堵漏的非生产时间费用、固井质量不合格采取补救措施产生的费用、精细控压压力平衡法固井设备费用等。

第三章 精细控压压力平衡法固井井筒压力场精确计算方法

精细控压压力平衡法固井成功的关键在于通过控压实现环空压力不高于地层漏失压力，又能防止地层流体侵入环空。整个精细控压压力平衡法固井过程需要通过实时的流体流动参数和物性参数来实时计算环空压力，然后通过井口的压力调节设备和实时监控设备实现环空压力精准控制，因此，精细控压压力平衡法固井过程中井筒环空压力场的精确计算尤为重要。

第一节 下套管过程中井筒压力场计算

套管在充满钻井液的井眼内下放时会导致井内压力的瞬时波动。套管下放过程中引起的井内附加压力主要为激动压力，该压力也称为波动压力。波动压力和井眼内的静液柱压力一起形成了稳定井眼的实际压力。窄安全压力窗口地层，如果下套管过程中产生的激动压力较大，就很容易超过地层的漏失压力而发生井漏。因此，下套管过程波动压力的产生及传播机理和波动压力的大小计算，对实现下套管过程中的精细控压起着决定性作用，同时对于确保套管安全下入，提高固井质量有着重要的意义。

一、下套管过程中波动压力产生机理

套管在井眼内运动时，黏附在套管壁的钻井液与钻具具有相同速度运动，其余部分钻井液也会随之以不同速度运动。由于钻井液的流变性而在流层间存在流速差，在快速流动钻井液的边界上产生剪切，而钻井液中的剪切作用对运动层产生阻力，这种附加于静液柱压力之外的阻力，就称之为波动压力。分析套管在钻井液中运动引起波动压力的原因可概括为以下几点。

（1）套管的下入需要克服钻井液的静切力。

由于钻井液具有一定的静切力，在套管的下入过程中，下入的套管由于摩擦会使得套管周围的钻井液随之一同运动，这样由于套管下入需要克服钻井液静切力便会造成井眼内的压力波动。由于这种原因引起的波动压力的大小与套管下入速度、井眼尺寸、下入套管长度、套管尺寸和静切力的大小有关。

（2）下入套管的惯性力引起井眼内钻井液动量发生变化。

在套管下入的过程中，由于其运动速度的变化会使钻井液动量随之产生变化，由于这种原因引起的波动压力的大小与钻井液的密度、套管下入的加速度、下入套管长度、井眼尺寸以及套管外径有关。

（3）套管下入时钻井液的黏滞阻力会产生附加的压力。

套管在井眼内下入过程中，黏附于套管周围的钻井液也会以一定的速度梯度随着套管

运动。运动套管壁周围的钻井液随套管运动而发生同向流动,并且从环空流道中以套管下入的反方向排出。环空流速则为黏附钻井液量和运动套管排开钻井液量的矢量和,环空流动将克服钻井液黏滞阻力。由于黏滞阻力原因而引起的井眼内的压力波动,其大小与钻井液的密度、下入套管长度、套管下入速度、井眼尺寸、套管尺寸以及摩阻系数有关。

二、压力波传播速度

在下套管过程中,套管进入井筒,沿井眼轴线下行,套管底端面对井筒中钻井液产生一个扰动,扰动沿井眼轴线 l 传播,传播速度为 C。下套管时井内扰动波的传播示意图如图 3-1 所示。

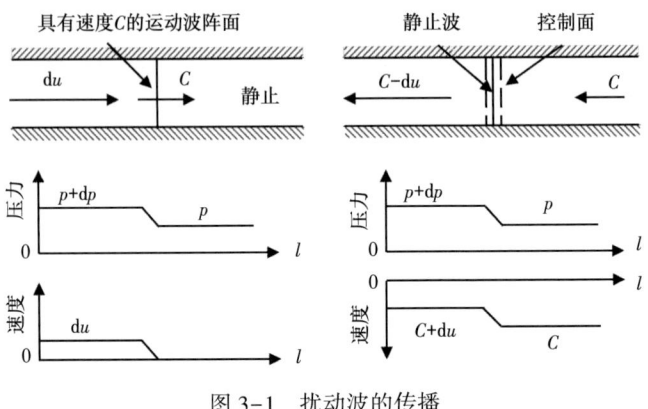

图 3-1 扰动波的传播

围绕扰动波振面取控制面,建立与扰动波振面一起运动的坐标系,忽略作用于控制体上的剪力和体积力,对控制面写出扰动前后的动量守恒关系式为:

$$A[p-(p+\mathrm{d}p)] = A\rho C[(C-\mathrm{d}u)-C] \tag{3-1}$$

整理后得:

$$\mathrm{d}p = \rho C \mathrm{d}u \tag{3-2}$$

式中 A——控制面的横截面积,m^2;
u——钻井液流动速度,m/s。

扰动前后质量守恒:

$$A\rho C = (A+\mathrm{d}A)(C-\mathrm{d}u)(\rho+\mathrm{d}\rho) \tag{3-3}$$

忽略无穷小项后得:

$$\rho A \mathrm{d}u = AC\mathrm{d}\rho + \rho C \mathrm{d}A \tag{3-4}$$

联立将式(3-2)代入式(3-4),消去 $\mathrm{d}u$,得到压力波扰动的传播速度 C:

$$\frac{1}{C^2} = \frac{\mathrm{d}\rho}{\mathrm{d}p} + \frac{\rho}{A}\frac{C\mathrm{d}A}{\mathrm{d}p} \tag{3-5}$$

体积模量为:

$$K = \frac{1}{\tau}\frac{\mathrm{d}\tau}{\mathrm{d}p} \tag{3-6}$$

其中，$\tau = \frac{1}{\rho}$ 为比容。

将式（3-5）与式（3-6）比较可知，声速是流体可压缩性的表现。按照定义式，压力波传播速度的平方与流体密度的变化量成反比，对于不可压缩流体，密度不变，因此声速为无限大。这时，流体中任何一点发出的扰动在其他地方同时感受到，这种情况是不现实的。因此，不可压缩流体只是一种理想情况，但对于实际流体，当密度的相对变化很小也被当作不可缩流体处理。在本书中，钻井液是当作可压缩流体处理的。

密度的变化是由钻井液的压缩引起的，由钻井液的压缩系数的定义可知钻井液压缩系数 α 为：

$$\alpha = \frac{1}{\rho}\frac{\mathrm{d}\rho}{\mathrm{d}p} \tag{3-7}$$

流道截面积的变化是由流道的弹性变化引起的，由流道弹性系数定义可知流道弹性系数 β 为：

$$\beta = \frac{1}{A}\frac{\mathrm{d}A}{\mathrm{d}p} \tag{3-8}$$

由两个系数的定义式（3-7）和式（3-8）得：

$$\mathrm{d}\rho = \alpha\rho\mathrm{d}p，\quad \mathrm{d}A = \beta A\mathrm{d}p \tag{3-9}$$

将式（3-9）带入式（3-5）整理得：

$$C = \frac{1}{\sqrt{\rho(\alpha+\beta)}} \tag{3-10}$$

式中　C——压力波在钻井液中传播速度，m/s；
　　　ρ——钻井液的密度，kg/m³；
　　　α——钻井液压缩系数，(Pa)⁻¹；
　　　β——流道弹性系数，(Pa)⁻¹；
　　　A——控制面的横截面积，m²；
　　　P——压力，Pa；
　　　τ——比容，(kg/m³)⁻¹；
　　　K——压缩模量，(Pa)⁻¹。

式（3-10）即为下套管过程中压力波在井眼流道内的传播速度表达式。通过压力波在井眼内的传播速度表达式可知，压力波传播速度与钻井液的密度、钻井液的压缩系数以及流道的弹性系数有关。

三、下套管过程中波动压力计算

精确计算固井过程中的井筒压力，能够为井口压力控制提供重要依据，是精细控压压力平衡法固井的关键环节。在下套管过程中，计算井筒压力场，就要解决如何精确预测套管下入过程中的波动压力。

对于波动压力的求解，主要有稳态波动压力分析法和瞬态波动压力分析法。稳态分析法是在刚性管—不可压缩流体理论基础上建立的，适用于外力作用时间比压力波通过液柱时间长很多的流道；瞬态波动压力分析法是建立在弹性管—可压缩流体理论基础上的，认为运动管柱引起的压力变化将形成一个有限的波在环空流道内传播。

1. 稳态波动压力计算

稳态波动压力的计算主要以 Burkhardt 的计算方法为基础进行完善，Burkhardt 在论文中指出运动管柱在充满钻井液的井筒内波动压力的原因主要有钻井液静切应力、运动管柱的惯性力和钻井液的黏滞力。下面分别罗列这几种情况引起的波动压力大小。

由钻井液静切力产生的波动压力大小：

$$p_\tau = \frac{4L\tau_s}{D_h - d_o} \qquad (3-11)$$

式中　p_τ——钻井液静切力引起的波动压力，Pa；
　　　L——运动管柱长度，m；
　　　D_h——井眼直径，m；
　　　d_o——运动管柱外径，m；
　　　τ_s——井内钻井液静切力，Pa。

在下放套管时，如果套管处于加速状态，环空中的钻井液具有抵抗运动变化的趋势，因此会产生井筒压力的波动，其计算公式为：

堵口情况：

$$p_i = \frac{\rho L a d_o^2}{D_h^2 - d_o^2} \qquad (3-12)$$

开口情况：

$$p_i = \frac{\rho L a (d_o^2 - d_i^2)}{D_h^2 - d_o^2 - d_i^2} \qquad (3-13)$$

式中　p_i——钻柱惯性力引起的波动压力，Pa；
　　　a——套管运动加速度，m/s²；
　　　d_i——运动管柱内径，m。

黏滞力引起的稳态波动压力计算如下：

（1）堵口情况下，下套管引发的井筒流速：

$$\bar{v} = \left(\frac{d_o^2}{D_h^2 - d_o^2} + K_c\right) v_p \qquad (3-14)$$

式中　$\bar{v}$——环空平均流速，m/s；
　　　v_p——套管下放速度，m/s；
　　　K_c——流体黏附系数。

紊流时候 K_c 取 0.5；幂律流体层流时，K_c 可以查图 3-2。

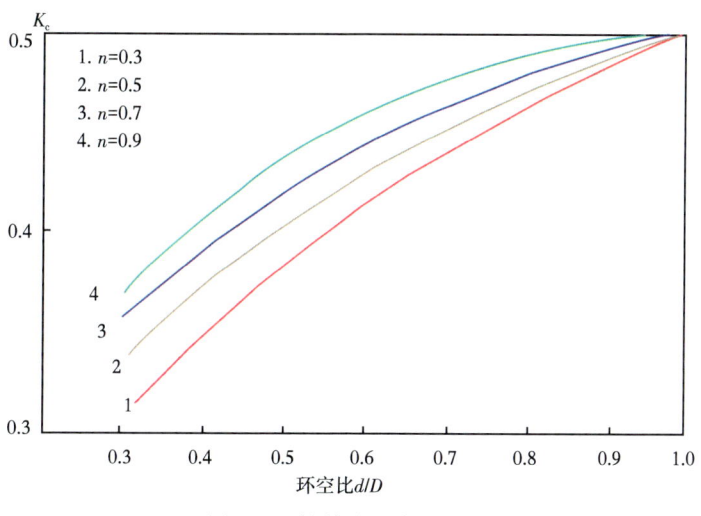

图 3-2　钻井液黏附系数

自动灌浆情况下，下套管引发的井筒流速：

$$\bar{v} = \left(\frac{d_o^2}{D_h^2 - d_o^2} + K_c\right)v_p - \frac{40Q_p}{\pi(D_h^2 - d_o^2)} \tag{3-15}$$

式中　Q_p——连续灌浆的水泥浆体积流量，m/s³。

求出了环空流速后，要进行环空流体的流态判别，再计算波动压力。

①宾汉流体雷诺数计算：

环空流

$$Re = \frac{10(D_h - d_o)\bar{v}\rho}{\eta\left[1 + \dfrac{\tau_o(D_h - d_o)}{800\eta\bar{v}}\right]} \tag{3-16}$$

式中　Re——雷诺数；

ρ——钻井液密度，g/cm³；

τ_0——屈服值，Pa；

η——塑性黏度，Pa·s。

当钻井液为宾汉流体时，$Re<2000$ 为层流，$Re \geqslant 2000$ 是紊流。

②幂律流体雷诺数计算：

环空流

$$Re = \frac{10 \times 1200^{1-n}\rho(D_h - d_o)^n \bar{v}^{2-n}}{K\left(\dfrac{2n+1}{3n}\right)^n} \tag{3-17}$$

式中　K——稠度系数，Pa·s^n；

n——流性指数。

（2）当钻井液是幂律流体时，$Re \geqslant (3470-1370n)$ 时为紊流，黏滞力引起的波动压力计算公式为：

$$p_w = \frac{0.196 f \rho \bar{v}^2 L}{D_h - d_o} \quad (3-18)$$

式中 p_w——黏滞力引起的波动压力，MPa；

f——摩阻系数。

根据 Burkhardt 实验表明，这三种力引起的波动压力的峰值出现在不同的时刻，其中峰值最大的是由钻井液黏滞力引起的波动压力，其值大于其他两种原因引起的波动压力。因此，在多数运用于现场计算中常常只考虑由钻井液黏滞力引起的波动压力。此外，在对于小间隙环空的下套管作业，计算波动压力还应考虑扶正器、套管接头以及一些附件的局部阻力，其计算方式将其看作为一个突然扩大和一个突然缩小的两个局部阻力进行计算。

波动压力稳态计算模型虽然计算方便，便于现场使用，但当井底压力计算结果的精确性要求较高时，需要考虑使用瞬态波动压力计算模型。瞬态波动压力分析法应用弹性管—可压缩流体理论，对井筒钻井液的微观流动状态进行分析，在实际操作过程中，当管柱在充有钻井液的井筒中运行时，考虑到管柱运行速度随时间的变化及井壁、管柱的弹性和钻井液的压缩性，此时引起的钻井液流动必然是瞬变流。井内水力系统的瞬变流用运动方程和连续方程进行描述，以此建立描述井内水力系统瞬变流的数学模型。

2. 瞬态波动压力计算

在井筒中任取一微元控制体，为建立环空瞬态波动压力模型，作如下假设条件：

（1）井内水力系统各流道中，钻井液的流动均为一元流动；

（2）钻井液与井筒均为线性弹性的，即应力与应变成正比；

（3）略去已下套管周围水泥和地层对套管弹性的影响；

（4）计算井筒中稳定流阻力损失的公式，在瞬变流中也是有效的。

1）运动方程

$$PpA + \rho_l g(A + \frac{\partial A}{\partial s}\frac{ds}{2})ds + (p + \frac{\partial p}{\partial s}\frac{ds}{2})\frac{\partial A}{\partial s}ds - [pA + \frac{\partial(pA)}{\partial s}ds]$$

$$-\tau X ds = \rho_l(A + \frac{\partial A}{\partial s}\frac{ds}{2})\frac{dv}{dt} \quad (3-19)$$

式中 P——压力，N；

A——环空有效截面积，m³；

g——重力加速度，m/s²；

s——沿环空井长，m；

θ——环空与水平面夹角；

t——环空壁对钻井液摩擦阻力，N；

X——流体与壁面接触周界线；

v——环空中钻井液流速，m/s。

略去高阶微量并整理得：

$$\frac{\partial p}{\partial s} - \rho_l g + \rho_l \frac{dv}{dt} + \frac{\tau_o}{m} = 0 \quad (3-20)$$

式中 m——环空的水力半径,m,$m=D_e/4$。

由环空内控制体力的平衡关系,得:

$$\frac{\tau_0}{m} = \frac{\rho_l f v |v|}{8m} \tag{3-21}$$

对守恒方程整理式得到:

$$\rho_l A v \mathrm{d}t = \left[\rho_a A v \mathrm{d}t + \frac{\partial(\rho_l A v \mathrm{d}t)}{\partial}\mathrm{d}s\right] + \frac{\partial}{\partial}(\rho_l A \mathrm{d}s)\mathrm{d}t \tag{3-22}$$

考虑 $\frac{\partial z}{\partial s} = -\sin\theta$,$\frac{\mathrm{d}z}{\mathrm{d}t} = \frac{\partial z}{\partial t} + v\frac{\partial z}{\partial s}$,下套管引起的波动压力运动方程变形为:

$$\frac{1}{\rho_l}\frac{\partial p}{\partial s} + \frac{\partial v}{\partial t} + v\frac{\partial v}{\partial s} + \frac{f v|v|}{8m} = 0 \tag{3-23}$$

2) 连续方程

在 $\mathrm{d}t$ 时间内,控制体的质量守恒为:

$$\left[\rho_l A v \mathrm{d}t + \frac{\partial(\rho_l A v \mathrm{d}t)}{\partial s}\mathrm{d}s\right] + \frac{\partial(\rho_l A \mathrm{d}s)}{\partial t}\mathrm{d}t = \rho_l A v \mathrm{d}t \tag{3-24}$$

由于 s,t 是独立变量,故 $\mathrm{d}s$、$\mathrm{d}t$ 可以移到偏微分号外,两边除以 $\mathrm{d}s$、$\mathrm{d}t$ 整理得:

$$\frac{\partial(\rho_l A v)}{\partial s} + \frac{\partial(\rho_l A)}{\partial t} = 0 \tag{3-25}$$

连续方程微分展开可得:

$$\frac{1}{\rho_l}\left(v\frac{\partial \rho_l}{\partial s} + \frac{\partial \rho_l}{\partial t}\right) + \frac{1}{A}\left(v\frac{\partial A}{\partial s} + \frac{\partial A}{\partial t}\right) + \frac{\partial v}{\partial s} = 0 \tag{3-26}$$

由全微分可知:

$$\frac{1}{\rho_l}\frac{\mathrm{d}\rho_l}{\mathrm{d}t} + \frac{1}{A}\left(\frac{\mathrm{d}A}{\mathrm{d}t}\right) + \frac{\partial v}{\partial s} = 0 \tag{3-27}$$

整理得:

$$\left(\frac{1}{\rho_l}\frac{\mathrm{d}\rho_l}{\mathrm{d}p} + \frac{1}{A}\frac{\mathrm{d}A}{\mathrm{d}p}\right)\frac{\mathrm{d}p}{\mathrm{d}t} + \frac{\partial v}{\partial t} = 0 \tag{3-28}$$

一维瞬变流的连续微分方程为:

$$\frac{\partial p}{\partial t} + v\frac{\partial p}{\partial s} + \rho_l c^2 \frac{\partial v}{\partial s} = 0 \tag{3-29}$$

上述建立的运动方程、连续方程的方程组是一阶线性双曲型偏微分方程组,对于紊流为非线性,一般情况下难以得到该模型的精确解,只能用数值解法求其近似解,对其组成隐式向量的差分方程组,通过变化的波速把时间、空间步长连接起来,用计算机编程对其求解。运动方程、连续方程可简化为：

$$\frac{\partial p}{\partial t} + \rho_l c^2 \frac{\partial v}{\partial s} = 0 \tag{3-30}$$

$$\frac{1}{\rho_l}\frac{\partial p}{\partial s} + \frac{\partial v}{\partial t} + \frac{fv|v|}{8m} = 0 \tag{3-31}$$

$\frac{\partial v}{\partial t}$，$\frac{\partial v}{\partial s}$，$\frac{\partial p}{\partial t}$，$\frac{\partial p}{\partial s}$，同时还须满足以下关系式：

$$\frac{\partial v}{\partial t}\mathrm{d}t + \frac{\partial v}{\partial s}\mathrm{d}s = \mathrm{d}v \tag{3-32}$$

$$\frac{\partial p}{\partial t}\mathrm{d}t + \frac{\partial p}{\partial s}\mathrm{d}s = \mathrm{d}p \tag{3-33}$$

由特性线定义，该方程无唯一解的条件是：

$$A = \begin{vmatrix} \mathrm{d}s - v\mathrm{d}t & -\rho_l c^2 \mathrm{d}t \\ -\frac{1}{\rho_l}\mathrm{d}t & \mathrm{d}s - v\mathrm{d}t \end{vmatrix} = 0 \tag{3-34}$$

根据式（3-34）可得两族特性线曲线，分别为：
第一族特性曲线：

$$\frac{\mathrm{d}p}{\mathrm{d}t} + \rho_l c \frac{\mathrm{d}v}{\mathrm{d}t} + \rho_l c \frac{fv|v|}{8m} = 0 \tag{3-35}$$

$$\frac{\mathrm{d}s}{\mathrm{d}t} = v + c \tag{3-36}$$

第二族特征曲线：

$$-\frac{\mathrm{d}p}{\mathrm{d}t} + \rho_l c \frac{\mathrm{d}v}{\mathrm{d}t} + \rho_l c \frac{fv|v|}{8m} \tag{3-37}$$

$$\frac{\mathrm{d}s}{\mathrm{d}t} = v - c \tag{3-38}$$

系统时间步长满足不同管径 J、$J+1$ 的约束：

$$L_J \geqslant c_J \cdot \Delta t \tag{3-39}$$

$$L_{J+1} \geqslant c_{J+1} \cdot \Delta t \tag{3-40}$$

送入钻杆与尾管在接口处满足：

$$p_i^{J+1}(s_i, t) = p_i^J(s, t) \tag{3-41}$$

$$Q_i^{J+1}(s_{i+1}, t) - Q_i^J(s_{i-1}, t) = v_p(t) \cdot \Delta A \tag{3-42}$$

环空当量直径和当量粗糙度分别为：

$$p_i^{J+1}(s_i, t) = p_i^J(s, t) \tag{3-43}$$

$$Q_i^{J+1}(s_{i+1}, t) - Q_i^J(s_{i-1}, t) = v_p(t) \cdot \Delta A \tag{3-44}$$

送入钻杆与尾管节点满足式：

$$p_k^{J+1}(t) = p_k^J(t) \tag{3-45}$$

$$Q_k^{J+1}(t) - Q_k^J(t) = v(t) \cdot \Delta A \tag{3-46}$$

式中 $Q_k^j(t)$ ——J 段环空 t 时刻在结点流量，m³/s；

ΔA ——流道横截面积变化量，m³。

利用 J 及 $J+1$ 段环空波速约束条件，可得差分格式：

$$[p_{k,t}]_i + \rho_l \left[\frac{c_J}{A_J} Q_{k,t}^J\right]_i - [p_{k-1, t-\Delta t}]_i - \rho_l \left[\frac{c_J}{A_J} Q_{k-1, t-\Delta t}\right]_i$$
$$+ \frac{\rho_l \Delta t}{8} \left[\frac{c_J f_{k-1, t-\Delta t}}{m_J} v_{k-1, t-\Delta t} | v_{k-l, t-\Delta t} |\right]_i = 0 \tag{3-47}$$

$$[p_{k,t}]_i - \rho_l \left[\frac{c_{J+1}}{A_{J+1}} Q_{k,t}^{J+1}\right]_i - [p_{k+1, t-\Delta t}]_i + \rho_l \left[\frac{c_{J+1}}{A_{J+1}} Q_{k+1, t-\Delta t}\right]_i$$
$$- \frac{\rho_l \Delta t}{8} \left[\frac{c_{J+1} f_{k+1, t-\Delta t}}{m_{J+1}} v_{k+1, t-\Delta t} | v_{k+l, t-\Delta t} |\right]_i = 0 \tag{3-48}$$

钻井液流量的约束条件为：

$$[Q_{k,t}^{J+1} - Q_{k,t}^J]_i - v(t) \Delta A_i = 0 \tag{3-49}$$

由于送入钻杆环空与尾管段环空的水力半径不等，为使不同管径环空内边界条件一致，增加钻杆段环空网格数，同时保持尾管段环空网格数不变的方法，则可归纳为：

$$N_J = \frac{L_J}{\Delta t_{\min}(v_J + c_J)} \tag{3-50}$$

在结点处，时间步长应满足：

$$\Delta t \leqslant \frac{\Delta s}{\max|v_J + c_J|} \tag{3-51}$$

式中 L_J ——J 段长度，m；

$|v_J + c_J|$ ——波速与钻井液流速代数和绝对值。

结合建立的波动压力方程，通过 Newton-Raphson 迭代方法可计算出井内不同结点的瞬态下钻速度与波动压力变化，下套管中的边界条件如下：

管柱以速度 v_p 运动，单位时间排开的流体体积流量：

$$Q_s = \pi \left(\frac{d}{2}\right)^2 v_p \tag{3-52}$$

环空平均流速为：

$$v_1 = \frac{Q_s}{\pi\left[\left(\dfrac{D}{2}\right)^2 - \left(\dfrac{d}{2}\right)^2\right]} = \frac{d^2}{D^2 - d^2}v(t) \tag{3-53}$$

初始条件为：

$$\begin{cases} p_i(s) = 0 \\ Q_i(s) = 0 \end{cases} (i = 1, 2, 3) \tag{3-54}$$

边界条件为：

$$\begin{cases} Q_1 + Q_2 = v(t)A_0 \\ Q_3 = -v(t)A_0 \\ p_1 = p_2 \end{cases} \tag{3-55}$$

不计大气压力，井口井底截面有：

$$\begin{cases} p_i(l_2) = 0 \\ Q_i(l_i) = 0 \end{cases} \tag{3-56}$$

设结点到原点的距离为：

$$\begin{cases} Q_i^{J+1}(l_3) - Q_i^J(l_3) = v(t)(\Delta A) \\ p_i^{J+1}(l_3) = p_i^J(l_3) \end{cases} \tag{3-57}$$

管柱串联流道连接点需满足约束条件：$l_J = c_J \cdot \Delta t$，$l_{J+1} = c_{J+2} \cdot \Delta t$，$l_{J+1} < C_{J+1} \cdot \Delta t$，结合边界条件压力条件 $p_i^{J+1} = p_i^J$，运用 Newton-Raphson 方法求解公式（3-58），可求解任意时刻不同井深波动压力。

$$\begin{cases} (P_{k+2,\,t})_i - \rho_l\left(\dfrac{c_{J+2}}{A_{J+2}}Q_{k+2,\,t}^{J+2}\right)_i - \left[(p_{k+3,\,t-\Delta t})_2 + \rho_l\left(\dfrac{c_{J+2}}{A_{J+2}}Q_{k+3,\,t-\Delta t}\right)_i \right. \\ \qquad \left. - \dfrac{\rho_l \Delta t}{8}\left(\dfrac{c_{J+2}}{m_{J+2}}f_{k+3,\,t-\Delta t}v_{k+3,\,t-\Delta t}|v_{k+3,\,t-\Delta t}|\right)_i\right] = 0 \\ (P_{k+1,\,t})_i - \rho_l\left(\dfrac{c_J}{A_J}Q_{k+1,\,t}^J\right)_i - \left[(p_{k,\,t-\Delta t})_i + \rho_l\left(\dfrac{c_J}{A_J}Q_{k,\,t-\Delta t}\right)_i \right. \\ \qquad \left. - \dfrac{\rho_l \Delta t}{8}\left(\dfrac{c_J}{m_J}f_{k,\,t-\Delta t}v_{k,\,t-\Delta t}|v_{k,\,t-\Delta t}|\right)_i\right] = 0 \\ (p_{k+2,\,t} - p_{k+1,\,t})_i + E_{11}(Q_{k+2,\,t}^{J+1} - Q_{k+1,\,t}^{J+1})_i + E_{12} = 0 \\ (p_{k+2,\,t} - p_{k+1,\,t})_i + D_{11}(Q_{k+2,\,t}^{J+1} - Q_{k+1,\,t}^{J+1})_i + D_{12} = 0 \\ (Q_{k+1,\,t}^{J+1} - Q_{k+1,\,t}^J)_i - v_{p(t)} \cdot \Delta A_1 = 0 \\ (Q_{k+2,\,t}^{J+2} - Q_{k+2,\,t}^{J+1})_i - v_{p(t)} \cdot \Delta A_2 = 0 \end{cases} \tag{3-58}$$

第二节 高温对水泥浆流变性能的影响

在注水泥过程中,钻井液与水泥浆在不同井深位置所受到的作用温度是不同的。在深井情况下,高温对流体流变性能的影响更加明显。只有明确了高温高压对流体流变性能的影响规律,才能更精确地计算环空流动阻力。

一、注水泥温度计算

温度是水泥浆流变性研究的一个重要参数,通过针对不同水泥浆体系的实验表明,温度对水泥浆流变性能影响十分明显,从而影响了其流动摩阻。下面将介绍井底静止温度和井下循环温度的计算方法。

1. 井底静止温度计算

井底静止温度与区域地层的地温梯度有关,不同的地区由于地热流的作用,由地表向井下温度逐渐增高的幅度不同,单位深度地层温度的增加值称为地温梯度,我国以℃/100m 为单位计算。

井底温度为:

$$BHST = T_s + (TG \times H)/100 \tag{3-59}$$

式中 $BHST$——井底的静止温度,℃;

H——井底的垂直深度,m;

T_s——地表的静止温度,℃;

TG——该井所在地区的地温梯度,℃/100m。

2. 井下循环温度计算

根据传热学基础,利用连续介质中流动与传热的理论,对井下传热机理进行了深入的分析,建立起符合实际情况的井筒温度场数学模型。为了简化模型,认为井筒中的传热过程可以看作是竖直圆管内的传热问题;地层中的传热过程可以看作是仅仅处在径向和轴向导热的传热传质问题。边界条件为第一类或第二类边界条件,初始条件为地温梯度所计算出的大地温度分布。根据井内传热的机理建立数学模型。

目前国内外提出过许多理论模型,有的假设不太合理,有的输入数据不完整,考虑因素不周全,有的现场运用成本昂贵。总之,各有其优缺点,适用的范围也受到限制,并且还不一定适合我国油气田的情况。因此有必要开发适用我国油气田的,运用成本低廉的准确计算井下循环温度的计算机模型,准确掌握井下温度场分布,为快速优质钻井提供条件。通过假设,简化井下循环温度的物理模型,在前人的基础上,建立井内液体与井筒之间热交换的二维瞬态循环温度的数学模型,优化了钻井液流变模式,考虑了内热源对温度影响,用无条件稳定的全隐式有限差分法数值求解数学模型,开发了预测井下循环温度软件。通过软件可预测实际循环条件下的管内钻井液、环空钻井液与地层的温度分布,可获得较准确的钻井液循环温度分布数据。

1) 基本假设

根据井下传热机理分析,采用能量平衡的方法建立方程组。为了将实际模型抽象为理论模型,作以下基本假设:

(1) 钻井液或水泥浆从海底注入时的温度和注入速度（排量）保持恒定；
(2) 液体、管材、水泥环及地层岩石的热力学参数与温度无关；
(3) 所有井深方向的导热换热忽略不计；
(4) 忽略摩阻及动能对换热的影响；
(5) 地层静止温度是井深的线性函数；
(6) 圆筒井壁。

2) 能量平衡方程

通过分析井下传热特点及施工流程，利用热力学第一定律及传热学基本原理，建立了注水泥温度预测模型。下面的公式（3-60）至式（3-63）分别为管柱内液体、管柱壁、环空内液体及地层的能量平衡方程。

$$Q_c - \rho_L q C_L \frac{\partial T_c}{\partial z} + 2\pi r_{ci} h_{ci} (T_w - T_c) = \rho_L q C_L \pi r_{ci}^2 \frac{\partial T_c}{\partial t} \tag{3-60}$$

$$k_w \frac{\partial T_w^2}{\partial z^2} + \frac{2r_{co} h_{co}}{r_{co}^2 - r_{ci}^2}(T_a - T_w) + \frac{2r_{ci} h_{ci}}{r_{co}^2 - r_{ci}^2}(T_c - T_w) = \rho_w C_w \frac{\partial T_w}{\delta_t} \tag{3-61}$$

$$\rho_L q C_L \frac{\partial T_a}{\partial z} + 2\pi r_b h_b (T_f - T_a) + 2\pi r_{co} h_{co} (T_w - T_a) + Q_a = \rho_L q C_L \pi (r_b^2 - r_{co}^2) \frac{\partial T_a}{\partial t} \tag{3-62}$$

$$\frac{\partial^2 T_f}{\partial z^2} + \frac{\partial^2 T_f}{\partial r^2} + \frac{1}{r}\frac{\partial T_f}{\partial r} = \frac{\rho_f C_f}{k_f}\frac{\partial T_f}{\partial r} \tag{3-63}$$

式中　Q_c、Q_a——分别为管柱内、环空内液体的热源，当管柱不旋转时其值为液体的流动摩阻压降生热，管柱旋转时还要加上钻柱和钻头的机械能损耗生热；

h_{ci}、h_{co}、h_b——分别为管柱内壁、管柱外壁和井壁的对流换热系数。

ρ_L——液体密度，g/cm^3；

C_L——液体的比热，$J/(g \cdot ℃)$；

T_c——管柱内液体的温度；

r_{ci}——管柱内半径，mm；

T_w——管柱壁的温度，℃；

k_w——管柱材料的热导率，$W/(m \cdot ℃)$；

r_{co}——管柱外半径，mm；

T_f——地层的温度，℃；

T_a——环空内液体的温度，℃；

r_b——井眼半径，mm；

ρ_f——地层岩石的密度，g/cm^3；

z——井深，m。

3) 数学模型的初边值条件

(1) 管柱内液体、管柱壁和环空内液体的初始温度分布为未受扰动的地温，因此偏微分方程组的初始条件可表示为：

$$\begin{cases} T_c(z, t=0) = T_s + G_z \\ T_w(z, t=0) = T_s + G_z \\ T_a(z, t=0) = T_s + G_z \\ T_f(r, z, t=0) = T_s + G_z \end{cases} \quad (3-64)$$

(2) 管柱入口和环空出口的液体温度可直接测量,因此井口的边界条件为:

$$\begin{cases} T_c(z, t=0) = T_{in} \\ T_a(z, t=0) = T_{out} \end{cases} \quad (3-65)$$

(3) 管柱内液体、管柱壁和环空内液体在井底(即 $z=H$)处的温度相等,即:

$$T_a(z=H, t) = T_c(z=H, t) = T_w(z=H, t) \quad (3-66)$$

(4) 在地层与环空液体的交界面即井壁上,流出地层和传入环空的热流量应相等,即:

$$K_f \left[\frac{\partial T_f(r, z, t)}{\partial r} \right]_{r=r_b} = h_b [T_f(r_b, z, t) - T_a(z, t)] \quad (3-67)$$

4)循环温度模型数值解法

(1) 能量平衡方程。

对于上面描述的模型和在上述假设条件下,根据基本的傅里叶传热定律和对流传热的基本关系,按差分方程方式建立了四个基本方程的计算模型。

①对于管柱内的热交换:

$$\rho_m v c_m \frac{(T_{1,j}^{N+1} - T_{1,j-1}^{N+1})}{\Delta Z_j} + 2\pi r_{Di} h_{Di} (T_{1,j}^{N+1} - T_{2,j}^{N+1}) = -\rho_m c_m \pi r_{Di}^2 \frac{(T_{1,j}^{N+1} - T_{1,j}^{N})}{\Delta t} + Q_p$$

$$(3-68)$$

其中左边两项分别代表垂向和径向上的热交换,U 为总的传热系数,右边第一项为钻杆内能量的积累,Q_p 代表其他能源项,如钻头或流体的黏性摩擦功等。

②管柱壁的热交换:

$$\frac{k_{st}}{\Delta z_j} \left[\frac{T_{2,j+1}^{N+1} - T_{2,j}^{N+1}}{\Delta z_{j+\frac{1}{2}}} - \frac{T_{2,j}^{N+1} - T_{2,j-1}^{N+1}}{\Delta z_{j-\frac{1}{2}}} \right] + \frac{2r_{Di} h_{Pi}}{r_{Do}^2 - r_{Di}^2} (T_{1,j}^{N+1} - T_{2,j}^{N+1})$$

$$- \frac{2r_{Do} h_{po}}{r_{Do}^2 - r_{Di}^2} (T_{2,j}^{N+1} - T_{3,j}^{N+1}) = \rho_m c_m \frac{T_{2,j}^{N+1} - T_{2,j}^{N}}{\Delta t} \quad (3-69)$$

③对于环空内的热交换:

$$\rho_m v c_m \frac{(T_{3,j+1}^{N+1} - T_{3,j}^{N+1})}{\Delta z_j} + 2\pi r_{Do} h_{Do} (T_{2,j}^{N+1} - T_{3,j}^{N+1}) + 2\pi r_B h_f (T_{3,j}^{N+1} - T_{4,j}^{N+1})$$

$$= \rho_m c_m \pi (r_B^2 - r_{Do}^2) \frac{(T_{3,j}^{N+1} - T_{3,j}^{N})}{\Delta t} + Q_A \quad (3-70)$$

其中 Q_A 表示如钻杆旋转或流体的黏性摩擦产生的其他热能。

④对于地层内的热传导：

$$\frac{1}{\Delta z_j}\left[\frac{(T_{i,j+1}^{N+1} - T_{i,j}^{N+1})}{\Delta z_{j+\frac{1}{2}}} - \frac{(T_{i,j}^{N+1} - T_{i,j-1}^{N+1})}{\Delta z_{j-\frac{1}{2}}}\right] + \frac{1}{\Delta r_i}\left[\frac{(T_{i+1,j}^{N+1} - T_{i,j}^{N+1})}{\Delta r_{i+\frac{1}{2}}} - \frac{(T_{i,j}^{N+1} - T_{i-1,j}^{N+1})}{\Delta r_{i-\frac{1}{2}}}\right]$$

$$+ \frac{1}{r_i \Delta r_i}(T_{i+1,j}^{N+1} - T_{i,j}^{N+1}) = \frac{\rho_f c_f}{K_f}\frac{(T_{i,j}^{N+1} - T_{i,j}^{N})}{\Delta t} \quad (3-71)$$

式中 ρ_m——流体的密度，kg/m³；
v——流速，m/s；
c_m——流体的比热，J/kg；
r_{Do}，r_{Di}——管柱的内外半径，m；
r_B——井眼的半径，m；
ρ_f——地层的密度，kg/m³；
c_f——地层的比热，J/kg；
K_f——地层的热导率，K/m；
h_f——井壁（膜）传热系数，W/m²·K；
T_1——管柱内流体的温度，K；
T_2——管柱壁的温度，K；
T_3——环空内流体的温度，K；
T_i（$i \geq 4$）——井壁边缘地层的温度，K；
i，j，N——分别代表径向、垂向和时间三个坐标轴上离散序号。

(2) 初边值条件。

为了求解上述热交换方程给出如下的初边值条件。

①对于钻井循环以前的初始温度剖面为地层的静止温度剖面，且为一个线性函数：

$$T_i = T_s + GZ, \quad i = 1, 2, \cdots, i_{\max} \quad (3-72)$$

式中 T_s——地表层温度，℃；
G——地温梯度，℃/100m。

②地表处地层与海水层无热交换：

$$\left.\frac{\partial T}{\partial z}\right|_{Z=0} = 0 \quad (3-73)$$

③远离井眼处，径向地层温度的梯度为0：

$$\left.\frac{\partial T}{\partial r}\right|_{r=\infty} = 0 \quad (3-74)$$

④井底处管柱出口与环空入口有：

$$T_1 = T_2 = T_3|_{Z=H} \quad (3-75)$$

式中 H——井底深度，m。

⑤入口和环空出口的钻井液温度为已知：

$$T_1|_{Z=0} = T_{in} \tag{3-76}$$

$$T_3|_{Z=0} = T_{out} \tag{3-77}$$

3. 循环温度实例

利用前面建立的静止温度模型和循环温度计算模型，对一口实例井进行了井底静止温度计算和环空循环温度计算，结果如图3-3所示。从图3-3可以看出，随着循环时间增加，环空温度逐渐降低，在井底附近环空温度降低得非常明显。在进行固井设计时应该准确计算出环空温度，防止稠化时间不足。

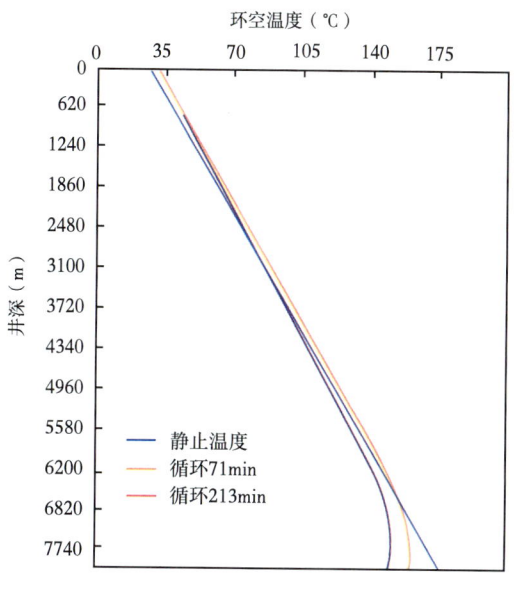

图3-3 环空循环温度随着循环时间变化图

二、高温对流体流变性的影响

通过实验测出了温度变化对水泥浆流变性得影响，结果见表3-1。该表给出了两种水泥浆在不同温度情况下，塑性黏度 η_s 和静切力 τ_y 的变化情况。静切力为剪切速率为 $5.11s^{-1}$ 测得的剪切应力值。

表3-1 温度对水泥浆流变性能的影响

流变参数	温度（℃）						
	27	50	75	90	120	150	175
τ_y（Pa）	8.13	6.57	4.37	1.88	0.55	0	0
η_s（Pa·s）	0.6219	0.5865	0.3344	0.2652	0.2093	0.1421	0.1419

注：水泥浆密度 $\rho_c = 2.45g/cm^3$，压力为15MPa。

从表3-1可知，温度对水泥浆流变性能的影响比压力大得多，随着温度的增加，塑性黏度和静切力明显下降。因此，考虑温度对液体流变参数的影响，是准确设计高温、高压小间隙井流变学设计的重要依据。如应用常温测量的流变参数，进行高温、高压小间隙井流变设计，将带来较大数值的正误差。

图3-4列出了根据系统的实验数据绘制的在高温高压下水泥浆的流变曲线。从图可见，温度变化，流变曲线变化十分明显，温度升高，曲线的斜率降低，视黏度减小（RB和RD的R_{300}、R_{100}读数是在60MPa条件下测得的）。

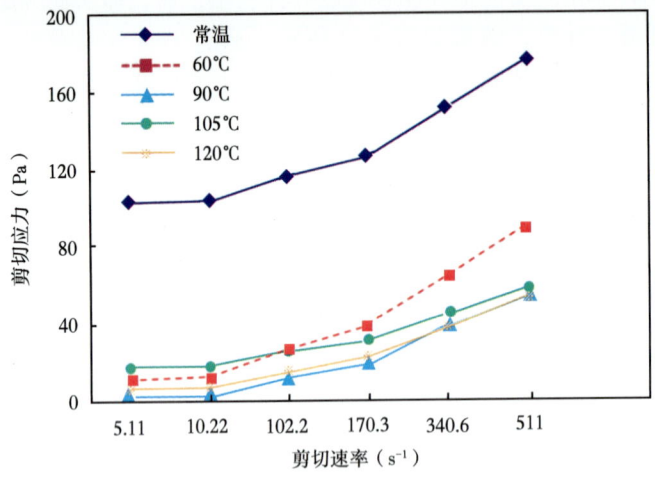

图3-4 某水泥浆的流变曲线（压力60MPa）

图3-5、图3-6反映了水泥浆的R_{300}、R_{100}读数与温度的关系，RA水泥浆在温度小于60℃时，R_{300}、R_{100}读数随温度增加而降低，温度超过60℃后R_{300}、R_{100}读数随温度增加而增加，温度超过75℃后增加减缓并有平缓的趋势；其他水泥浆的R_{300}、R_{100}读数基本是随温度增加而降低的，其中RB水泥浆在温度小于60℃时，R_{300}、R_{100}读数随温度增加显著降低，温度超过60℃后下降速率减缓并有平缓的趋势。

图3-5、图3-6表明温度对水泥浆的R_{300}、R_{100}读数有明显影响。如：温度由30℃升至60℃（压力60MPa），配方RB的R_{100}读数由134.3降至42.03，下降了68.7%；压力由

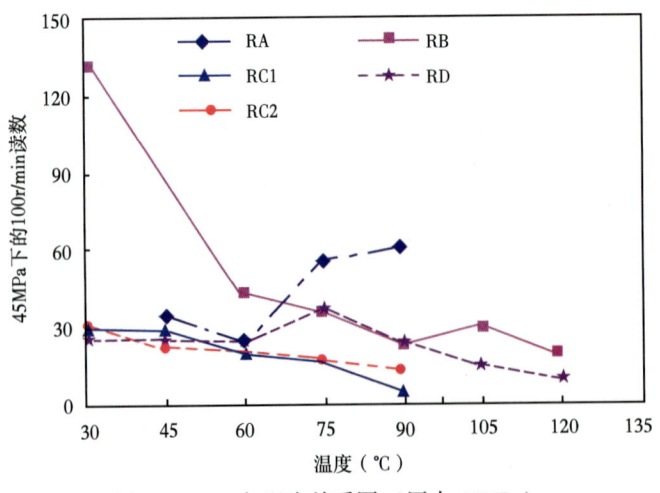

图3-5 R_{100}与温度关系图（压力45MPa）

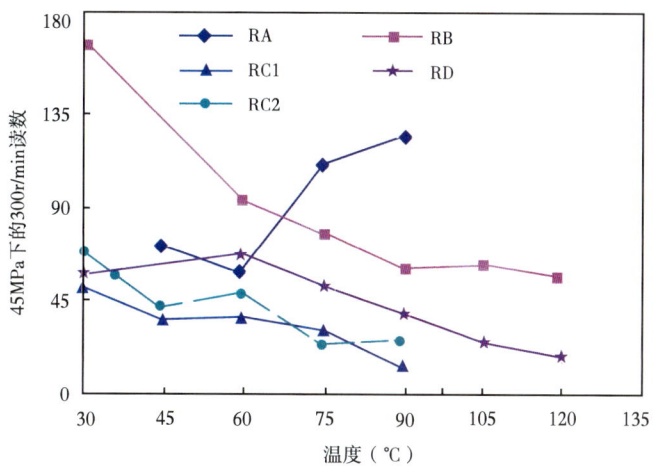

图 3-6 R_{300} 与温度关系图（压力 45 MPa）

常压增至 60MPa 时，配方 RB 的 R_{300} 读数由 132.86 降至 90.18，下降了 32.12%。因此，与低温影响一样，在深井流动计算中，同时也要考虑高温对流变性的影响。

三、高温下的流变模型

经典的宾汉模型、幂律模型、赫巴模型等仍然可以用来描述高温高压下水泥浆的流变特性，但是这些模型的精度却有高有低。经典模型在高温高压的计算值与实际测量值的误差见表 3-2。

表 3-2 高温高压下不同流变模式的误差比较

算法	各种模型平均相对误差（%）				
	宾汉模型	幂律模型	卡森模型	赫巴模型	R-S
按 API 法算	36.58	20.61	16.58	7.79	7.96
按泥浆法算	15.47	28.26	67.56	6.88	6.86

注：以上数据为 5 种水泥浆 10 组数据的误差平均值。

从表 3-2 可以看出，赫巴模式等三参数类模式的总体误差是最小的，无论在常温情况或在高温情况均是如此。这说明该类模式对于水泥浆具有普遍的适应性。同时对于水泥浆，使用 API 计算流变参数方法（用 300r/min 与 100r/min）的误差对三参数模式而言相差不大，但对两参数模式则相差较大。这也进一步说明了三参数模式的稳定性。

通过这些研究表明，在注水泥设计中应使用三参数模式进行设计。考虑应用计算机设计的情况，本研究中推荐选用适应性较强的赫巴模式。

由于宾汉模式与幂律模式还有形式简单、易于计算、便于推广、流变参数含义明确、可直接指导水泥浆流变性能的控制与调节等特点，因此在本研究中将同时继续采用这两个模式作为注水泥流变学设计的基础，但要求在设计中必须针对具体的流体分别选用误差较小的一种模式，并且在以后的流动计算中采用一套修正后的算法与公式。

选取宾汉模式、幂律模式和赫巴模式，并采用回归分析的方法研究分析了常用水泥浆在高温高压下的流变规律。表 3-3 为实验水泥浆对各模式的回归系数随温度压力的变化情况。

表 3-3　水泥浆相关系数随温度压力的变化情况

水泥浆类型	温度和压力	宾汉模式	幂律模式	赫巴模式	平均
高密度 RA 水泥浆	45℃，常压	0.9985	0.99	0.9827	宾汉：0.99323 幂律：0.99115 赫巴：0.98888
	60℃，45MPa	0.999	0.9865	0.9821	
	75℃，45MPa	0.9912	0.9928	0.9942	
	90℃，90MPa	0.98420	0.9953	0.9965	
高密度 RB 水泥浆	常温，常压	0.9574	0.9852	0.9972	宾汉：0.98348 幂律：0.97572 赫巴：0.99330
	60℃，60MPa	0.9973	0.9927	0.9992	
	90℃，60MPa	0.9819	0.9914	0.9975	
	105℃，120MPa	0.9839	0.9683	0.9925	
	120℃，120MPa	0.9969	0.9680	0.9801	

由表 3-3 中数据可知：

（1）高密度水泥浆 RA 的宾汉模式回归系数在温度小于 60℃时逐渐升高，而后逐渐下降，而幂律模式和赫巴模式的回归系数在温度小于 60℃时逐渐降低，而后逐渐升高。从平均角度看宾汉模式精度是最高的，但随温度压力的升高，宾汉流型、幂律流型逐渐向赫巴流型转变，这说明该类水泥浆在 90℃ 90MPa 的井下条件时应选用赫巴模式。

（2）高密度水泥浆 RB 的宾汉模式回归系数在温度小于 60℃时逐渐升高，而后逐渐下降，超过 105℃后回归系数随温度压力升高而增加；而幂律模式和赫巴模式的回归系数表现为温度小于 60℃时随温度压力升高而增加，而后随温度压力升高却逐渐降低。从平均角度看赫巴模式精度是最高的，但随温度压力的升高至 105℃ 120MPa 后赫巴流型、幂律流型逐渐向宾汉流型转变，这说明该类水泥浆在 105℃ 120MPa 以下的井下条件时应选用赫巴模式，而井下条件超过 105℃ 120MPa 时应选用宾汉模式。

通过上面的分析研究表明，温度、压力对不同水泥浆的流变参数都有非常明显的影响，而且相对而言温度影响的程度较大。同一水泥浆其流变性随温度压力变化的大趋势是随着温度升高水泥浆流动性增加，压力增大水泥浆增稠。但对于不同体系、不同配方的水泥浆，温度、压力对其流变参数的影响规律和影响程度不同。因此，实际应用中，对于所使用的特定水泥浆都应进行高温高压流变性试验，以高温高压下的流变性数据指导深井固井设计。

前面的试验结果指出了反映水泥浆流变性的合理流变模型，如何确定所选模型的流变参数便成为准确计算高温高压下水泥浆流变性的关键。由于水泥浆在井下流动过程中所受到的温度是变化的，因此，不可能通过试验方法确定每一温度压力下的实际流变曲线，并计算出流变参数。

为此，通过大量的试验分析与研究，提出了采用数学模型的方法对不同温度下的流变性能进行预测的方法，建立了温度影响模型。

温度影响下的流变参数模型,可用式(3-78)表示:

$$\tau = \tau_0 e^{-b(t-t_0)} \tag{3-78}$$

式中 τ——任意温度下的剪切应力;
τ_0——常温(或某已知温度)测定的剪切应力;
b——温度系数。

使用式(3-78),预测高温下液体的剪切应力的具体步骤如下:

(1)选取两组温度,如常温27℃和75℃,在不同剪切速率下,测出对应的剪切应力,见表3-4。

表3-4 旋转黏度计剪切应力读值

τ (Pa)	γ	1022	511	340.6	70.3	10.22	5.11
	27℃	τ_{600}	τ_{300}	τ_{200}	τ_{100}	τ_6	τ_3
	75℃	τ'_{600}	τ'_{300}	τ'_{200}	τ'_{100}	τ'_{100}	τ'_3

(2)计算温度系数b。

$$b = \frac{\ln \dfrac{\tau_{600}}{\tau'_{600}}}{t - t_0} \tag{3-79}$$

(3)将b值代入式(3-78)可以计算出相应剪切速率下,其他温度的剪切应力值。

不同剪切速率下的b值是不一样的,如需预测其他剪切速率情况下某温度的剪切应力值,则应按上述方法,计算温度系数b值,再计算某温度的剪切应力数值。

不同温度下流体流变参数的计算:

剪切速率为1022s^{-1}和511s^{-1}时的流变参数计算:

$$b = 0.001(R_{600} - R_{300})e^{-b(t-t_0)} \tag{3-80}$$

$$b = 0.051e^{-b(t-t_0)} - \eta_{st} \tag{3-81}$$

剪切速率为511s^{-1}和170.3s^{-1}时的流变参数计算:

$$\eta_{st} = 0.0015[R_{300}e^{-b'(t-t_0)} - R_{100}e^{-b''(t-t_0)}] \tag{3-82}$$

$$\eta_{st} = 0.0511[R_{300}e^{-b'(t-t_0)} - \eta'_{st}] \tag{3-83}$$

式中 R_{600}、R_{300}、R_{100}——旋转黏度计在600r/min、300r/min和100r/min测得的格数;
η_{st}、η'_{st}——任意温度下的塑性黏度,Pa·s;
τ_{ot}、τ'_{ot}——任意温度下的动切力,Pa;
b——剪切速率为1022s^{-1}的温度系数,1/℃;
b'——剪切速率为511s^{-1}的温度系数,1/℃;
b''——剪切速率为170.3s^{-1}的温度系数,1/℃。

下面将四种水泥浆不同温度下,剪切速率为1022s^{-1}至340.6s^{-1}测出的剪切应力和应用式(3-80)、式(3-81)的温度预测方法计算出相应的剪切应力进行比较,列于表3-5。

由表 3-5 可知，应用式（3-80）、式（3-81）计算不同温度下，某一剪切速率的剪切应力，其总的相对误差为 7.81%，但个别情况下的相对误差仍然较大，为-26%。

表 3-5　不同温度下实测剪切应力与推导值的比较

ρ_s (g/cm³)	旋转黏度计剪切应力值 (Pa)		温度（℃）（压力为14MPa）				ε_c (%)
			27	75	125	175	—
1.91	τ_{600}	实测值	137.40	93.10	45.82	25.18	
		理论值	137.40	93.10	48.59	25.36	
		ε (%)	0	0	6.05	0.73	3.91
2.25	τ_{600}	实测值	170.81	93.86	47.45	26.89	
		理论值	170.70	93.86	50.35	-13.20	
		ε (%)	0	0	6.12	-13.20	6.39
2.35	τ_{600}	实测值	—	—	42.07	26.78	
		理论值	—	—	41.31	21.35	
		ε (%)	—	—	-1.81	-9.52	8.38
2.40	τ_{300}	实测值	—	—	16.88	8.81	
		理论值	—	—	15.61	8.81	
		ε (%)	—	—	-7.56	-20.32	9.18
	τ_{200}	实测值	—	—	12.17	5.35	
		理论值	—	—	10.71	3.99	
		ε (%)	—	—	-12.11	25.41	13.90
2.45	τ_{600}	实测值	170.32	97.23	48.24	33.37	
		理论值	170.31	97.23	54.22	30.24	
		ε (%)	0	0	12.41	-9.41	5.11
总平均相对误差（%）			7.81				

注：ε、ε_c 为相对误差和平均相对误差，ρ_c 为水泥浆密度。

计算温度系数 b 值，一般选用温度为 27℃ 和 75℃ 的剪切应力进行计算。

（4）计算任意温度下剪切应力的计算方法，还需进一步用大量实测数据进行验证。

四、考虑温度后注水泥流动计算方法

前面的分析研究表明，水泥浆的流变性随温度压力变化十分明显，温度对流动计算结果的影响非常显著。温度对液体流变参数及井内压降的影响，随间隙的减小而大幅度的变化，311.14mm 的井眼，温度对压降的影响不明显，而 215.9mm 以下的井眼影响却较大。

水泥浆在不同的温度下，不仅其流变性能要发生变化，而且其他性能（如水泥浆稠化时间、失水、自由水等）也要发生变化，有关文献研究表明，当水泥浆所受实际温度与进行实验时的温度相差前后 5～10℃ 时，其水泥浆的性能将发生较大变化。

注水泥设计均只考虑井底循环温度和静止温度，这对于保证水泥浆性能、保证施工安全是必要的。对于流动计算，可采用上面介绍的上下水泥面平均温度来进行简化计算，但最合理的方法是还按温度变化分段计算，不过这种计算相当复杂，需使用计算机软件来实现其应用。

（1）分段原则：

保证温度变化在某一范围，称为温度变化限制范围。该值一般取 5~10℃。

（2）分段方法：

设循环温度随井深的变化规律为：$T_c=f(H)$

它预测的准确性与地层、井眼、钻井液、水泥浆的热导率、施工过程循环排量等众多因素有关。

该方程建立其反函数式有：$H=f^{-1}(T_c)$

这样，将循环温度从井底与水泥面深之间按要求温度范围分段后（图3-7），即可求出相应井深的分段参数。

$$n = \frac{BHCT - T_{TOC}}{\Delta T} \tag{3-84}$$

$$T_m = BHCT - (m-1)\Delta T \tag{3-85}$$

$$H_m = f^{-1}(T_m) = f^{-1}[BHCT - (m-1)\Delta T] \tag{3-86}$$

式中　$BHCT$——井底循环温度；

T_{TOC}——水泥面深度循环温度；

ΔT——允许温度变化范围；

ΔT——井段可分段数；

T_m——第 m 井段底部的循环温度；

H_m——第 m 井底底部深度。

注意：如果循环温度变化函数中没有包括井斜的影响，则分段时应考虑井斜。

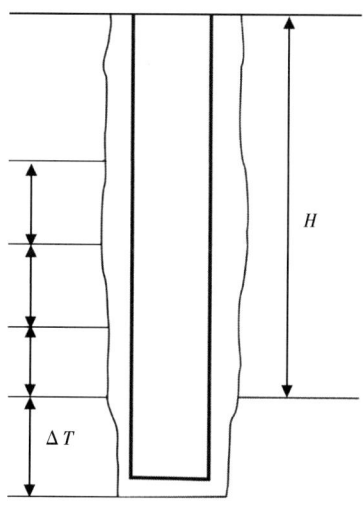

图3-7　按温度分段示意

第三节 注水泥过程中井筒压力场计算

注水泥的环空压力与环空流体的流变性、流态和环空的几何形状等密切相关。在实际情况中，套管不可能完全的居中，井筒存在偏心的情况。基于常规流动计算模型以及小间隙环空的特殊性，在流动算法上对环空流变参数、临界雷诺数、雷诺数以及摩阻系数的计算进行修正，并引入偏心效应系数来表征小间隙环空套管偏心的影响，从而使其更接近小间隙环空中流体实际流动规律。

一、小间隙流态判别

1. 水泥浆流变参数

《固井设计规范》（SY/T 5480—2016）中规定计算水泥浆流变参数使用旋转黏度计 300r/min 和 100r/min 的读值，其主要考虑到水泥浆在一般环空中的剪切速率在 $511s^{-1}$ 与 $170s^{-1}$ 之间。但在小间隙环空中，水泥浆处于高剪切状态，剪切速率一般大于 $500s^{-1}$。表 3-3 给出了典型间隙与流速下水泥浆在环空中的剪切速率值的比较情况。

表 3-6 典型间隙与流速下水泥浆在环空中的剪切速率值

N 值	井身结构	间隙值（mm）	平均流速下的剪切速率值		
			1m/s	1.5m/s	2m/s
0.3	148.6mm×127mm	2~6	$960s^{-1}$	$1441s^{-1}$	$1922s^{-1}$
	152.4mm×127mm	4~8	$840s^{-1}$	$1260s^{-1}$	$1680s^{-1}$
	215.9mm×7⅝in	2~6	$960s^{-1}$	$1441s^{-1}$	$1922s^{-1}$
0.6	1152.4mm×127mm	2~6	$660s^{-1}$	$991s^{-1}$	$1320s^{-1}$
	152.4mm×127mm	4~8	$577s^{-1}$	$866s^{-1}$	$1154s^{-1}$
	8½in×7⅝in	2~6	$660s^{-1}$	$991s^{-1}$	$1320s^{-1}$

常规环空和小间隙环空中流体剪切状态的不同使得再用 300r/min 与 100r/min 的读值进行计算必定产生较大误差。因此，对小间隙环空采用旋转黏度计 600r/min 和 300r/min 的读值进行水泥浆流变参数 n、K 值（对幂律流体）的计算。

$$n = 2.092 \times \lg\left(\frac{R_{600}}{R_{300}}\right) \tag{3-87}$$

$$K = \frac{0.511 \times R_{600}}{511^n} \tag{3-88}$$

式中 n——水泥浆的流性指数；

K——水泥浆的稠度系数，$Pa \cdot s^n$；

R_{600}、R_{300}——旋转黏度计在 600r/min、300r/min 测得的读值，格。

2. 临界雷诺数计算

临界雷诺数作为判别流体流动状态的准数之一已得到业界的一定认可。目前，常规环空中流态判别标准采用 $R_c = 3470 - 1370n$。但石油行业实际应用情况表明：常规计算中采用的紊流临界流量比小间隙要偏低 15%~20%。同时，大量文献和实验结果也表明流体在环空流动的紊流临界雷诺数的上限可达 3800。因此，将常规环空中流态判别标准提高 15%~20%，作为小间隙环空流态判别的标准，即：

$$R_{ec} = 4080 - 1720n \tag{3-89}$$

3. 雷诺数计算

不同的流态影响注水泥的顶替效率，井壁的稳定也与流体流态密切相关。前面对小间隙环空中流变参数和临界雷诺数的修正进行了探讨，要完成流态的判别还需雷诺数这个关键参数。常规环空幂律液体流动的雷诺数计算式为：

$$Re = \frac{12 \times 10^3 \rho V^{2-n}(D_w - D_c)^n}{1200^n K \left(\dfrac{2n+1}{3n}\right)^n} \tag{3-90}$$

与常规环空相比，小间隙环空中裸眼井段边壁效应和岩性等因素对流动的影响所占的比例增大，进而影响流体流动时惯性力与黏滞力的大小，也即雷诺数的大小。为把这些因素综合考虑进去，采用 Crittendon 提出的小间隙环空水力直径模型来进行修正。然后再根据液体流动雷诺数的一般概念及以上的常规环空幂律液体流动雷诺数计算公式，建立起小间隙环空雷诺数计算模型，如式（3-91）：

$$Re_s = \frac{12 \times 10^3 \rho V^{2-n} D_e^n}{1200^n K \left(\dfrac{2n+1}{3n}\right)^n} \tag{3-91}$$

$$D_e = \frac{\sqrt[2]{(D_w^4 - D_c^4) - (D_w^2 - D_c^2)^2 \times (\ln \dfrac{D_w}{D_c})^{-1}}}{2} + \frac{\sqrt{D_w^2 - D_c^2}}{2} \tag{3-92}$$

式中 Re_s——修正的雷诺数；
　　　ρ——流体的密度，g/cm^3；
　　　V——环空的流速，m/s；
　　　D_w、D_c——井眼直径、套管直径，cm；
　　　D_e——修正后的水力直径，cm。

二、流动摩阻系数计算

1. 偏心影响

套管偏心本质上可以解释为环空几何形状（环空间隙）的变化，它会造成环空流速分布随间隙的变化不一致，从而导致循环压耗减少。常规环空中忽略了偏心的影响，可实际上环空大多具有中心不稳定性，这在小井眼中特别突出。小井眼中由于套管直径小，刚度小，套管发生弯曲的可能性增大，套管偏心严重。故引入偏心效应系数（简记为 R）来修正套管偏心对流动计算的影响。偏心效应系数值定义为偏心环空压耗与同心环空压耗之比：

$$R = \left(\frac{\mathrm{d}p}{\mathrm{d}L}\right)_e \Big/ \left(\frac{\mathrm{d}p}{\mathrm{d}L}\right)_c \tag{3-93}$$

实际上，环空几何形状往往不规则，在不同的井深和时间上都不一样，也即套管偏心后同方向上的间隙变化不一致。为此，Bourne 在考虑井眼弯曲和流态影响的情况下，提出了偏心效应系数的计算方法。

（1）层流流动。

$$R_{\text{lam}} = 1 - 0.07\frac{e}{n}\left(\frac{D_c}{D_w}\right)^{0.8454} - 1.5e\sqrt[2]{n}\left(\frac{D_c}{D_w}\right)^{0.1852} + 0.96\sqrt[3]{n}\left(\frac{D_c}{D_w}\right)^{0.2527} \tag{3-94}$$

对与小间隙直径比 D_w/D_c 不大于 1.2（几种典型的井身结构都是如此）的情况，式（3-94）可简化为：

$$R_{\text{lam}} = 1 - 0.07\frac{e}{n} - 1.5e\sqrt[2]{n} + 0.96\sqrt[3]{n} \tag{3-95}$$

（2）紊流流动。

$$R_{\text{turb}} = 1 - 0.048\frac{e}{n}\left(\frac{D_c}{D_w}\right)^{0.8454} - \frac{2}{3}e\sqrt[2]{n}\left(\frac{D_c}{D_w}\right)^{0.1852} + 0.285\sqrt[3]{n}\left(\frac{D_c}{D_w}\right)^{0.2527} \tag{3-96}$$

同理，简化得：

$$R_{\text{turb}} = 1 - 0.048\frac{e}{n} - \frac{2}{3}e\sqrt[2]{n} + 0.285\sqrt[3]{n} \tag{3-97}$$

式中　R_{lam}、R_{turb}——分别为层流、紊流条件下对应的偏心效应系数；
　　　e——偏心度。

2. 环空摩阻系数

注水泥流动计算中环空与管内间的静压差很容易求出，则流动计算的核心在于准确计算流动阻力。前面已分析了水泥浆在小间隙环空中流变参数、流态和偏心的影响及其考虑方法，紧接着便要确定流体在环空中流动的摩阻系数。根据上面建立的雷诺数计算方法，可得到其流动摩阻系数的计算，摩阻系数的计算又与流态有关，在层流和紊流条件下各不相同。

对层流而言，可按考虑修正水力直径后计算的雷诺数，通过常规关系进行计算：

$$f_s = \frac{24}{Re} \tag{3-98}$$

对紊流而言，小间隙环空摩阻系数为：

$$\frac{1}{\sqrt{f_s}} = A\lg\frac{2}{3}Re\sqrt{f} + C \tag{3-99}$$

$$A = \frac{4}{n^{0.75}} \tag{3-100}$$

$$C = \frac{0.4}{n^{12}} \tag{3-101}$$

三、局部阻力对环空摩阻的影响

1. 局部阻力产生的原因

流体流经除了直管之外的部位时,即在管件(如弯头、变径接头、三通等)、阀门、管子进出口、管子弯曲处、安装在管道上的流量计上时会产生机械能的损耗。注水泥过程中常见的几种局部阻力如图3-8所示。

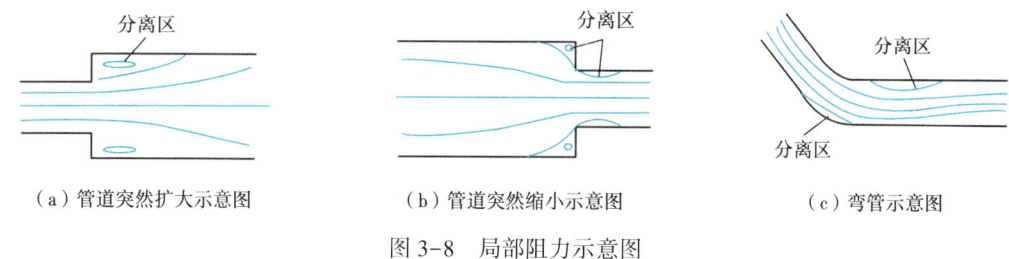

(a)管道突然扩大示意图　　(b)管道突然缩小示意图　　(c)弯管示意图

图3-8　局部阻力示意图

流体流经特殊形状的固体表面时,由于流道的急剧变化,流体的流速和流动方向突然发生变化,产生边界层分离,导致涡流的产生。

局部阻力产生的原因,可简单地理解为,流体在这些部位产生了旋涡引起。

流体流动时动量传递造成内摩擦力的产生。在旋涡区,流体质点剧烈地碰撞、混合,动量传递剧烈,流体内摩擦力增加,损耗流体的机械能。

另一方面,旋涡的存在会强化流体内部的相对运动,而相对运动时产生内摩擦(有速度差,有黏性),消耗机械能。

局部阻力=流体流经这些部件时的摩擦阻力损失+尾流区的形体阻力损失(涡流损失)。

实验测定局部阻力损失应注意:流体流经弯头、阀门等处所产生的旋涡会带到下游,要经过一定长度(约50倍管径d)后,管内流动才能重新达到充分发展的流动。也就是说,局部损失的起因虽是局部的,但其完成却需要约$50d$的距离。

2. 几种典型的局部阻力

(1)流通截面突然扩大。

把套管接头看成一个突然缩小和突然扩大的流通截面,如图3-9所示。当流体流过突然扩大的管道时,流速减小,压力相应增大,流体在这种逆压流动过程中极易发生边界层分离,即流股与壁面之间的空间产生旋涡,使高速流体的动能变为热量散失。

能量损失产生的原因:

以从小截面流向突然扩大的大截面管道为例,由于流体质点有惯性,流体质点的运动轨迹不可能按照管道的形状突然转弯扩大,即整个流体在离开小截面管后只能向前继续流动,逐渐扩大,这样在管壁拐角处流体与管壁脱离形成旋涡区。

旋涡区外侧流体质点的运动方向与主流的流动方向不一致,形成回转运动,因此流体质点之间发生碰撞和摩擦,消耗流体的一部分能量。

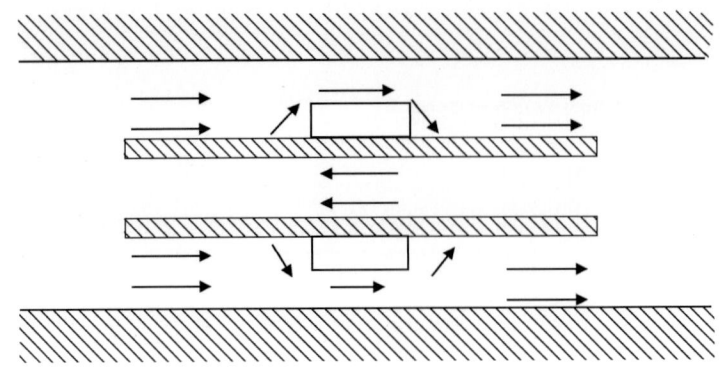

图 3-9 套管接头形成流通截面变化示意图

同时旋涡区本身也不是稳定的,在流体流动过程中旋涡区的流体质点将不断被主流带走,也不断有新的流体质点从主流中补充进来,即主流与旋涡之间的流体质点不断地交换,发生剧烈地碰撞和摩擦,在动量交换中,产生较大的能量损失,这些能量损失转变为热能而消失。

(2) 流通截面突然缩小。

当流体由大管流入小管时,流股突然缩小,此后,由于流动惯性,流股将继续缩小。直到流股截面缩到最小,称为缩脉。

经过缩脉之后,流股开始逐渐扩大,直至重新充满整个管截面。在缩脉之前,管内压力逐渐减小,而在缩脉之后,流通截面逐渐扩大,会产生边界层分离和涡流(当流体从容器进入管路的入口,是自很大的截面突然缩小到很小的截面)。

(3) 井径的不规则也会产生流动阻力损失,如图 3-10 所示。

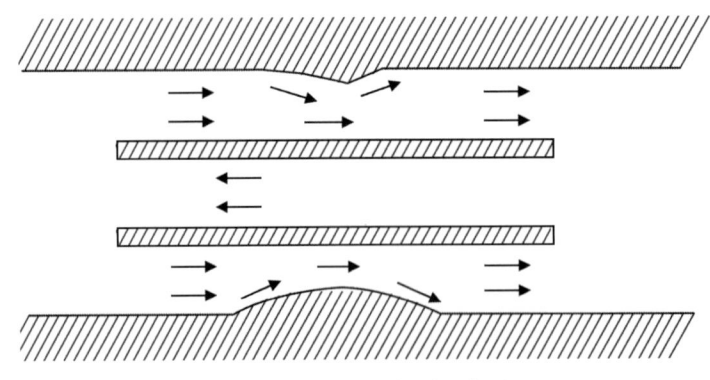

图 3-10 井径不规则示意图

(4) 弯头(90°、45°)或弯管,也因边界层分离,产生流动阻力损失,如图 3-11 所示。

3. 局部阻力计算方法

1) 突扩突缩型接头

当把一个套管接头可以看成是一个突然扩大和一个突然缩小的两个局部阻力,根据流体力学有关理论可以得出其局部阻力的计算公式。

$$P_{kd} = 9.81 \times 10^{-3} H_{kd} \rho_m \quad (3-102)$$

突然缩小的局部阻力为：

$$P_{sx} = 9.81 \times 10^{-3} H_{sx} \rho_m \quad (3-103)$$

其局部阻力水头为：

$$H_{kd} = \left(\frac{D_{jo}^2 - D_{do}^2}{D_{ui}^2 - D_{jo}^2} \right) \frac{v_c^2}{2g} \quad (3-104)$$

$$H_{sx} = 0.5\phi \left(\frac{D_{jo}^2 - D_{do}^2}{D_{ui}^2 - D_{jo}^2} \right) \frac{v_{cj}^2}{2g} \quad (3-105)$$

紊流流动

$$\phi = f_j / 0.022 \quad (3-106)$$

层流流动

$$\phi = 12.8654 + Re_{cj}^{-0.2000263} \quad (3-107)$$

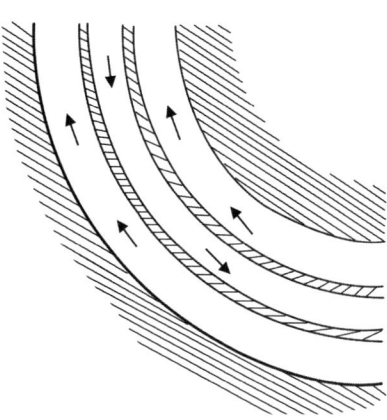

图 3-11 弯管产生流动阻力示意图

式中 v_{cj}——接头处的流速，m/s；

f_j——摩阻系数；

Re_{cj}——雷诺数；

D_{jo}——套管接头外径，cm。

2) 渐扩渐缩型接头

为了研究水力影响，建立新的理论模型来预测套管接头附近环空压力损失。这个模型适用于层流和紊流条件下的牛顿幂律流体。为了建立模型，采用如下假设：(1) 流动条件保持恒定和等温；(2) 不可压缩流体；(3) 接头水平放置；(4) 考虑接头膨胀和压缩的影响。模型预测的压力损失介于上游压力 p_1 和下游压力 p_2 之间（图 3-12）。

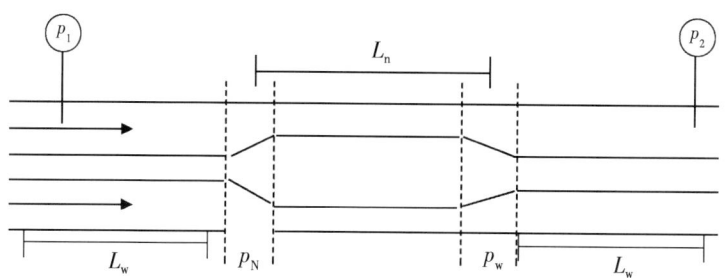

图 3-12 套管接头压力预测模型

对于水平放置的，根据能量守恒，压差为：

$$\Delta p = \frac{\rho}{2g_c} V_N^2 \left\{ K_c + K_e \left(\frac{A_N}{A_W} \right)^2 \right\} + \Delta p_{fl} \quad (3-108)$$

式中 ρ——流体密度，kg/m³；

Δp_{fl}——不考虑接头膨胀和压缩时的压力损失，MPa；

V_N——接头处平均速度,m/s;

A_N、A_W——窄环空和宽环空的横截面积,m²;

K_c、K_e——接头膨胀和压缩时的水头损失。

对于方形接头,膨胀和压缩时的水头损失为:

$$K_c = K_e = (1 - \frac{A_N}{A_W})^2 \tag{3-109}$$

对于锥形接头,膨胀和压缩时的水头损失为:

$$K_c = 0.5\sqrt{\sin\frac{\theta}{2}(1-R^2)} \tag{3-110}$$

$$K_e = (1 - \frac{A_N}{A_W})^2 \tag{3-111}$$

内外径之比为:

$$R = \frac{D_N}{D_W} \tag{3-112}$$

D_N 和 D_W 为工具面的内外径。压力损失 Δp_{fl} 包括两方面:(1)工具接头窄区域的压力损失;(2)工具接头宽区域的压力损失。因此计算的压力损失 Δp_{fl} 为这两者之和。

$$\Delta p_{fl} = \Delta p_N + \Delta p_W = \frac{4\tau_{w,N} L_N}{D_{hyd,N}} + \frac{4\tau_{w,W} L_W}{D_{hyd,W}} \tag{3-113}$$

$\tau_{w,N}$ 和 $\tau_{w,W}$ 为工具接头窄面和宽面的剪切应力;$D_{hyd,N}$ 和 $D_{hyd,W}$ 为窄面和宽面的水力直径;层流条件下,采用窄点接近法计算的环空中剪切应力表示为:

$$\tau_W = K\left[\frac{12V}{D_{hyd}}(\frac{2n+1}{3n})\right]^n \tag{3-114}$$

对于紊流,剪切应力为:

$$\tau_W = \frac{1}{2}f\rho_m V^2 \tag{3-115}$$

f 为范式摩擦系数。对于有降摩减阻作用的聚合物流体,范式摩擦系数可由对比法求得:

$$f = f_\infty(n) + A(n)Re^{-B(n)} \tag{3-116}$$

$f(n)$,$A(n)$ 和 $B(n)$ 为取决于流动特性指数的常数。Re 为雷诺数。对于没有降摩减阻作用的常规流体,Dodge-Metzner 方程可用于求摩擦系数:

$$\frac{1}{f^{0.5}} = \frac{4}{n^{0.75}}\log[Ref^{(1-\frac{n}{2})}] - \frac{0.4}{n^{1.2}} \tag{3-117}$$

经过实验验证结果显示,无接头情况下所测得的范式摩擦系数与光滑管柱情况下测得的结果接近。但是有接头情况下的高范式摩擦系数表示接头部分的强水力抵制作用。而且，用非牛顿流体也证实了接头对环空压力损失的影响。结果显示接头部分存在强水力抑制作用，随着流动速率的增加，压力损失大幅度增加（多达250%）。

3) 考虑局部阻力后环空摩阻计算

通过上述的局部阻力的计算方法，对于全井的流动摩阻计算方法有哪些改变？按以下过程计算考虑局部阻力后的流动摩阻。

（1）对套管接头产生的局部阻力乘上套管接头的个数，得出总的局部阻力；
（2）将常规计算中的整个井深长度减去接头的总长度，计算出管内外流动阻力；
（3）将两部分加起来即可算出管内与环空压耗，管内和环空加起来即为总压耗。

4. 精细控压压力平衡法固井流动摩阻的现场应用数据修正

前面内容从理论模型上尽量考虑了影响环空与管内流动计算误差的主要因素，建立了考虑这些因素的计算模型与方法。但在实际的注水泥过程，有些参数常常是不可准确预测或控制的，如流体密度与流变性的波动、井筒地层、井壁滤饼等的影响，再加上理论模型本身也存在一定计算误差，不可能针对所有的井筒条件把流动摩阻都计算到很小的误差。

因此，进一步研究了根据现场注水泥前的一些流动摩阻实测情况来修正固井现场条件下的流动摩阻计算结果的方法，从经验与统计角度进一步提高对现场流动摩阻预测计算的准确性。

（1）考虑注水泥前循环泥浆摩阻测量值的修正。

下完套管后，要循环钻井液，在不同排量下循环钻井液时，其整个管内与环空的流动摩阻将体现到井口泵压上。这样在注水泥前，可以在现场获取到循环钻井液排量与泵压的一组关系数据。如果通过前面的计算理论模型使用模拟注水泥软件计算出的排量与泵压的关系与测量的数据有一定误差，则可以通过反算得出造成计算误差的主要影响因子在多大范围，然后在实际进行精细控压注水泥计算中加入这个修正因子，就进一步可提高其流动摩阻计算准确度。

（2）考虑地区与井身结构特点综合修正流动摩阻系数。

固井设计时，有较多情况下工程师没有准确掌握各种流体的流变性，或者不知道流变性能测量结果，同时，有些现场提供的流变性参数也不准确。针对这种情况，研究提出了一个流动摩阻系数的修正方法，即在不能准确提供流体流变性能或流变参数，不能考虑温度对流变性能影响情况下，针对不同的环空间隙，通过对模拟计算的流动摩阻系数进行一定的修正来保证其计算精度能够提高。

具体方式是通过针对区域已完成固井作业的井的流动摩阻计算，对比理论计算与现场实测之间的误差，反算出不同流体的流动摩阻系数在常用的施工排量下体现的范围值，然后建立起修正系数区间。当后期针对该区块再具体进行精细控压压力平衡法固井设计计算时，可使用该统计值范围对理论计算结果进行一定的修正。

四、小间隙注水泥环空压力分布

常规井环空流动阻力计算模型为：

$$p = \frac{0.2f\rho L v^2}{D_w - D_c} \quad (3\text{-}118)$$

从理论上分析，注水泥施工过程小间隙环空流动方程的建立从原理和方法上与常规环空的流动方程是一致的。在此基础上，小间隙环空流动计算中突出了流态判别标准的变化、流变参数计算方法的变化对流动计算影响以及引入偏心效应系数 R 和局部阻力系数 ξ。综合以上的研究和分析，建立了小间隙环空流动阻力的计算模型为：

$$p = \frac{0.2 f \rho L v^2}{D_e} \times \xi^2 \times R \tag{3-119}$$

深井、超深井固井中，并非全井段都是环空小间隙，针对其流动的实际情况，在综合考虑流态、偏心、环空尺寸等影响因素下，将环空进行分段，建立了深井固井环空流动压力的计算模型：

$$p = \sum_{i=1}^{k} \frac{0.2 f_i \rho_i L_i v_i^2}{D_{wi} - D_{ci}} \times \xi^2 + \sum_{j=1}^{m} \frac{0.2 f_{sj} \rho_j L_j v_j^2}{D_{ej}} \times \xi^2 \times R \tag{3-120}$$

式中　k——非小间隙的环空分段数；

　　　m——小间隙环空分段数；

　　　L——每段的段长，m；

　　　ξ^2——小间隙环空每段对应的偏心效应系数。

第四节　水泥浆失重及影响因素分析

如果注水泥井段环形空间完全充满了水泥浆，水泥浆在凝结过程中产生失重是导致高压油气井油、气、水窜的主要原因。此外，精细控压压力平衡法固井设计的水泥浆密度就较正常固井时低，在候凝期间更容易出现油气水窜的问题。

一、水泥浆失重机理及测试方法

1. 水泥浆失重

水泥浆失重即水泥浆柱在凝结过程中对其下部或地层所作用的压力逐渐减小的现象。水泥水化过程中会使水泥浆呈现一种胶凝态，依据水泥浆的胶凝特性，水泥浆失重可划分为以下 3 个阶段。

第一阶段，当水泥浆静置后会形成网架结构，其胶凝强度随着增强，水泥浆柱的部分重量逐渐被悬挂在井壁和套管外壁上。水泥浆柱的初始液柱压力逐渐下降至等高度的水柱压力。水泥浆胶凝强度增加过程中存在一个加速点。加速点之前水泥浆胶凝强度增长缓慢，而与此同时水化体积收缩率很小，加速点之后增长迅速。随着水泥浆胶凝强度的增长，水化体积收缩增大，导致原有压力的下降，直至水泥柱对地层的压力转换成孔隙压力的形式存在。但此时孔隙压力不会因水泥柱重量全部被悬挂而变为零。这是因为水泥浆体的胶凝发生急剧变化，而把加速变化点前的水泥浆柱的剩余液相压力圈闭保持在结构孔隙中。这之后，水泥柱的孔隙压力将随水化体积收缩而逐渐降低。

第二阶段，水泥浆液柱压力略低于等高度水柱压力而缓慢降低阶段。这段时间接近水泥浆初凝前的一段时间。这时水泥浆的胶凝强度继续迅速增长，但水化体积收缩变化率不大，水泥水化作用释放出大量热能。水泥浆柱的孔隙压力主要受水化体积收缩与水化放热微膨胀的共同作用影响。由于水化体积收缩略大于热微膨胀，因此，此阶段的孔隙压力降低较慢而平缓。

第三阶段，从水泥浆孔隙压力略低于等高度水柱压力下降至远低于水柱压力。此时，水泥浆的胶凝结构强度迅速增强，同时水化体积收缩也迅速增大。因此，此阶段水泥柱孔隙压力随水化体积减小而迅速下降，水泥柱的孔隙压力就会出现负值。

2. 水泥浆失重机理

当水泥浆为液态时，水泥浆柱具有静压力。水泥浆属于高密度、颗粒悬浮状态且能够完全传递静液柱压力的液相。注水泥过程中，环空的液柱压力大于地层压力。水泥浆转变成固态之后，它与套管、岩石之间具有较高的胶结强度，该强度可以防止地层流体突破胶结面而发生上窜。当水泥浆由浆体变为固态时，浆体结构发展，其展现的行为既非固态亦非液态，这个过程发生在水泥石的抗压强度产生之前。在水泥浆注入井下后，水泥浆就开始发展静胶凝强度。静胶凝强度是水泥初始水化过程的副产物。当水泥浆产生了静胶凝强度后，水泥浆的静液柱压力会逐渐降低，重力由黏附在两个交界面上的颗粒承担。随着水泥固化的进行，水泥浆的重力逐渐传递到套管和岩石上，水泥浆的静液柱压力逐渐降低，对地层的压力也逐渐减小。当水泥浆的重力完全挂在两个界面上，就丧失了静液柱压力对地层的平衡作用。水泥浆被顶替到预定环空位置后，从停止流动到凝成固体可分为四个阶段，即水泥浆相、水泥浆胶凝态（固相基质和孔隙内流体形成两相物）、水泥凝固（水泥颗粒凝固终止，形成固体）、水泥硬化（图3-13）。

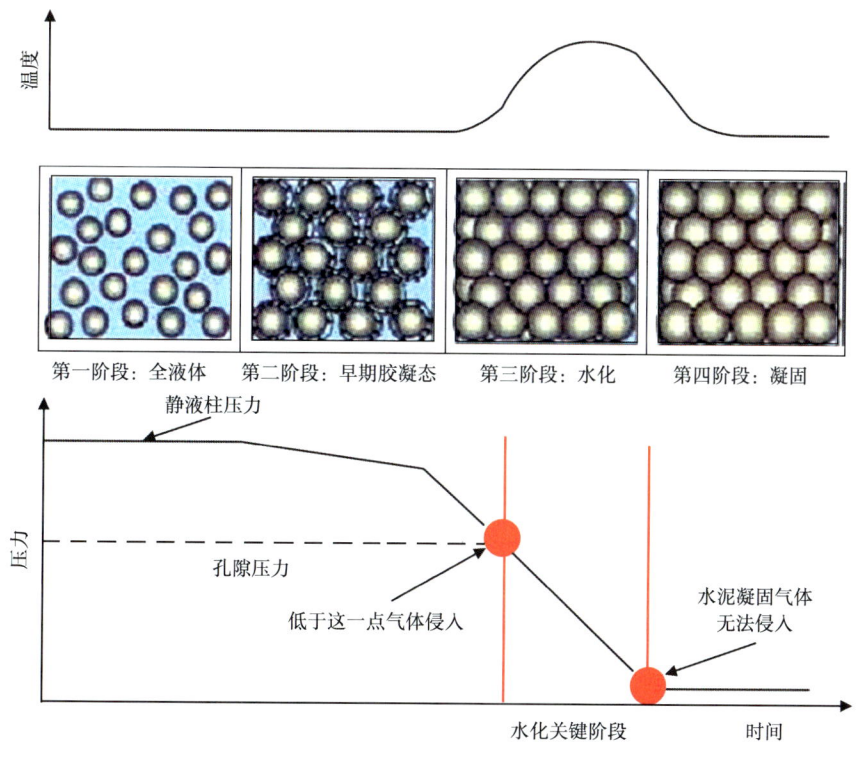

图3-13 水泥浆凝固的各个阶段示意图

3. 水泥浆失重测量装置

经过几十年的发展，为了研究水泥浆失重机理及其影响因素，研发了各种各样的失重测量仪器。这些仪器间各有优缺点，但是随着时间和技术的发展，它们的测量精度越来越高。

早在 1980 年，Sabins 等人为了研究不同渗透地层、水泥浆体系、温度及上部压力对水泥浆失重的影响，制作了一台失重仪，如图 3-14 所示。该装置是通过更换不同地层模拟短节来实现模拟渗透地层和不渗透地层。所以该装置的主要缺点是不能模拟真实的环空，只能模拟部分浆体失水。

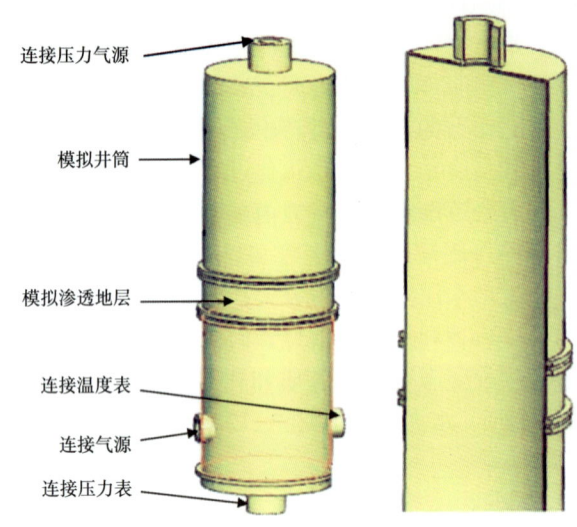

图 3-14　Sabins 等人制作的失重仪示意图及部分剖视图

为了研究水泥浆胶凝结构引起的失重，1981 年西南石油学院教研室研制出了高温高压失重与气侵实验装置（图 3-15）。该装置模拟井筒直径 100mm、高 2000mm，模拟套管直

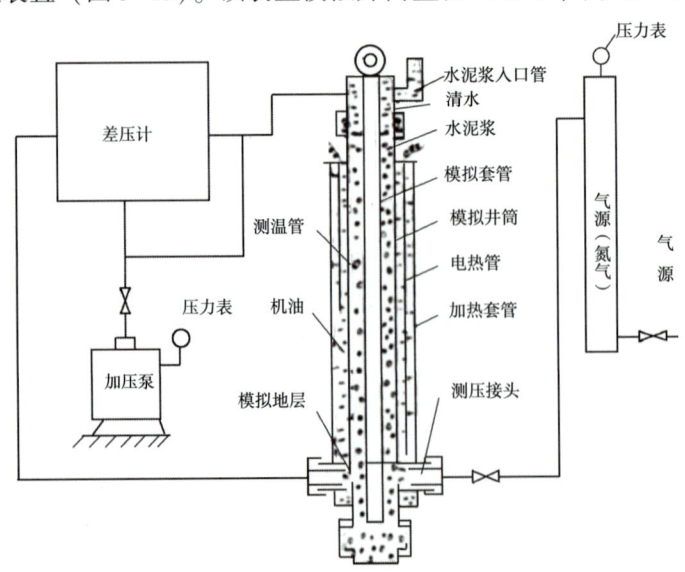

图 3-15　加温加压失重与气侵实验装置示意图

径60mm、高2000 mm；同时，利用网状结构模拟井下的地层环境。该装置主要用于研究水泥浆胶凝引起的失重，并且一定程度模拟了地层环空。

1966年，郭小阳等人为了研究胶凝悬挂失重，研制了可变换角度的水泥浆失重测量装置（图3-16）。该装置用有机玻璃管材料作为井筒，内径分别为30mm和50mm，倾斜角变化分别为10°、45°和75°，装置可模拟地层压力为0.006MPa，有325目筛网。该装置的缺点是不能模拟真实的地层压力条件和失水条件下的失重。

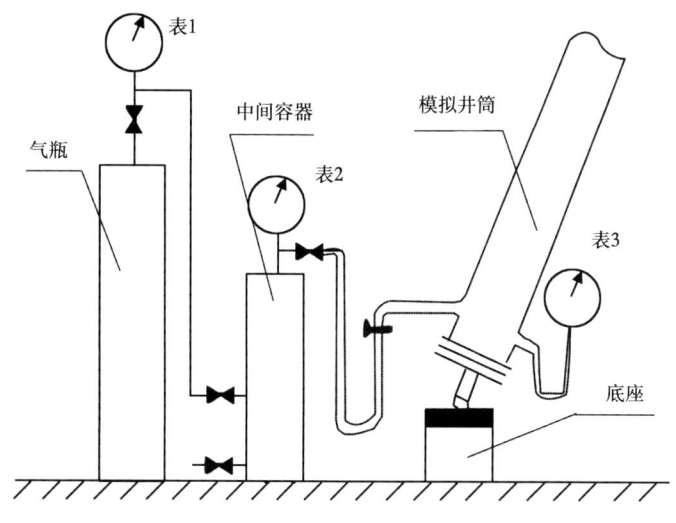

图3-16 水泥浆胶凝悬挂失重测量装置

刘崇建等人通过对上述装置进行改良，将该装置最高压力设计为40MPa，模拟井筒的井眼直径为15cm，套管外径为1118mm，长度为63cm（图3-17）。用固相材料模拟渗透性

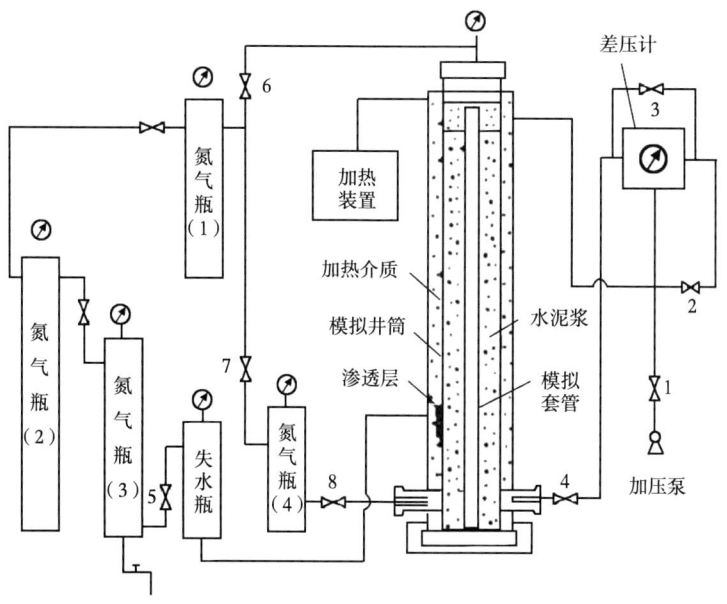

图3-17 桥堵失重测量装置

地层，其渗滤当量孔径为 8.9μm，井筒总渗滤面积为 109cm²，模拟地层最高温度可达 100℃。该装置可以研究水泥浆在有无滤饼情况下的桥堵失重和气侵规律，其缺点是没有考虑套管出现偏心、倾斜等情况的模拟。

为更全面、真实、科学测量水泥浆体系失重能力，西南石油大学研究室先后设计了 I 型、II 型抗气窜能力测量仪，其基本原理如图 3-18 所示。仪器由 5 大部分组成：

（1）"U" 管、过滤器、压力传感器等组件，构成具有放大水泥浆凝结"挂壁"效应的气窜阻力测量系统；

（2）直筒水泥浆筒、活塞、压力传感器等组件，构成水泥浆失重测量系统；

（3）热电偶、温控器、加热器等组件构成温控系统，准确控制水泥浆的水化凝结的环境温度；

（4）气源、调压阀、缓冲气罐等组件，构成具有稳定压力的候凝环境压力和地层流体压力系统；

（5）数据采集等组件，构成试验测试数据、试验条件数据和图形处理与打印系统，该系统每 5s 采样点不低于 100 次，具有动态彩色绘图、动态显示图形上各点数据值、实时存储数据、图形回放、图形数据转存、打印等功能。

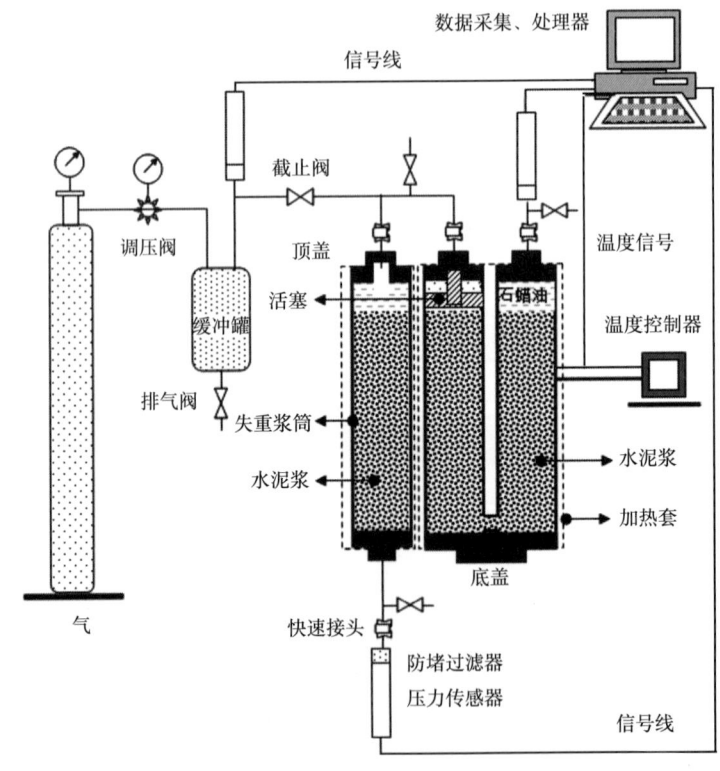

图 3-18 测窜仪（II型）原理示意图

中国石化工程技术研究院为了研究水泥浆失重规律，设计了一套水泥浆压力传导精确测量装置，如图 3-19 所示。装置通过实时测量不同防气窜剂含量、底部气压、井筒温度、井筒深度、直径等条件下，水泥浆由液态变成塑性状态过程中有效浆柱压力的变化，建立防气窜水泥浆水化失重数据库,为建立预测模型提供实验基础。

装置主要构成包括:(1)模拟井筒:水泥环内径尺寸为50mm、长度1000mm,井筒上设置4个压力测点;(2)加热及温度控制系统:由硅橡胶加热套、温度控制仪及温度传感器组成,控温范围:10~100℃,控温精度0.5℃;(3)压力及压差测量系统;(4)出口计量系统:由气液分离、高精度电子天平、干燥器、微量气体流量计组成;(5)气源压力系统:由氮气源、调压阀等组成。

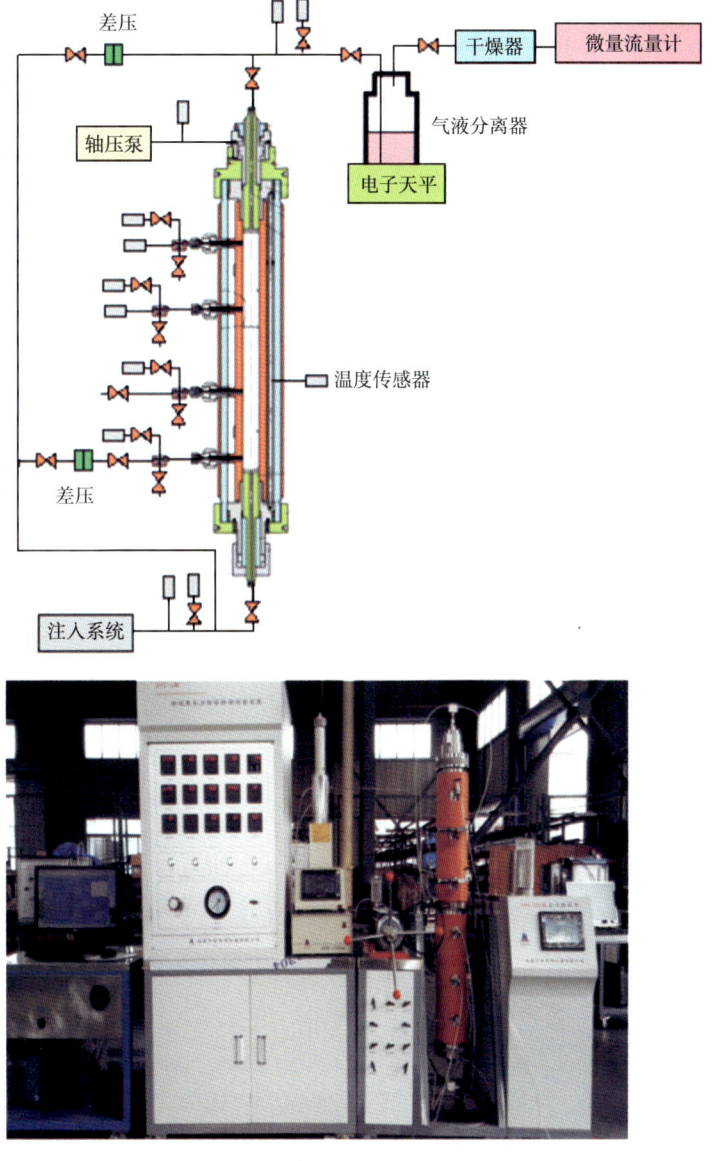

图3-19 水泥浆压力传导精确测量装置示意图与实物图

二、水泥浆失重分类

根据目前对水泥浆失重机理的研究成果,可将水泥浆失重分为四类:桥堵失重、体积收缩失重、水泥浆沉降失重、胶凝悬挂失重。

1. 桥堵失重

注水泥时，水泥浆可能携带有从井壁上冲刷下的岩屑、滤饼及某些水泥颗粒物质，静止时会下沉，在井径缩小处会沉降下来形成桥堵点。水泥浆在高渗透层大量失水后其流动、传压能力变差，形成桥堵，致使上部浆柱压力无法向下传递而导致水泥浆失重。桥堵阻止了水泥浆压力系统向下传递，导致作用于桥堵点以下的水泥浆静液柱压力下降，地层流体会侵入桥堵点以下的环形空间。

桥堵形成后会导致以下问题：(1) 如果注水泥过程中形成了桥堵，将会造成顶替过程中泵压急剧增高或出现打实心套管的危险；(2) 如果注水泥浆候凝期间形成桥堵，将造成其上部液柱压力不能传递到桥堵点下面的地层，从而引起下部地层失重和油、气、水窜等问题。

桥堵引起的水泥浆失重，在井下并不普遍存在，只有在易渗透地层和环空间隙较小的井眼内才会出现。如果地层渗透性极小或因滤饼的隔离作用，自由水渗入地层受到了限制，桥堵是难以形成的。对于渗透性好的地层，只要有内滤饼和外滤饼的空隙较小的井眼，合理地控制水泥浆失水量，有利于防止桥堵的发生。桥堵引起水泥浆的失重，不会导致油、气、水窜过桥塞，冒至井口，而是在桥塞下面的层间互相窜流。所以，桥堵本身能阻止气体窜至井口，但桥堵段下部浆体液柱压力的降低，使其下部压力体系不相同的油、气、水层相互窜流。

无滤饼的情况下，失水量、压差是导致水滤浆桥堵失重的主要因素，温度是次要因素。有滤饼的情况下，温度却是导致桥堵失重的主要因素，失水量、压差为次要因素。水泥浆在无滤饼情况下的防气侵能力比有滤饼情况下防气侵能力强。前者是桥塞对气体的阻挡；后者，因为水泥浆在环空中不易形成桥塞，浆体呈液塑状态，所以浆体和滤饼之间的阻力比与桥塞间小。

2. 体积收缩失重

体积收缩失重是水泥浆在凝结过程中，水泥浆失水、水化导致水泥浆柱体积减小，从而导致水泥浆柱、井壁、套管外表面构成封闭的液压体系压力降低。忽略地层、套管在环空浆柱压力下的变形和变形恢复作用，将体系当作容积不变的刚性封闭液压体系进行处理；此外，由于水泥浆在初凝前的水化体积收缩不足 0.5%，与水泥浆的失水相比，可忽略不计。仅考虑水泥浆失水体积收缩对体系压力变化的影响时，水泥浆体积收缩失重可通过式 (3-121) 计算：

$$\Delta p = \frac{\Delta V_{\text{loss}}}{VC_{\text{cem}}} \tag{3-121}$$

式中 Δp——体系压力变化值，MPa；

ΔV_{loss}——水泥浆失水体积，m³；

V——环空体积，m³；

C_{cem}——水泥浆压缩系数，MPa^{-1}。

实际情况下存在地层、套管在环空浆柱压力下的变形和变形恢复作用，可将体系当作容积可变的弹性封闭液压体系进行处理；同时，地温对水泥浆加热、水泥浆热膨胀对封闭体系液相体积也存在影响，从而式 (3-121) 改进为：

$$\Delta p = \frac{\Delta V_{\text{loss}} + \Delta V_{\text{sh}} - \Delta V_{\text{T}} - \Delta V_{\text{wh}} - \Delta V_{\text{cas}}}{VC_{\text{cem}}} \tag{3-122}$$

式中 Δp——体系压力变化值，MPa；

ΔV_{loss}——水泥浆失水体积，m^3；

ΔV_{sh}——水化体积收缩体积，m^3；

ΔV_{T}——地温加热水泥浆热膨胀体积，m^3；

ΔV_{wh}——井壁岩石恢复所引起的体积变化，m^3；

ΔV_{cas}——套管变形恢复所引起的体积变化，m^3；

V——环空体积，m^3；

C_{cem}——水泥浆压缩系数，MPa^{-1}。

事实上，水泥浆凝结初期，水泥浆内部结构强度较弱，水泥浆的失水、水化体积收缩可通过浆柱的变形或回落而得到一定程度的补偿，因此，水泥浆在凝结初期不会发生体积收缩失重。此外，如果水泥浆不凝结，那么，即使存在滤失，水泥浆浆柱长度缩短，也不会发生常规意义上的水泥浆失重，而只会出现由于水泥浆浆柱缩短而导致的浆柱压力降低。所以，不凝结的水泥浆也不会出现体积收缩失重。

3. 水泥浆沉降失重

水泥浆不稳定引起的失重称为沉降失重。不稳定引起的固相沉降是导致失重的独立因素。候凝过程中的水泥浆可能存在一个沉降期。在沉降期，水泥浆的静切力既没有增长到使网架结构的悬挂成为失重的主要因素。同时，在这期间，静切力更不足以阻碍浆体在自重作用下流动和变形，以补偿在此期间极其微小的水化体积收缩。因此，沉降期的失重不能用胶凝和胶凝与水化体积收缩综合作用的观点来解释。

沉降失重的本质反映的是水泥浆中固相沉降量的多少，因此沉降失重的速率和大小与固相沉降速率和沉降量是相互对应和一致的。由于水泥浆固相颗粒和结构的沉降速率都是随时间减小的，故沉降失重的速率也是随时间减小的，沉降失重曲线是凹的。而且愈不稳定的水泥浆，颗粒沉降所占比例愈大，固相沉降愈快，特别是候凝初期的固相沉降愈快。因此，候凝初期的沉降失重也就愈快，失重速率随候凝时间的变化愈大，即失重曲线愈凹。反之，结构沉降所占比例愈大，固相沉降愈慢，故沉降失重愈慢，失重速率随候凝时间的变化愈小，即失重曲线愈平缓。如果水泥浆的稳定性足够好，并且静切力增长缓慢，对结构沉降速率影响很小，失重曲线就成为近似的斜直线。绝对稳定的水泥浆没有固相沉降，也就没有沉降失重，失重曲线为水平线。沉降失重与水泥浆稳定性的关系如图3-20所示。

4. 胶凝悬挂失重

水泥浆胶凝过程中会发生各种复杂的物理化学变化，体系逐渐形成空间网架结构，浆液与套管壁和井壁形成一定强度的连接，并随之出现失重。国内外在水泥浆胶凝失重研究方面提出了多种解释，如沉降失重、沉降—胶凝失重、水化体积收缩—胶凝失重及水泥浆网架结构悬挂胶凝失重等，其中水泥浆胶凝悬挂失重机理已为国内外固井界普遍接受。该机理认为，水泥浆顶替就位后，会在其内部迅速形成一种具有一定强度的、与地层和套管表面搭接的空间网架结构。同时，由于水泥浆失水和水化体积收缩，水泥浆柱在自身质量

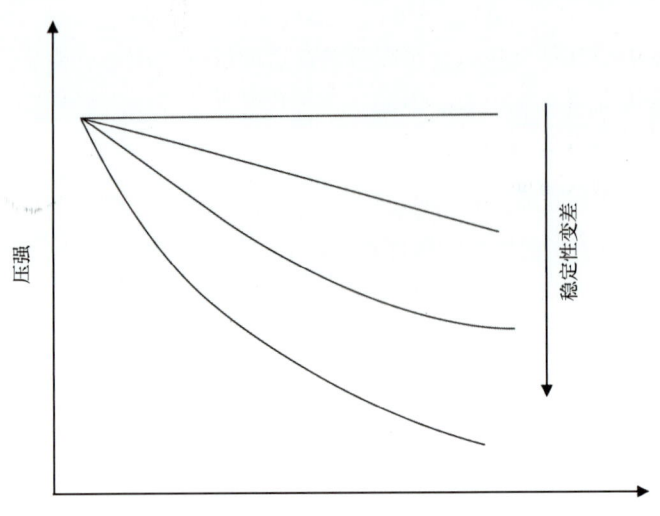

图 3-20 沉降失重与水泥浆稳定性的关系曲线

和上部浆柱压力的作用下有向下回落的趋势,二者联合作用,形成水泥浆整体胶凝悬挂失重效应,使部分水泥浆柱质量被悬挂在地层和套管表面上,致使水泥浆有效浆柱压力降低,水泥浆发生失重。水泥浆胶凝强度越大,网架结构的悬挂能力越强,被悬挂的水泥浆柱质量越多,水泥浆有效浆柱压力越低。因此,水泥浆凝结过程的进行、水泥浆胶凝强度的增加,水泥浆有效浆柱压力不断降低。

三、水泥浆失重特点及主要影响因素

完整的水泥浆失重曲线应为三段式(图 3-21):首先,水泥浆导入井筒不再流动,形成触变或胶凝结构,开始水泥浆快速失重阶段;随后,水泥水化进入诱导期,失重现象不再明显,压力保持平稳;最后,当诱导期结束,水泥浆开始快速水化,直至降至清水浆柱压力,继而彻底稠化、凝结,封闭井筒。

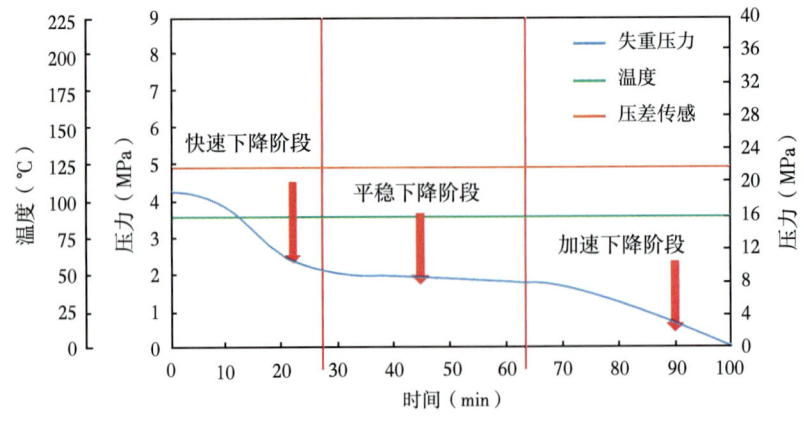

图 3-21 典型的水泥浆失重曲线

不同水泥浆体系其失重曲线区别很大，曲线形式多种多样，如图 3-22 至图 3-27 所示。如水泥浆体系中添加剂变化后，水泥浆的失重曲线变化很大；但是，同一水泥浆体系在不同位置处的失重曲线差别不大。因此，在用数学模型描述水泥浆失重时，不可能使用固定的一种数学模型来表述。

通过对实验得到的失重曲线图分析发现，水泥浆液柱压力下降到等高水柱压力之前，约 85% 的压降曲线呈两段式下降。其中，25% 的两段式压降曲线斜率变化剧烈，水泥浆在前期快速失重至等高水柱压力附近后，压降逐渐平缓，如图 3-22 所示。60% 的两段式压降曲线斜率变化相对平缓，逐渐降低至等高水柱压力，如图 3-23 所示。此外，约 10% 的压降曲线呈现三段下降，典型曲线图 3-24 所示。

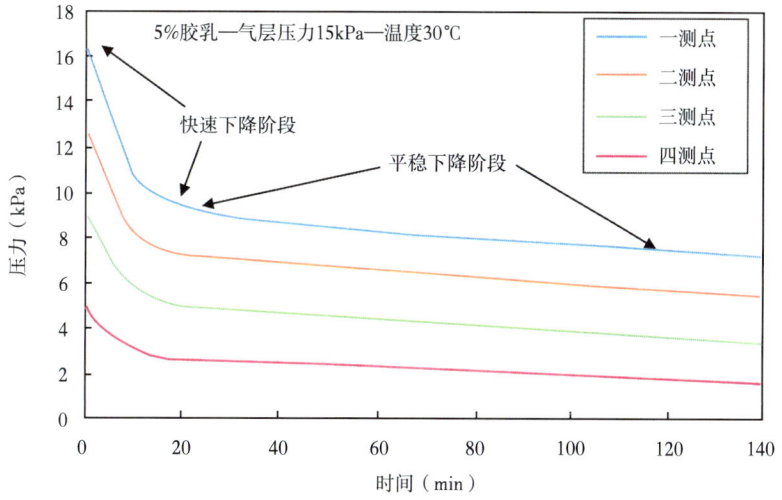

图 3-22 斜率变化显著的典型两段式失重曲线（约占总数的 25%）

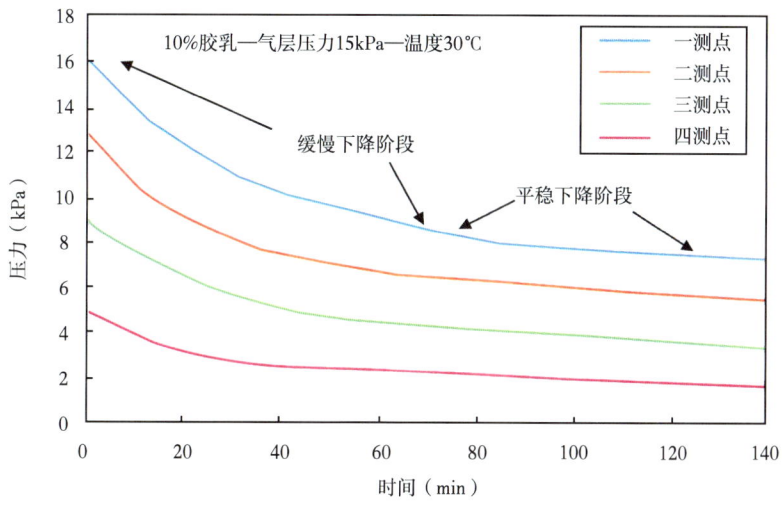

图 3-23 斜率变化缓慢的典型两段式失重曲线（约占总数的 60%）

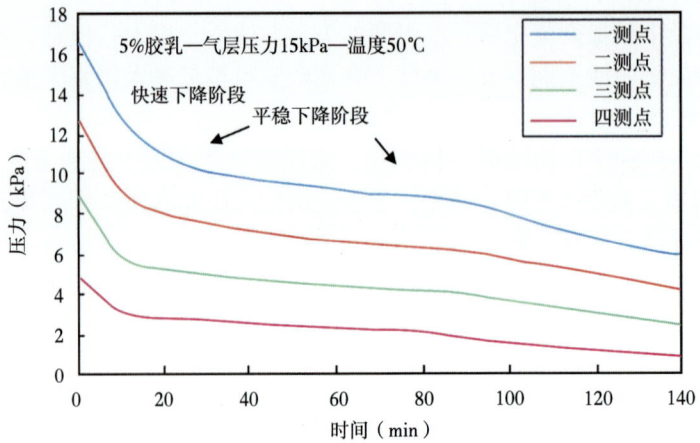

图 3-24 典型三段式失重曲线（约占总数的 10%）

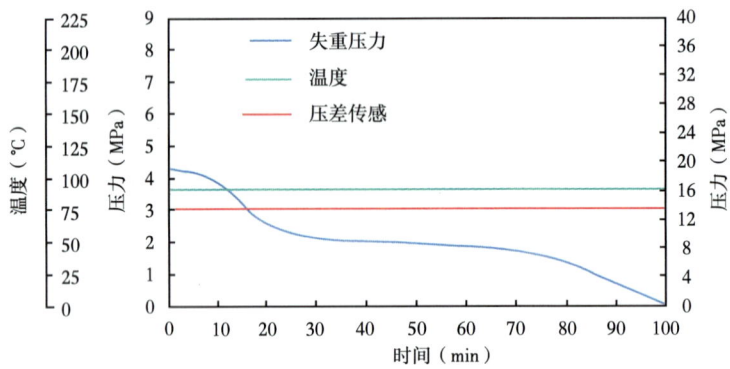

图 3-25 微膨胀水泥浆的失重曲线（80℃，W/C=0.44）

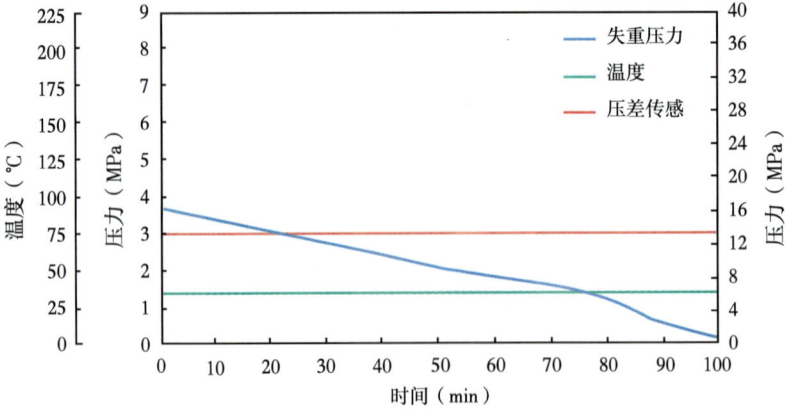

图 3-26 微膨胀非渗透水泥浆的失重曲线（30℃，W/C=0.44）

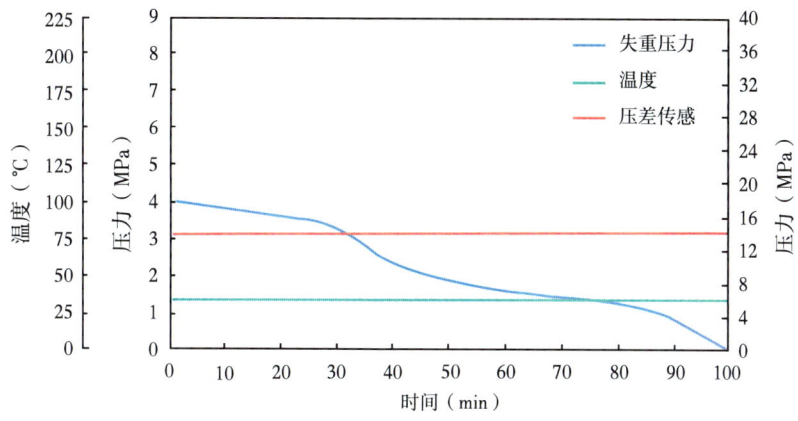

图 3-27　不渗透水泥浆的失重曲线（30℃，W/C=0.44）

四、水泥浆失重数学模型

1. 胶凝悬挂失重

根据悬挂水泥浆柱的胶凝强度与压差的平衡关系，可以得到水泥浆在不同时刻胶凝强度所对应的失重：

$$p_{lx} = \frac{4 \times 10^{-4} \tau_{sgx} L_c}{D_H - D_P} \qquad (3-123)$$

此时作用在井下的液柱压力为：

$$p_{lex} = 0.00981 \rho_c L_c - \frac{4 \times 10^{-4} \tau_{sgx} L_c}{D_H - D_P} \qquad (3-124)$$

由于水泥浆失重后，浆柱压力的最小值为水柱压力，所以水泥浆失重的最大值为：

$$p_{lmax} = 0.00981(\rho_c - \rho_w)L_c \qquad (3-125)$$

式中　p_{lx}——水泥浆在不同时刻胶凝强度所对应的失重值，MPa；

　　　p_{lex}——不同时刻作用在井下液柱压力，MPa；

　　　p_{lmax}——水泥浆失重的最大值，MPa；

　　　L_c——水泥浆的封固长度，m；

　　　τ_{sgx}——水泥浆某时刻的胶凝强度，MPa；

　　　D_H——井眼直径，cm；

　　　D_P——套管外径，cm；

　　　ρ_c——水泥浆密度，g/cm³；

　　　ρ_w——水的密度，g/cm³。

2. 体积收缩引起的失重

水泥浆在不同时刻的收缩大小和压缩系数是变化的，由此可以得到水泥浆在相应时刻的失重值：

$$\begin{cases} p'_{lx} = \dfrac{\Delta V_{Hyx} + \Delta V_{Flx}}{C_F} \\ \Delta V_{Hyx} = \dfrac{\pi}{4}(D_H^2 - D_P^2)(S_{hx})L_c \\ \Delta V_{Flx} = \pi D_H \times v_x \times t_x \times L_c \end{cases} \quad (3-126)$$

式中 p'_{lx}——水泥浆在相应某时刻水化和失水引起的总体积收缩值，MPa；

ΔV_{Hyx}——水泥浆某时刻水化引起的总体积收缩值，m^3；

ΔV_{Flx}——水泥浆某时刻失水引起的体积收缩值，m^3；

S_{hx}——水泥浆某时刻水化引起的总收缩率，%；

v_x——按 API 标准测量有滤饼时的水泥浆平均流速，m/min；

t_x——水泥浆凝固某时刻的时间，min；

C_F——水泥浆的压缩系数，为 $2.6 \times 10^{-2} m^3/MPa$。

五、水泥浆初凝阶段井筒压力分布

由于在理论计算中必须考虑同一种水泥浆在顶端和底端初凝时间的差异，使用不方便。为此，不考虑在注替过程中各种水泥浆在顶端和底端的初凝时间的变化，而是采用水泥浆柱降至水柱压力的时间和失重速率变化。

（1）水泥浆柱降至水柱压力的时间为 t_W 时：

$$t_w = ct_{es} \quad (3-127)$$

① 当 $t_{es} > 240$　　　　　$c = 0.6$

② 当 $180 < t_{es} \leqslant 240$　　　$c = 0.7$

③ 当 $t_{es} \leqslant 180$　　　　　$c = 0.8$

式中 t_{es}——水泥浆初凝时间，min。

（2）各种水泥浆柱失重至水柱压力的失重速率：

$$G_{PN} = 9.81 \times 10^{-3} \dfrac{\rho_{cN} - 1}{t_{WN}} h_{cN} \quad (3-128)$$

式中 G_{PN}（$N=1, 2, 3$）——分别表示领浆、中间浆、尾浆降至水柱压力的失重速率，MPa/min；

t_{WN}（$N=1, 2, 3$）——分别表示领浆、中间浆、尾浆失重至水柱压力的时间，min；

ρ_{cN}（$N=1, 2, 3$）——分别表示领浆、中间浆、尾浆的密度，g/cm^3；

h_{cN}（$N=1, 2, 3$）——分别表示领浆、中间浆、尾浆在环空中的液柱长度，m。

（3）关注层位的压力计算。

假设 $t_{w1} < t_{w2} < t_{w3}$

① 当候凝时间 $t_h < t_{w1}$，关注层位的压力为：

$$p(h, t) = 0.00981[h_{c1}\rho_{c1} + h_{c2}\rho_{c2} + (h_{c3} - H + h)\rho_{c3}] - \sum_{N=1}^{3} G_{PN} + 0.00981 \sum_{j=1}^{m} \rho_j h_j$$

$$(3-129)$$

② 当候凝时间 $t_{w1}<t_h<t_{w2}$ 关注层位的压力为：

$$p(h,t) = 0.00981[h_{c1}\rho_w + h_{c2}\rho_{c2} + (h_{c3} - H + h)\rho_{c3}] - \sum_{N=2}^{3}G_{PN} + 0.00981\sum_{j=1}^{m}\rho_j h_j$$
(3-130)

③ 当候凝时间 $t_{w2}<t_h<t_{w3}$ 关注层位的压力为：

$$p(h,t) = 0.00981[h_{c1}\rho_w + h_{c2}\rho_{c2} + (h_{c3} - H + h)\rho_{c3}] - G_{P3}t + 0.00981\sum_{j=1}^{m}\rho_j h_j$$
(3-131)

④ 当候凝时间 $t_h>t_{w3}$ 关注层位的压力为：

$$p(h,t) = 0.00981\rho_w(h - \sum_{j=1}^{m}h_j) + 0.00981\sum_{j=1}^{m}\rho_j h_j$$
(3-132)

式中　$p(h,t)$——水泥浆初凝阶段任意井深处的有效压力，MPa；

H——井深，m；

h_j——水泥浆柱顶部的高度，m；

ρ_j——水泥浆柱顶部的浆柱的密度，g/cm^3；

t——所要求解量对应的某一时刻，min；

$h_{c1,2,3}$——分别表示领浆、中间浆、尾浆的高度，m。

第五节　候凝期间气窜预测方法

精细控压压力平衡法固井降低了钻井液和水泥浆的密度，通过井口的回压实现压稳地层。如果遇到深井、超深井水泥浆凝结时间长，固井过程中容易发生气窜。因此，对水泥浆的防气窜能力进行分析就显得特别重要。

一、环空流体压稳系数计算法

环空流体压稳系数计算法引入了压稳系数（G_{ELFL}）的概念，G_{ELFL} 的意义为：水泥浆进入环空间隙后初始液柱压力与由于水泥浆静胶凝强度发展和失水引起的体积收缩造成的水泥浆液柱压力损失的差与地层压力的比值。

应用该方法时应主要考虑的几点：

（1）重点考虑静胶凝强度发展对失重的影响；

（2）只考虑水泥浆在由液态向固态转化过程中失水造成体积收缩对失重的影响，因为水泥浆在液态时失水可以得到有效补充，而当水泥浆固化后，水泥浆已不再失水；

（3）忽略水泥浆化学体积收缩对失重的影响。室内实验表明，水泥浆化学体积收缩主要发生在水泥浆初凝之后，而且，水泥浆化学体积收缩可以通过添加水泥浆膨胀剂克服。

因此，胶凝失水预测系数的计算方法为：

$$G_{ELFL} = \frac{0.00981 \times (\rho_c L_c + \rho_s L_s + \rho_m L_m) - p_{gel} - p'_{lx}}{p_p}$$
(3-133)

式中 L_c、L_s、ρ_m——分别为水泥浆柱、隔离液长度、钻井液液柱长度，m；
p_{gel}——水泥浆静胶凝强度发展引起的失重，MPa；
p'_{lx}——水泥浆失水引起的失重，MPa。

由于水泥浆胶凝发展引起的失重值：

$$p_{gel} = \frac{4 \times 10^{-4} \tau_{sgs} L_c}{D_H - D_P} \tag{3-134}$$

p'_{lx} 的计算如下：

$$p'_{lx} = \frac{\Delta V_{fl}}{C_F} \tag{3-135}$$

式中 ΔV_{fl}——在水泥浆静胶凝强度从 48Pa 到 240Pa 时由于失水造成的水泥浆体积收缩量，m³。

ΔV_{fl} 可用式（3-136）计算：

$$\Delta V_{fl} = A_j \int_{t_{48pa}}^{t_{240pa}} q_t \times d(t) \tag{3-136}$$

式中 t_{48pa}——水泥浆静胶凝强度达 48Pa 的时间，min；
t_{240pa}——水泥浆静胶凝强度达 240Pa 的时间，min；
A_j——井眼在水泥浆裸眼面积，cm²；
q_t——水泥浆在过渡阶段单位面积上的失水速率，mL/(cm²·min)。

如前所述，当水泥浆静胶凝强度增长到大于 240Pa 时就可以有足够的阻力抵抗气体的运移，也就是说水泥浆柱在静胶凝强度达到 240Pa 的压力损失是可能发生气窜期间的最大压力损失，为此式（3-133）变为：

$$G_{ELFL} = \frac{0.01(\rho_c L_c + \rho_S L_S + \rho_m L_m) - \frac{0.096 L_c}{(D_h - D_p)} - \frac{A_j}{C_F}\int_{t_1}^{t_2} q_t \times d(t)}{P_p} \tag{3-137}$$

二、GFP 计算法

GFP 法是由哈里伯顿公司在 1984 年提出的。它应用了水泥浆过渡时间概念，当水泥浆静胶凝强度达到 240Pa 时，水泥浆有足够的强度来阻止气窜，这可能引起水泥浆柱压力的最大压力损失 Δp_{max}。因此，采用 Δp_{max} 与水泥浆顶替到位后井内浆柱的初始过平衡压力（p_{OBP}）来描述气窜的危险性。

$$\begin{cases} G_{FP} = \dfrac{\Delta p_{max}}{p_{OBP}} \\ \Delta p_{max} = \dfrac{4 \times 10^{-2} \tau_{cgs} L_c}{D_H - D_P} \\ p_{OBP} = p_c - p_p = 0.00981 \times (\rho_c L_c + \rho_s L_s + \rho_m L_m - \rho_p L) \end{cases} \tag{3-138}$$

式中　p_c——初始水泥浆柱压力，MPa；

　　　p_p——地层压力，MPa；

　　　ρ_m——钻井液的密度，g/cm³；

　　　ρ_p——地层压力的当量密度，g/cm³；

　　　L——井深，m；

　　　L_m——环空中钻井液长度，m；

　　　L_s——环空中隔离液的长度，m。

三、SPN 计算法

水泥浆防气窜性能如何主要取决于水泥浆在顶替到位后，由液态转化为固态过渡时间的长短以及水泥浆孔隙压力下降速率的大小。其中，水泥浆由液态转化为固态过渡过程一方面可以用水泥浆静胶凝强度发展速率来描述，还可以用稠化过渡时间（稠度变化速率）来描述。水泥浆孔隙压力下降的主要原因是水泥浆向地层失水，为此，水泥浆孔隙压力下降速率的大小可用水泥浆滤失速率来描述。因此，将水泥浆稠化过渡时间与水泥浆滤失速率综合考虑为水泥浆性能系数（SPN），具体表达式为：

$$\begin{cases} S_{PN} = q_{API} A \\ A = 0.1826 \left[\sqrt{t_{100BC}} - \sqrt{t_{30BC}} \right] \end{cases} \tag{3-139}$$

水泥浆 API 失水量越低，稠化时间 t_{100BC} 与 t_{30BC} 的差值越小，即在此稠化时间内阻力变化越大，A 值越小，SPN 也越小，防气窜能力越强。

四、CCGM 计算法

CCGM 计算法是有道威尔·斯伦贝谢公司提出来的，它通过分析世界上各地方 64 口气井的资料，统计出了影响气窜的四个因素，并编成了计算尺来加以使用。这四个因素分别是地层因素（F_F）、液体静压系数（F_H）、水泥浆性能系数（S_{PN}）和动态的钻井液清除系数（F_M）。

剖析斯伦贝谢公司的计算方法，CCGM 的定量表达式如下：

$$CCGM = 15 + \frac{1}{5.2}[-7F_F - 3F_H + 3F_M - 6S_{PN}]$$

$$+ \frac{1}{5.2}\left[\frac{3}{4}(F_F - 5) + \frac{3}{4}(F_H - 6) + \frac{3}{4}(F_M - 5) + 3(S_{PN} - 6)\right] \tag{3-140}$$

式中，只有在 $F_F \geq 5$，$F_H \geq 6$，$F_M \geq 5$，$S_{PN} \geq 6$ 才有效，否则用零来计算。

根据防气窜的基本条件，F_F、F_H、S_{PN}、F_M 取值满足压力平衡关系，即 F_F 计算值为 0.57 时，级别为 8.5；F_H 计算值为 0.87 时，级别为 4；钻井液清除系数选用良好级别 F_M 为 2 时，将有关级别代入式（3-140）中，得到了：

$$CCGM = 3.99 + 1.831 S_{PN} \tag{3-141}$$

所以有：

（1）$0 < S_{PN}$（级别）< 4，$0 < S_{PN}$（数值）< 10　　　　防气窜效果极好；

(2) 4<S_{PN}（级别）<6.5，10<S_{PN}（数值）<21　　防气窜效果中等；
(3) S_{PN}（级别）>6.5，S_{PN}（数值）>21　　防气窜效果差；

该方法虽然简便但是仍要考虑水泥浆的失水量与阻力变化值的影响。

五、水泥浆抗气窜系数法（E_{mig}值）

水泥浆抗气窜系数法认为，水泥浆抗气窜能力与流体侵入压差、测试时刻及初凝时间有关。E_{mig}越大，说明水泥浆体系的抗气窜阻力越大。E_{mig}的大小与静置时间有关，随时间的增长而增大。水泥浆抗气窜系数的计算值如式（3-142）所示：

$$E_{mig} = \Delta p_{mig} \sqrt{\frac{t_{es}}{t}} \tag{3-142}$$

式中　Δp_{mig}——静置 t 时刻测定的气侵压差，kPa；
　　　t——静置时间，min；
　　　t_{es}——水泥浆初凝时间，$t_{es}>t$，min。

六、气窜潜力分析

利用前面所提到的气窜预测方法，本书给出了水泥浆放气窜能力的评价标准。

1. 环空流体压稳系数法的评价标准

(1) $G_{ELFL}<1$，防窜效果差，并且随着 G_{ELFL} 值的减小，发生气窜的可能性就越大。
(2) $G_{ELFL}\geq 1$，防窜效果好，并且随着 G_{ELFL} 值的增大，发生气窜的可能性就越小。

该方法不仅考虑到水泥浆、钻井液密度、水泥浆封固长度、气层压力对防气窜的作用，也考虑了静胶凝强度增长和水泥浆过渡状态失水引起的压力损失对防气窜的影响，包含的现场实际因素比较全。

2. GFP 法的评价标准

(1) G_{FP} 在 1~3 之间，发生环空气窜的潜在可能性小；
(2) G_{FP} 在 3~8 之间，发生环空气窜的潜在可能性为中等；
(3) G_{FP} 大于 8 时，发生环空气窜的潜在可能性大。

该方法的计算参数容易从现场中得到，计算也比较简单。但是局限在于没有考虑到水泥浆失水、体积收缩等水泥浆特性对水泥浆压力损失的影响。为此，它只是一种定性的估计算法。

3. SPN 法的评价标准

(1) 0<S_{PN}≤3　　防气窜效果好；
(2) 3<S_{PN}≤6　　防气窜效果中等；
(3) S_{PN}>6　　防气窜效果差。

4. CCGM 的评价标准

(1) 0≤CCGM≤10，防气窜效果很好；
(2) 10<CCGM<15　　防气窜效果中等；
(3) CCGM≥15　　防气窜效果差。

5. 对于简化 CCGM 法

（1）0<S_{PN}（级别）<4，0<S_{PN}（数值）<10　　防气窜效果极好；
（2）4<S_{PN}（级别）<6.5，10<S_{PN}（数值）<21　　防气窜效果中等；
（3）S_{PN}（级别）>6.5，S_{PN}（数值）>21　　防气窜效果差；

6. E_{mig} 的评价标准

（1）E_{mig}<8　　抗气窜能力弱；
（2）8≤E_{mig}≤16　　抗气窜能力中等；
（3）16<E_{mig}≤32　　抗气窜能力较强；
（4）E_{mig}>32　　抗气窜能力强。

综上，气窜评价方法的标准见表 3-7：

表 3-7　各种气窜系数评价方法的评价标准

模型	参数值	气窜评价
PSF	PSF<1	防窜效果差
	PSF≥1	防窜效果好
GFP	1≤G_{FP}≤3	气窜可能性小
	3<G_{FP}≤8	气窜可能性中等
	G_{FP}>8	气窜可能性大
SPN	0≤S_{PN}≤3	防窜效果好
	3<S_{PN}≤6	防窜效果中等
	S_{PN}>6	防窜效果差
CCGM	0≤CCGM≤10	防窜效果好
	10<CCGM<15	防窜效果中等
	CCGM≥15	防窜效果差
E_{mig}	E_{mig}<8	抗气窜能力弱
	8≤E_{mig}≤16	抗气窜能力中等
	16<E_{mig}≤32	抗气窜能力较强
	E_{mig}>32	抗气窜能力强

第四章 精细控压压力平衡法固井装备与施工技术

精细控压压力平衡法固井施工过程主要包括井筒准备、套管下入、水泥浆注替、起钻、候凝等多个阶段,核心技术为不同阶段实时精细控制井口回压,确保整个固井施工过程井底或关注点的静态压稳与动态防漏,其固井装备基本沿用精细控压钻井装备。

第一节 精细控压压力平衡法固井装备

精细控压压力平衡法固井技术适用于窄安全密度窗口等压力敏感性地层,而此类地层钻井时存在喷漏同存等问题。一般情况下,前期钻井均会采用精细控压钻井技术,同时配备专业精细控压设备。因此,固井时可以直接借用钻井所用的精细控压设备。受工程条件、设备的限制,精细控压系统地面设备的安装与一般地面钻井装置大体类似,其主要核心装置包括旋转控制头、精细控压节流管汇与回压泵。精细控压压力平衡法固井地面流程如图4-1所示。

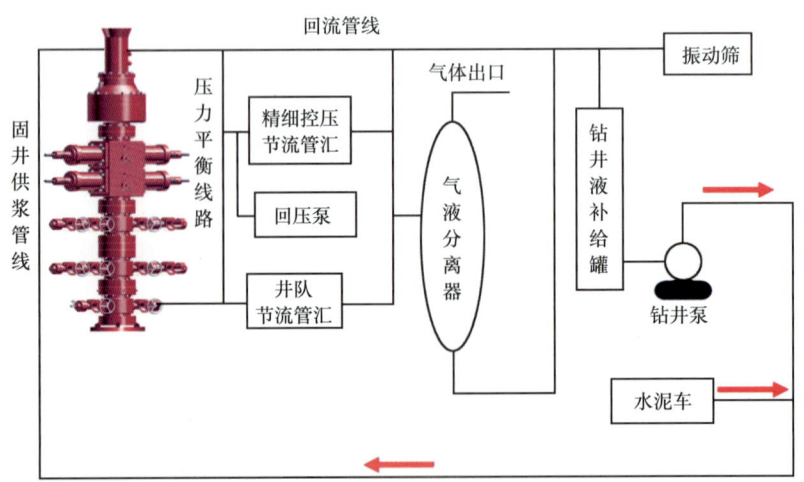

图4-1 精细控压压力平衡法固井地面流程

一、旋转控制头

旋转控制头是精细控压压力平衡法固井技术装备的核心设备之一,又称为旋转防喷器。最初设计的旋转控制头只用于空气钻井,后来发展了用于钻井液、气体钻井和地热钻井的旋转控制头,再后来又发展了用于高压井口边喷边钻(即欠平衡钻井)的旋转控制头,乃至于现在应用于精细控压压力平衡法固井的旋转控制头。

大多数的旋转控制头靠密封胶芯抱紧管柱进行密封，靠传统转盘或者顶驱带动钻杆，钻杆由方补心总成带动旋转总成、密封胶芯和转动套，达到密封胶芯和旋转总成随着钻杆一同旋转，外筒体和壳体相对静止。如果欠平衡钻井由顶部驱动，此时就不需要用方补心总成来驱动，仅靠密封胶芯和钻杆的摩擦力来驱动旋转总成旋转。旋转控制头胶芯内径要小于井内管柱外径，靠密封胶芯和管柱的过盈配合来达到密封。管柱经过密封胶芯时，胶芯在本身弹性作用下来抱住管柱，起到密封环空的功能。此密封胶芯还有井压助封功能，能进一步提升密封的可靠性。工作中，密封胶芯橡胶磨损与橡胶弹性降低，过盈量在减少。当胶芯不能密封住环空时，需立即换新胶芯。

国外旋转控制头技术发展日趋成熟，品种类型较多，主要有美国 Williams 工具公司的系列旋转控制头、Sea-Tech 公司的旋转控制头、Varco 公司的 Shaffer 旋转控制头及加拿大高山公司推出的膨胀胶囊型旋转控制头。其中美国 Willams 工具公司的 7000 型和 7100 型使用了两个环形胶心，提高了密封的可靠性，属高压旋转控制头，用于井口回压较高的欠平衡钻井。

旋转控制头按胶芯密封方式可分为井压自封式、胶囊膨胀式、井压自封式和压缩密封组合式，现中国国内以美国 Williams（威廉姆斯）工具公司开发的井压自封式旋转控制头应用最广。该类型旋转控制头通常由三大部分组成，分别是胶芯密封总成、旋转总成及壳体总成，如图 4-2 所示。

1. 胶芯密封总成

精细控压压力平衡法固井过程中，闸板防喷器一般都处在打开状态，只有控制头密封胶芯和驱动器与固井管柱有接触。胶芯与固井管柱通过过盈配合来完成封闭井口的过程。控制头要受因为井架和井眼中心偏斜而造成的侧向力。轴承布置情况要求满足钻井过程中控制头的受力情况。径向轴承起到扶正作用，应该具有调心功能，尽量使井架

图 4-2 旋转控制头示意图

中心、井眼中心和旋转总成中心在同一条直线上，这样可以延长旋转控制头的使用寿命。推力轴承所受载荷主要包括固井管柱与密封胶芯的摩擦力和上返钻井液产生的轴向力。

2. 旋转总成

轴承、动密封与内筒均需安装在其内部，它们的装卸简便是首要问题。动密封组件从内筒下端安装在指定位置，拆卸、维修与更换方便。需要在总成内部开设液压油通道来完成对高压旋转控制头的润滑与冷却，把润滑与冷却统一起来，由高压泵驱动高压液压油在开设的油通道内循环，达到冷却与润滑的目的。密封胶芯液压油胶囊由控制系统对液压站实现控制，在总成内部有密封胶囊液压油管路。

3. 壳体总成

壳体总成主要包括底部壳体和卡箍。壳体外形不规则，需要进行铸造，为铸件。高压旋转控制头对壳体有强度要求，所以首先要考虑壳体壁厚能否满足要求。此外，上返的钻井液与岩屑颗粒将会破坏壳体内部，侧开口与壳体相贯部位将会产生集中力，该处的强度基本上决定着壳体的使用寿命。

二、自动节流管汇

在进行精细控压压力平衡法固井时,自动节流控制系统从数据采集系统接收来自电控系统的控制参数,将其计算判断后形成控制指令并执行。执行时,自动控制系统不断监测被控参数,当被控参数达到目标值后,停止自动控制并重新开始接收数据。这种闭环控制能够及时、有效、精确地实现对井底环空压力的控制,从而满足精细控压压力平衡法固井的要求。

自动节流管汇是精细控压压力平衡法固井系统的直接控压执行机构,液压控制柜内有上位PLC(可编程控制器)执行电路及电磁阀。电磁阀接收来自电控系统的工作指令,液压控制柜接收来自电控系统PLC的控制信号,将控制信号转换为推动液动平板阀液缸动作的液压信号,实现电信号变量转换为节流阀开度变量,达到节流调节施加井口回压的目的。

自动节流控制系统采用可编程逻辑控制器(PLC)为控制器,液压系统为执行器,其实现的功能如下:

(1)实时采集并向数据采集系统发送套管压力等参数,同时接收工况、目标套压、入口钻井液流量等参数;

(2)根据决策分析系统的参数判断是否需要进行控制套压,如果需要则发出控制信号调整节流阀开度,使套压达到控制要求;

(3)根据固井工艺流程的转换,可自由切换各个节流阀的控制模式,以便能够在不同的固井工况条件下实现井底环空压力的精确控制。

自动节流管汇(图4-3)主要由2只通径为 $4\tfrac{1}{16}$ in 液控节流阀(AJ1、AJ2)、1只通径

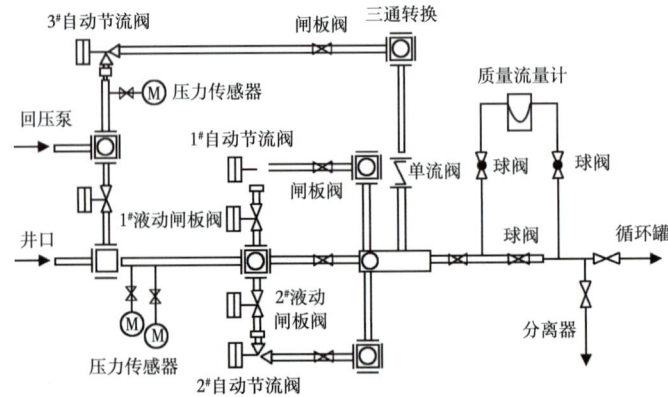

图4-3 自动节流管汇连接流程与实物外观

为 2$\frac{1}{16}$in 液控节流阀（AJ3）、2 只 4$\frac{1}{16}$in 液控平板阀（AZ1、AZ2）、1 只 2$\frac{1}{16}$in 液控平板阀（AZ3）、液压控制柜、液控阀、液压控制柜连接管线、压力采集单元、阀位显示单元与质量流量计等构成。

该系统对于井底压力的控制，最终是通过自动调节地面节流控制管汇系统液动控制节流阀（AJ1、AJ2、AJ3）的开度，节流控制井口回压达到控制井底压力的目的。而钻进、停泵、开泵、接单根、起下套管等各种工况下的工艺流程衔接转换，则需要通过相关液动闸板阀（AZ1、AZ2、AZ3）开关状态的转换来实现。因此，自动节流控制的关键在于对节流阀开度的自动控制。本系统中液动节流阀（AJ1、AJ2、AJ3）均采用孔板节流阀，如图 4-4 所示。

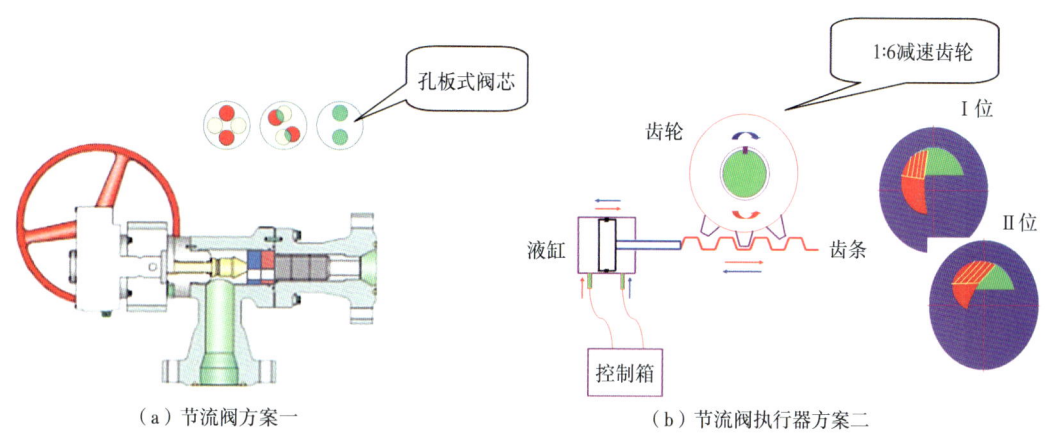

（a）节流阀方案一　　　　　　　　　　（b）节流阀执行器方案二

图 4-4　液动节流阀控制方案示意

孔板式节流阀阀芯由两块阀板组成，一块阀板固定在阀体内，另一块阀板与执行机构相连。两块阀板上均加工有两个通孔，通过与执行机构相连阀板的相对旋转运动，则两块阀板之间的通孔构成不同的节流阀开度。

本系统中自动节流阀、闸板阀的控制方式采用液压方式，动力系统的设计，如图 4-5 所示。

节流阀液压自动控制原理：理论状态下，特定性能的钻井液以特定流量流过节流阀时，节流阀的开度与阀前的节流压力有一对应关系，且节流阀的开度与节流阀执行机构和节流阀阀板相连的轴所旋转的角度相对应；节流控制管汇中节流阀自带角位移传感器及阀前压力传感器，可为电控系统提供阀的开度及阀前压力反馈信号（图 4-6）。

PLC 电控系统自动比较当前的实际压力及来自决策分析系统的目标压力（图 4-7）。如果实际压力小于目标压力，则液动"关"路电磁阀打开，"关"路液缸进液，节流阀关，节流回压增加。当系统接收到的开度、压力反馈信号达到目标压力，则自动关闭相应电磁阀，自动调节节流阀动作完成。实际压力大于目标压力时的自动调节过程与此类似。

"三通道自动节流管汇"主要由反馈节流阀、液压系统、传感器系统、三通道自动节流管汇控制仪四部分组成。

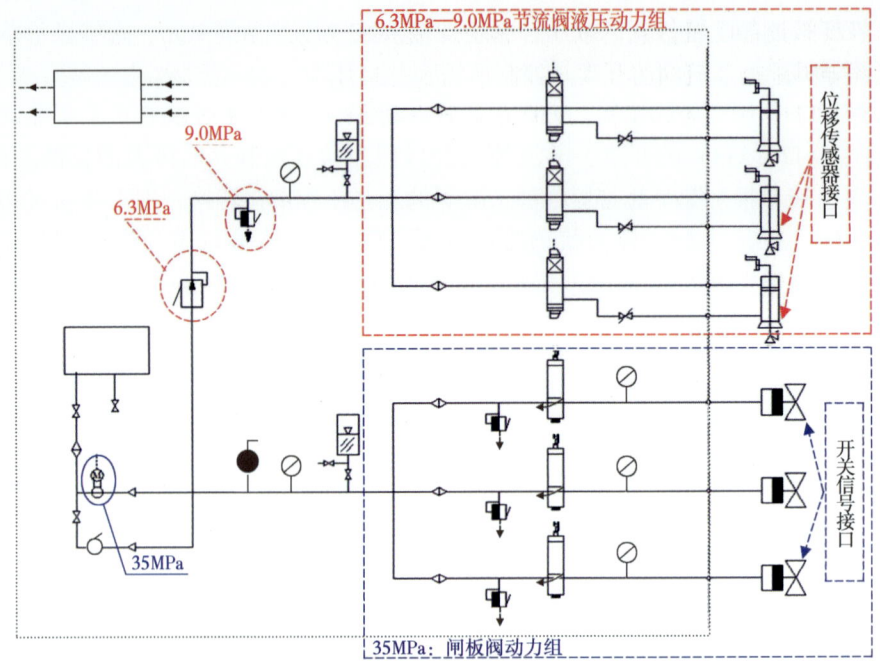

图 4-5 液动节流阀、闸板阀动力系统

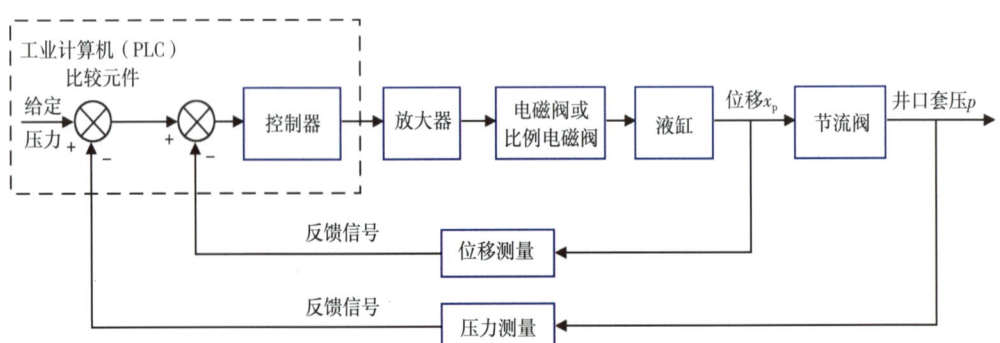

图 4-6 液动节流阀闭环自动控制方案（a）

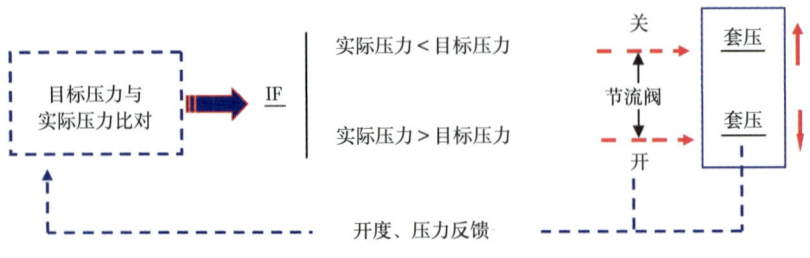

图 4-7 液动节流阀闭环自动控制方案（b）

1. 反馈节流阀

反馈节流阀具备反馈信息的功能，能把节流阀开度及液缸所处的位置反馈给控制部分，控制部分再根据节流阀的开度来控制所需要井口压力，它与控制机构形成一个闭环控制，可提高井口压力的控制精度。反馈节流阀外观结构如图4-8所示。

图4-8 反馈节流阀

2. 液压系统

液压系统用于控制自动节流管汇的节流阀开度，系统压力可达10MPa，液压系统外观结构如图4-9所示。

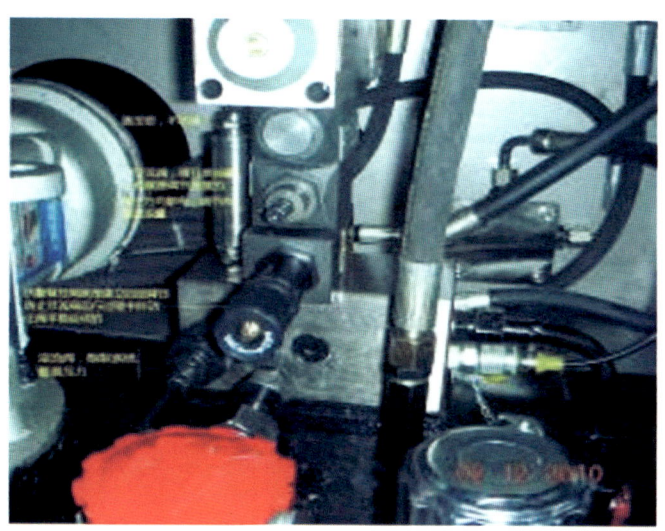

图4-9 液压系统

3. 传感器系统

传感器系统可实时测量套压变化，用于指导控制部分对节流阀开度的控制。本套传感器系统，采用的是双传感器与压力表结合的方式，既保障了采集数据的可靠，也方便了操作人员观察压力的变化，传感器系统外观结构如图4-10所示。

图 4-10　传感器系统

4. 三通道自动节流管汇控制仪

三通道自动节流管汇控制仪是整套系统的核心，主要用于自动节流阀开关控制、井口压力压力设定以及对采集参数的处理与保存。三通道自动节流管汇控制仪外观结构如图 4-11 所示。

图 4-11　三通道自动节流管汇控制仪

液控节流阀主要特征参数如下所示。

（1）流量：0~60L/s。

（2）循环介质：钻井液（密度范围为1.0~2.4g/cm³）。

（3）节流压差：0~12MPa。

（4）压力级别：35MPa。

（5）节流压力精度：$\Delta p = 0.1$MPa（排量为20L/s，密度为1.07g/cm³）。

三、回压补偿泵

为了实现精细控压压力平衡法固井全过程对井底压力的连续稳定控制状态，在钻井泵、水泥车停止过程中及停稳期间，环空循环压耗会随着排量的减小逐渐减小，此时需要回压补偿泵持续向井筒内注入钻井液，并结合自动节流管汇实现井口回压的调节控制，以维持整个固井过程中井底压力的连续稳定控制。

中国石油西南油气田分公司现采用的回压补偿系统自带动力，不需要井场提供动力，适用于各种钻机。回压补偿泵系统包括柴油发动机、4700 OFS变速箱、ZDY280减速机、THE钻井泵（三缸单作用柱塞泵）四大主要部件。回压补偿泵的工艺流程图及平面布局图如图4-12、图4-13所示，钻井液罐存装置储有足够的钻井液，首先灌注泵将钻井液从钻井液罐中吸出经过灌注泵（离心泵），将钻井液灌注进柱塞式钻井液泵，柱塞式钻井液

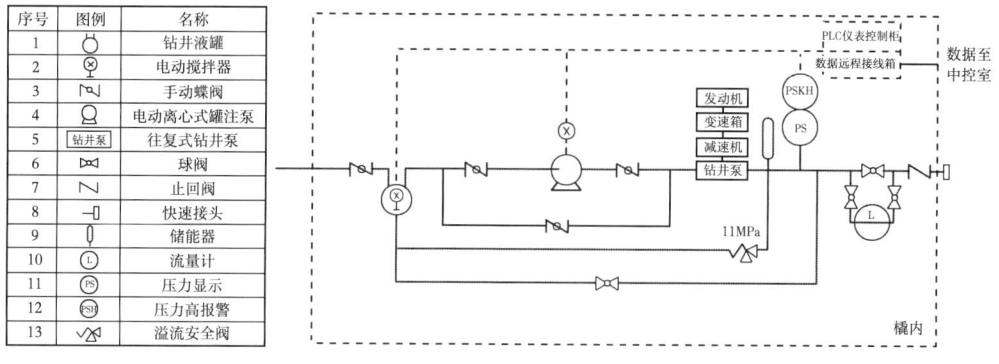

图4-12 回压补偿泵系统工艺流程图

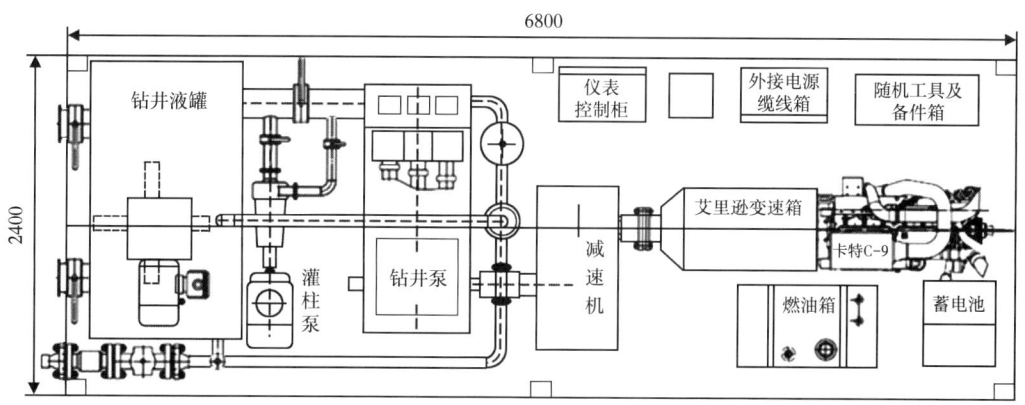

图4-13 回压补偿泵平面布局图

泵把钻井液增压后经高压管汇注入井筒。灌注泵采用电动机驱动，柱塞泵采用卡特柴油发动机驱动，系统采用空气冷却方式对空气、循环水、变速箱润滑油进行冷却。

四、数据监测与处理系统

精细控压压力平衡法固井数据监测系统的主要功能是对流体密度、施工排量、施工泵压等参数进行实时采集、监测。录井行业对综合录井仪硬件和软件没有相应的接口标准，综合录井仪类型及所配套的软件多种多样，数据接口也是由生产厂商自行定义。在中国石油西南油气田分公司现应用的综合录井仪类型主要包括：SK2000 型综合录井仪、CMS 型综合录井仪、雪狼综合录井仪、ALSII 综合录井仪和 DLS 综合录井仪。这些录井仪所用的软件都是由各生产厂商自己开发的，因此，不同类型的录井仪，其数据接口都不一样。要获取这些录井仪的数据，就必须对各种录井仪的数据接口进行解剖和分析，然后开发一套软件对录井仪数据进行处理，只需要从录井数据截取软件在综合录井仪器房的网络上实时截取相关数据即可，达到方便快捷获取数据以满足控压钻井的需要。

目前用于精细控压压力平衡法固井的数据监测与处理系统为开发的录井数据采集系统，包括数据前处理、实时数据采集、数据后处理三个部分。

1. 数据前处理

该软件的前处理主要是系统配置，包括录井服务器设置和存盘参数设置。

1）录井服务器设置

（1）服务器配置。

地址：填写录井主机 IP。

端口：填写与录井仪器相对应的端口编号。

本地端口：与"端口"一致。

（2）仪器型号：即录井队使用的数据采集仪器型号。国内一般有三种：SK2000 型综合录井仪对应端口 5000，CMS 型综合录井仪对应端口 44444，雪狼型综合录井仪对应端口 4696。

2）存盘参数设置

存盘参数设置即对本井基本数据及本井需要采集参数的比率进行设置，如图 4-14 所示。

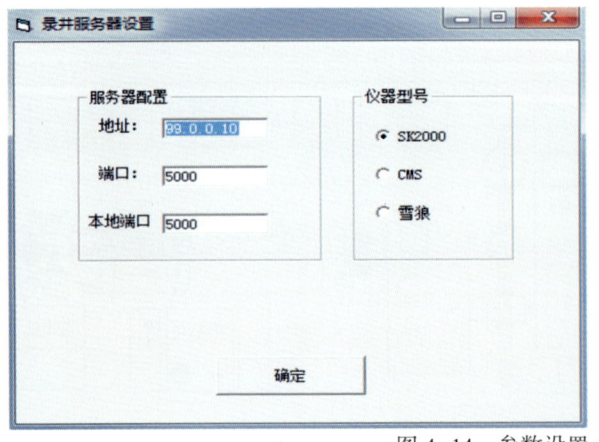 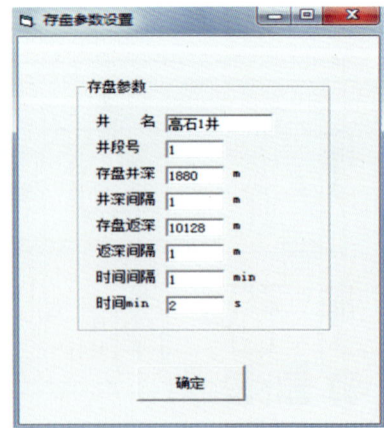

图 4-14　参数设置

3）数据保存

通过软件监测的数据会保存在"C：\Program Files \ *** \DB"文件夹中，文件格式是".bin"。

2. 实时数据采集

其主要功能是能对井深、立压、套压、钻井液密度、流量等161个参数进行实时监测，最快2s可以记录一个点。软件界面可以实时显示15个参数，可以实时描述12个参数变化曲线，如图4-15所示。

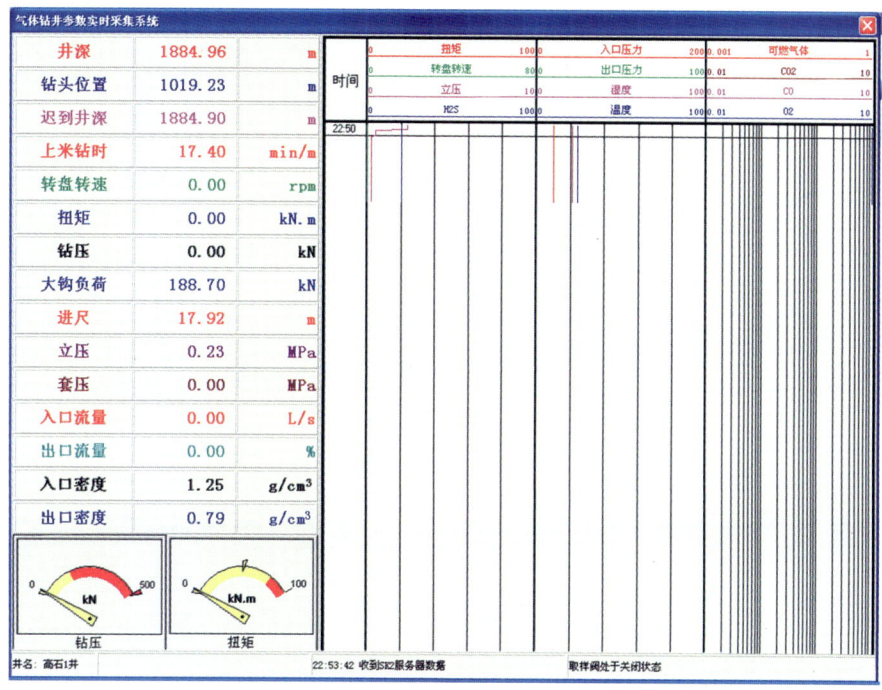

图4-15　软件工作界面

需要在文本框里显示相应的参数时，只需双击文本框，并在出现的对话框里选择所需要监测的参数即可，如图4-16所示。

同样，如果需要显示所需监测参数变化曲线，只需双击对应的文本框，然后选择所需要监测的参数，并进行数值设置与曲线类别设置即可，如图4-17所示。

1）立管压力传感器

立管压力传感器如图4-18所示，其技术指标如下。

（1）量程：0~40MPa。

（2）工作电压：24V（DC）。

（3）输出信号：4~20mA（信号）。

（4）工作温度：-40~+85℃。

（5）防爆标志：Exia Ⅱ BT4。

（6）精度：0.1%。

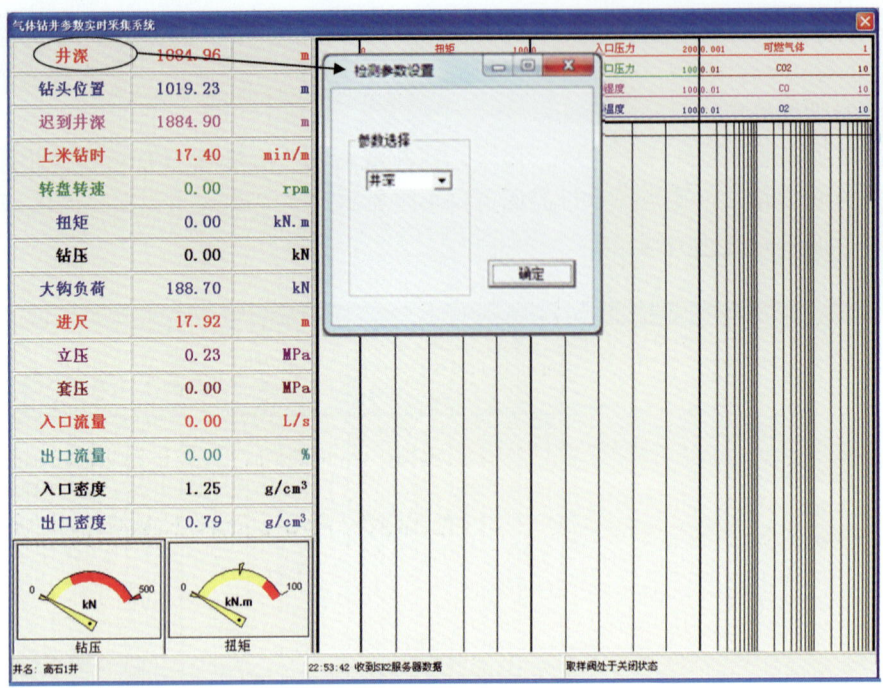

图 4-16 软件配置界面

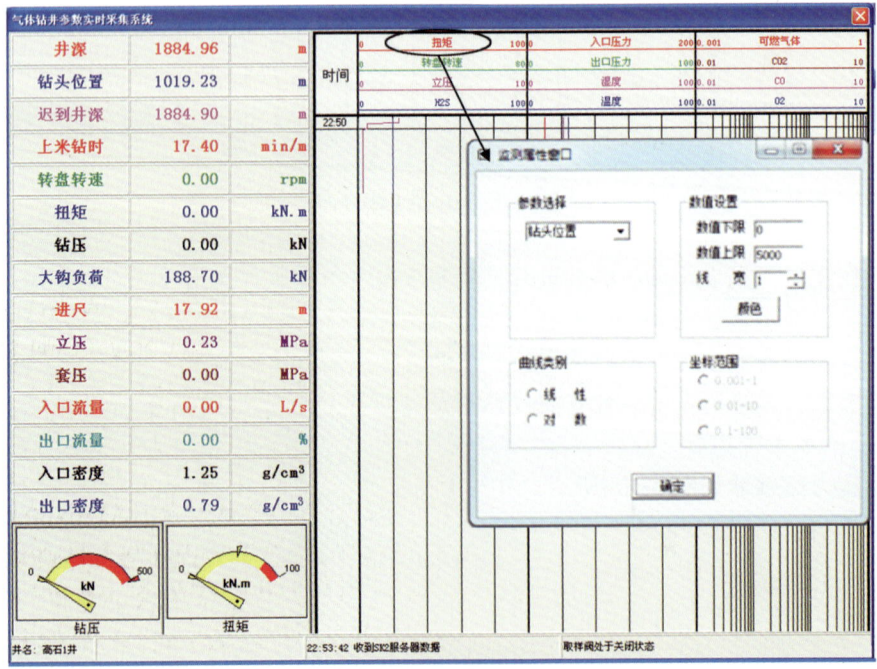

图 4-17 软件配置界面

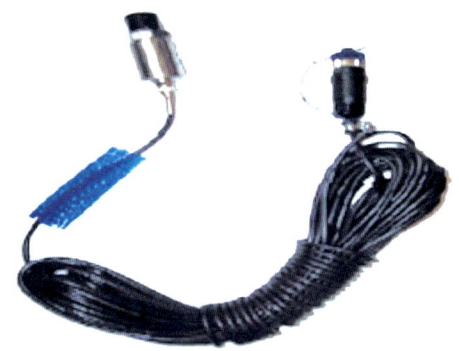

图 4-18　立管压力传感器

2）入口/出口密度传感器

入口/出口密度传感器用于测量钻井液入口、出口的密度，其技术指标如下。

（1）测量范围：0. 9~2. 5g/cm^3。

（2）测量精度：0. 5%F. S。

（3）电源电压：24VDC。

（4）输出信号：4~20mA。

（5）分辩率：0. 01g/cm^3。

（6）温度适应范围：0~70℃。

3. 数据后处理

1）数据维护

数据维护是对所采集的数据进行维护处理，主要是查询和编辑。数据维护界面如图 4-19 所示。

数据库维护窗口

标志	日期时间	井深	钻头位置	迟到井深	钻时	悬重	钻压	转速	扭矩	立压	H2S(Q)	O2(
0	2008-1-10 9:51:47	1	755.8	1423.59	28.9	134.9	0	0	0	0	20	
0	2008-1-10 20:08:44	1424.01	1424.01	1423.8	26.9	375.3	0	3	0	1.9	0	
0	2008-1-10 20:27:37	1425.01	1425.01	1424.9	18.9	271.4	43.2	58	0	1.9	0	
0	2008-1-10 20:38:18	1426.01	1426.01	1425.95	10.6	319.3	48.7	58	0	1.6	0	
0	2008-1-10 20:49:48	1427.01	1427.01	1426.94	11.5	319	46.7	58	0	1.6	0	
0	2008-1-10 21:02:32	1428.01	1428.01	1427.97	12.7	317.8	56.2	58	0	2	0	
0	2008-1-10 21:19:26	1429.01	1429.01	1428.97	17	317.3	54.4	58	0	2	0	
0	2008-1-10 21:35:40	1430.01	1430.01	1429.97	16.2	316.6	52.8	57	0	2	0	
0	2008-1-10 21:52:18	1431.01	1431.01	1430.97	16.6	318	49.1	58	0	1.9	0	
0	2008-1-10 22:32:33	1432.01	1432.01	1431.97	21	318	65	58	0	1.9	0	
0	2008-1-10 22:47:29	1433.01	1433.01	1432.96	14.9	317.8	62.9	58	0	1.9	0	
0	2008-1-10 23:01:37	1434.01	1434.01	1433.95	14.1	314.6	63.8	57	0	1.9	0	
0	2008-1-10 23:14:31	1435.01	1435.01	1434.98	12.9	318.2	57.9	57	0	1.9	0	
0	2008-1-10 23:36:45	1436.01	1436.01	1435.98	22.2	314.3	59.5	58	0	1.9	0	
0	2008-1-10 23:50:53	1437.01	1437.01	1436.95	14.1	316.5	55	57	0	1.9	0	
0	2008-1-11 0:07:09	1438.01	1438.01	1437.96	16.2	316.5	52.7	57	0	1.9	0	
0	2008-1-11 0:23:31	1439.01	1439.01	1438.95	16.4	317.8	49.1	58	0	1.9	0	
0	2008-1-11 0:36:37	1440.01	1440.01	1439.96	13.1	316.8	47.9	57	0	1.9	0	
0	2008-1-11 0:55:44	1441.01	1441.01	1440.91	11.1	323	57.6	58	0	1.9	0	
0	2008-1-11 1:06:16	1442.01	1442.01	1441.9	10.6	319.4	58.9	58	0	1.9	0	
0	2008-1-11 1:20:51	1443.01	1443.01	1442.98	14.2	320.8	55.2	58	0	1.9	0	
0	2008-1-11 1:38:53	1444.01	1444.01	1443.96	18.3	317	56.7	58	0	1.9	0	
0	2008-1-11 1:50:49	1445.01	1445.01	1444.94	11.9	317	54.5	57	0	1.9	0	

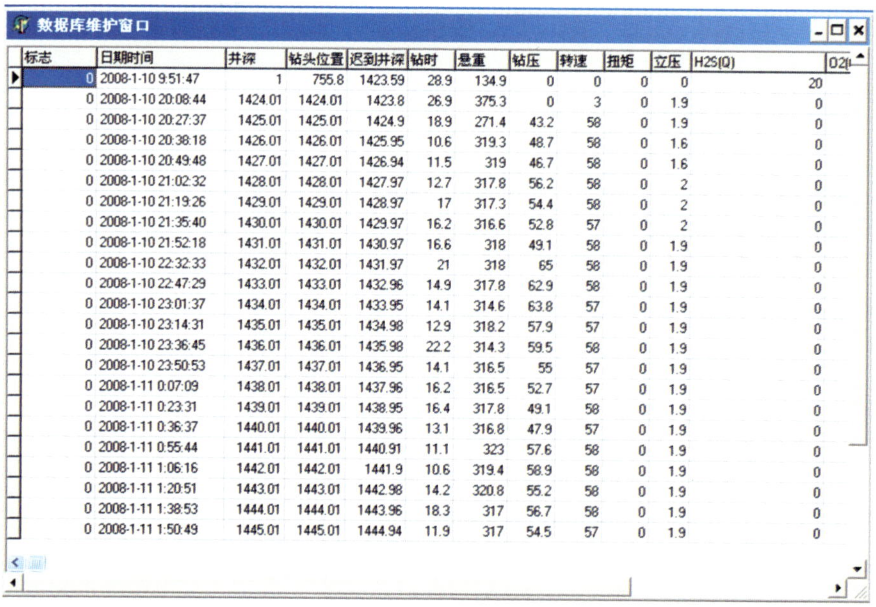

图 4-19　数据维护界面

2) 二进制浏览及数据打印

二进制浏览是对所采集的数据进行浏览与查询，可以通过制定时间条件进行查询，不能对数据进行修改。数据打印则是对需要的参数变化曲线进行打印。

第二节　精细控压压力平衡法固井施工技术

一、井筒准备

1. 地层承压试验

为了便于进行固井设计与施工，防止固井过程中发生井漏，复杂超深井窄安全密度窗口地层钻至设计井深后，基于平衡压力固井原则，在固井前需开展地层动态承压试验，获取地层漏失压力，为固井施工方案的制定及水泥浆体系的设计提供参考依据。地层承压试验按照精细控压压力平衡法固井设计最大循环当量密度模拟结果，采用井内原密度钻井液，折算提高循环排量、井口憋压、提高钻井液密度三种方式进行地层承压能力检验，模拟固井设计注替排量循环，折算关键点位置处动态当量密度，保证环空动态当量密度不小于水泥浆入井时最大环空动态当量密度，从而有效检验裸眼段地层承压能力。若出现漏失，则进行堵漏作业，提高地层的承压能力直至满足固井需求。

2. 固井前钻井液性能调整

固井前，在保证井壁稳定和井眼压力平衡的前提下调整钻井液流变性能或适当降低钻井液密度，以降低井漏风险。钻井液流变性能调整前提是钻井液要形成薄而韧的致密滤饼，钻井液降低一定的黏切不会引起地层垮塌等井下复杂工况发生。降低钻井液密度前提是井底无油气显示且井内无复杂。具体性能调整如下：

（1）下套管前，依靠高流性指数和适当结构强度，清除钻井液中的钻屑，预防下套管遇阻；

（2）下套管后，先小排量顶通，然后逐渐提高排量至施工排量循环，调整钻井液性能，降低钻井液的屈服值，塑性黏度与初、终切力，降低流动摩阻压耗，防止顶替过程中出现因泵压变化导致压漏敏感薄弱地层；

（3）降低钻井液的黏切便于形成流变性级差，改善滤饼质量并消除附着物，为提高顶替效率及二界面胶结质量创造条件；

（4）固井施工前适当降低钻井液密度，减小环空液柱压力，为大排量注替中防止井漏、确保返高创造条件，降低固井施工过程井漏风险。

二、套管下入及动态压力控制

下套管作业除按《下套管作业规程》（SY/T 5412—2016）操作外，还应遵循下列要求。

（1）下套管过程中，应根据井筒内当量密度实际情况进行井口控压，以确保井内流体动当量介于安全密度窗口范围内，实现压稳与防漏。

（2）套管柱下放应缓慢匀速，并严格控制下放速度，主要由环空返速、地层承压能力等参数确定。对于安全密度窗口低于 $0.05g/cm^3$ 的固井，下套管速度应小于 $0.5m/s$。

(3) 套管柱上提下放应平稳。上提高度以刚好打开吊卡为宜，下放坐吊卡时应减少冲击载荷。

(4) 按精细控压固井设计要求降钻井液密度。

①下至上层套管鞋处降低钻井液密度。

(a) 先灌满套管和钻具，再小排量开泵，出口见返后再逐步提高排量到设计要求，循环并逐步降低钻井液密度至固井设计要求。

(b) 在地面循环罐内提前调整钻井液密度至固井设计要求，然后泵入降低密度后的钻井液与井筒内原钻井液进行置换，从而保证快速、高效、准确降低井筒内钻井液密度。

(c) 停泵，并关闭旋转控制头，使用补压装置与精细控压节流管汇控制井口压力至设计要求。

(d) 送套管到井底。

(e) 小排量开泵并逐步提高排量，同时调整精细控压节流管汇阀门开度，降低井口控压值，始终保持井内当量钻井液密度介于固井井段最大地层压力和最小漏失压力之间。

②下至井底降低钻井液密度。

(a) 套管或尾管下到井底后，先灌满钻井液，再小排量循环，出口见返后，逐步提高至固井设计排量。

(b) 按固井设计要求降钻井液密度，并控制井井口压力。在地面循环罐内提前降低钻井液密度，然后泵入井筒与井筒内原钻井液进行置换，从而保证快速、高效、准确降低井筒内钻井液密度。根据井筒实时循环当量密度，确定井口控压值。

(c) 降至设计要求后，控压循环两周以上，并按设计要求调整钻井液性能，进出口密度差小于 $0.02 g/cm^3$。

(d) 采用不同排量进行循环，实测套管柱情况下不同排量与循环压耗及泵压的关系，校正软件模拟结果，为固井施工模拟结果校正提供理论依据。

(5) 井筒后效排尽后按正常尾管悬挂平稳操作座挂，防止冲击载荷导致的井筒漏失。整个控压下套管过程中，要求钻井队与录井队人员连续监测液面，每 5min 记录一次液面，并将变化情况立即报告给控压值班人员。

三、水泥浆注替及动态压力控制

(1) 由现场施工技术负责人做好组织分工，明确各岗位职责、操作要求和注意事项，按控压固井施工设计要求指挥施工。

(2) 施工过程中，按照设计要求及时调整精细控压压力值 p_{ka}，以确保井内静液柱压力 p_{ha}、循环压耗 p_{fa} 及控压值 p_{ka} 三者之和能够满足介于地层孔隙压力与地层破裂压力之间，达到既能压稳地层，又能保证不漏的目的，即：

$$p_p < p_G = p_{ha} + p_{fa} + p_{ka} < p_s$$

式中　p_p——地层孔隙压力，MPa；

　　　p_s——地层破裂压力，MPa；

　　　p_G——井筒压力，MPa。

(3) 固井技术负责人通知开关钻井泵或启停水泥车时，控压操作人员根据精细控压固井设计（地层孔隙压力、循环摩阻）及时调整控压值。

（4）控压值调整过程中，控压操作人员应与开关泵或启停水泥车的操作人员紧密配合。

①停泵或水泥车时，缓慢降低排量，同时控压操作人员逐渐提高井口控压值，直至排量降至0时，控压值达最大，且保持不变。

②开泵或水泥车时，采用低泵冲、小排量启动，逐渐提高排量。与此同时，控压操作人员配合开泵或水泥车的节奏，缓慢降低井口控压值直至稳定不变。

（5）整个固井施工过程，井口控压值必须与设计施工参数相匹配。

（6）冲洗管线、试压及装胶塞阶段井筒内钻井液处于静止状态，因此，井口控压值必须满足：

$$p_p < p_{ka} + p_{ha} < p_s$$

（7）注前隔离液阶段井筒内流体包括钻井液与隔离液，环空全部为钻井液，环空循环压耗均来自钻井液，故井口控压值为：

$$p_{ka} = p_G - p_{ha} - p_{fa}$$

（8）注冲洗液阶段井筒内流体包括钻井液、隔离液与冲洗液，环空全部为钻井液，环空循环压耗均来自钻井液，故井口控压值为：

$$p_{ka} = p_G - p_{ha} - p_{fa}$$

（9）试配水泥浆阶段井筒内流体处于静止状态，且环空全部为钻井液，因此，井口控压值设计为：

$$p_{ka} = p_G - p_{ha}$$

（10）注水泥阶段井筒内流体包括钻井液、隔离液、冲洗液与水泥浆。隔离液未出套管鞋前，环空循环压耗均来自钻井液，若隔离液、冲洗液甚至水泥浆进入环空后，环空循环压耗包括多种流体循环压耗，需分段计算。因此，井口控压值为：

$$p_{ka} = p_G - p_{ha} - p_{fa}$$

（11）开挡销、倒闸门阶段井筒内流体处于静止状态，因此，井口控压值为：

$$p_{ka} = p_G - p_{ha}$$

（12）注压塞液阶段井筒内流体处于运动状态，且环空可能包含多种固井工作流体，故井口控压值为：

$$p_{ka} = p_G - p_{ha} - p_{fa}$$

（13）顶替钻井液阶段井筒内流体处于运动状态，且环空包含多种固井工作流体，故井口控压值为：

$$p_{ka} = p_G - p_{ha} - p_{fa}$$

（14）泄压检查回流、拆水泥头阶段井筒内流体处于静止状态，因此，井口控压值为：

$$p_{ka}=p_G-p_{ha}$$

(15) 对于尾管固井,起送入钻具与正循环洗井阶段,井口控压值为:

$$p_{ka}=p_G-p_{ha}-p_{fa}$$

四、候凝及动态压力控制

(1) 候凝方式宜采憋压候凝,候凝期间应有专人观察井口。

(2) 对于尾管固井,在循环冲洗完多余水泥浆并起钻至要求井深后,灌满钻井液立即关井憋回压。憋压值应大于候凝压稳复核水泥浆失重时所损失的液柱压力值,憋入量小于$1m^3$。

第五章　精细控压压力平衡法固井计算机设计与控制软件应用

第四章节介绍了精细控压压力平衡法固井需设计计算的内容与计算理论，与常规固井设计不同，控压固井设计计算更需要重点计算并模拟分析从下套管过程开始到注水泥的注替过程整个环空循环摩阻 ECD 的变化，并提出环空回压补偿与现场实时控制的方法。同时还需要模拟出候凝期间环空水泥的压力失重规律，提出候凝期间环空压力补偿控制的具体方法。这些内容的设计分析计算都离不开计算机软件的应用。

完整的控压固井系统应由高精度的计算软件系统与高可靠性的数据监测与控制系统组成。如果能在固井前对设计方案的可行性、合理性及实施效果做出评价，在施工过程中对施工参数（流量、浆体密度、注入量和入口压力）和井下注替参数的动态变化进行实时监测，为固井的注替全过程提供监控手段，对可能发生的复杂情况进行监测和提示，再连接上配套的井口压力精细控制装备，就可以大大提高施工过程控制的准确性和固井质量。

因此，有关精细控压压力平衡法固井的软件应解决的关键技术应包括 4 个方面。

(1) 固井注水泥过程管内与环空（流场）流动的准确分析计算。

由于固井过程井下注入多种非牛顿流体，且套管偏心、小间隙、窄环空、井下温度、压力对流动计算的准确性有很大影响，因此，要保证系统后期仿真模拟模型的合理性，必须建立考虑各种影响因素的流动计算模型。

(2) 注水泥过程智能仿真模型的建立。

注水泥过程中由于施工参数（注浆密度、注入排量、施工时间与压力）处于波动变化状态，会造成注替过程井下压力相应产生波动，要做到精细压力控制，必须准确预测模拟这些变化影响。因此，使用施工实时参数建立动态注水泥模拟模型是精细控压压力平衡法固井的一个关键技术。

(3) 注水泥施工实时监测技术与数据应用。

由于固井注水泥施工参数是动态变化的，如何实时掌握这些参数变化，就需要配套或者借助现场注水泥实时监测系统。如何建立现场实时监测系统数据连接方式与平台，也是控压固井技术需考虑问题之一。

(4) 固井注水泥施工参数自动控制模型与技术。

由于施工过程动态变化影响，井筒压力也会动态变化，这样在前面模拟依据地层安全窗口确定环空安全当量密度值后，如何实时反馈到井口压力控制系统，实现井口精细压力控制，便是控压固井最为关键的技术。

第一节　精细控压压力平衡法固井设计软件

控压固井设计软件的关键是计算出设定控压井深位置需要控制的当量密度限制后，设计计算在整个裸眼段均满足安全密度窗口的环空浆柱结构、注水泥排量计划与环空井口控压曲线，并计算出关键井深点在注水泥过程控压前后的环空当量密度。

该软件主要用于控压固井作业前的固井方案设计，根据前面的控压固井理论与方法，其软件应能计算出调整钻井液密度后满足控压固井需求的施工作业方案。

一、控压固井设计

该部分软件功能需要解决环空静压设计和控压方案设计两个方面的计算问题。

1. 环空静压设计

通过分析井筒的安全密度窗口，设计合理的环空流体结构，如冲洗液和隔离液组成、水泥浆领浆与尾浆组成，然后考虑控压固井后可降静压范围，设计出各种流体的密度分布，使环空流体的密度分布既满足封隔地层要求，又满足提高顶替效率的要求，形成钻井液、隔离液、水泥浆的密度梯度设计。同时，环空整体的静当量密度处于低于地层孔隙压力时，需要通过控压来保证环空静压压力达到平衡。

使用计算机软件，可以有效地分析密度与环空流体结构调整后环空压力平衡，保证设计的浆柱结构满足控压固井需要。环空流体结构与密度组合设计如图 5-1 所示。

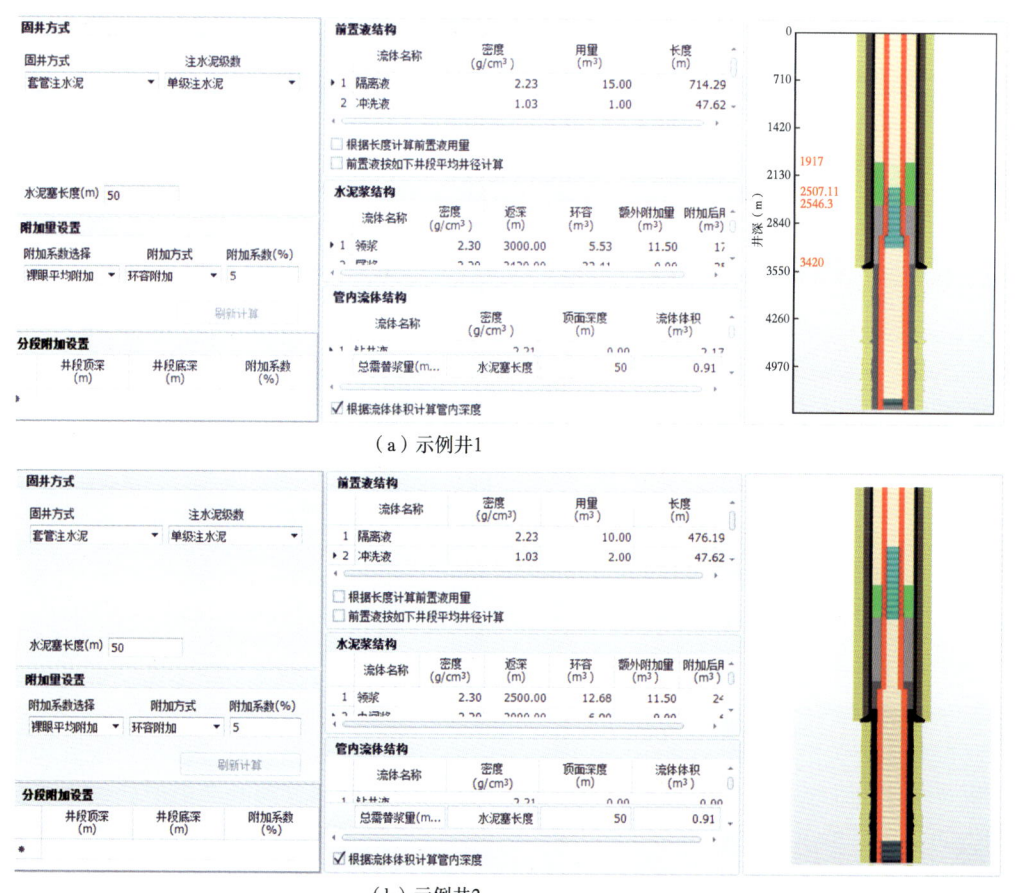

（a）示例井1

（b）示例井2

图 5-1　环空流体结构与密度组合设计

图 5-1 中间上中下三个表格中分别为隔离液流体组合、水泥浆浆柱组合与管内顶替流体的组合。通过调整个流体的液面或者用量，设置各流体的密度，便可形成注水泥作业时的流体结构方案。图 5-1 中右边的井筒示意图通过不同颜色显示了各流体的液面位置，红色为井筒内管柱。构成了流体结构后，通过软件可以计算出环空与管内的静压当量分布情况，如图 5-2 所示。

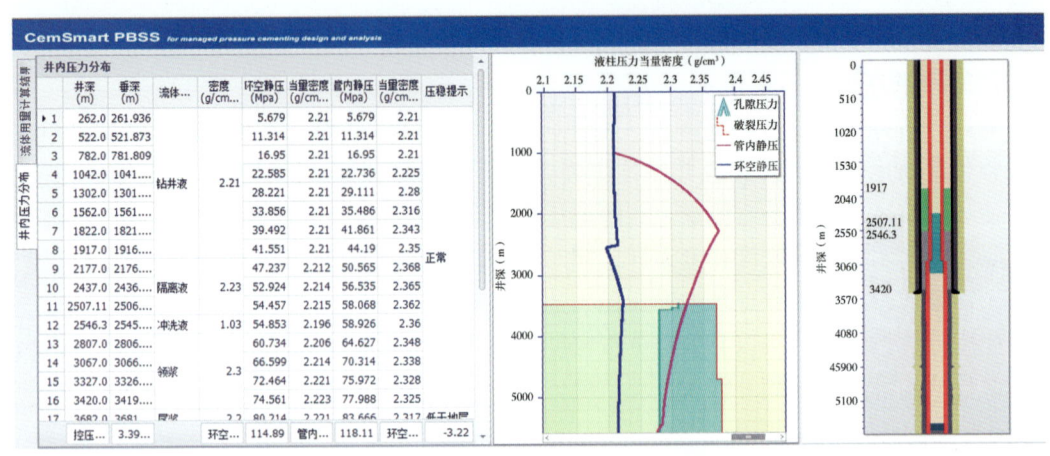

（a）示例井1

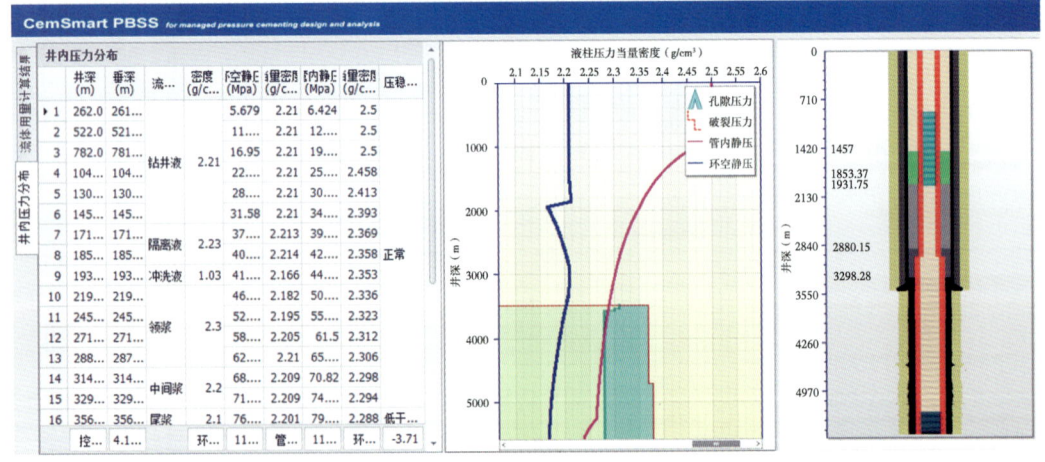

（b）示例井2

图 5-2 井筒环空静压分布

图 5-2 中左边表格为井筒不同深度下的流体类型、密度与当量密度变化分布，右边曲线显示了井筒安全压力窗口、环空静压当量密度与管内静压当量密度变化。

按照控压固井设计需求，采用控压固井方式进行的注水泥作业，其环空静压密度当量需要设计为略低于地层孔隙压力，为采用合理排量进行顶替时，流动摩阻的变化影响留出安全空间。在图 5-1 中，尾浆段的当量密度已低于了地层压力，在图 5-2 中也清楚显示出来。图 5-1 示例井 1 只在尾浆段设计环空当量密度小于地层压力，而示例井 2 设计为全井段环空静压当量密度均小于地层压力。

根据现场施工控压固井的装备与井筒回压控制能力，工程师可以调整静压当量低于地层压力的幅度，其调整方式是通过调节流体结构与流体密度，再重新分析环空静压分布即可。当然，流体密度的调节还需要综合考虑现场流体的密度配制能力、水泥浆体系的性能控制与成本要求等多方面因素。

2. 控压方案设计

由于设计的环空流体结构其静压当量比地层孔隙压力低，因此，要求在注水泥施工过程中必须随时在井口环空补充一个回压，以保证环空各深度的动态当量密度满足井筒压力安全窗口的需求。

补充回压过程需要考虑在注替过程有泵送顶替时与井筒流体在倒阀门、处理复杂等静止时的各种情况，其具体的环空回压加压方式见本书第四章。但何时需要补充多大的环空回压，则需要使用软件进行计算分析。

为此，环空回压的补偿大小可以通过两种方式进行模拟分析后确定。

（1）设定特定井深下控压当量密度，计算环空补偿回压随时间的变化曲线。

如图5-3所示红色字体框为控压设计的需要参数，输入需要考虑的井深深度与需要控制的动压当量密度（ECD）后，软件会计算出在设计的注替排量方案下，要保证该井深位置的动态当量密度到达设计值时需要在井口环空位置补偿的回压值大小。

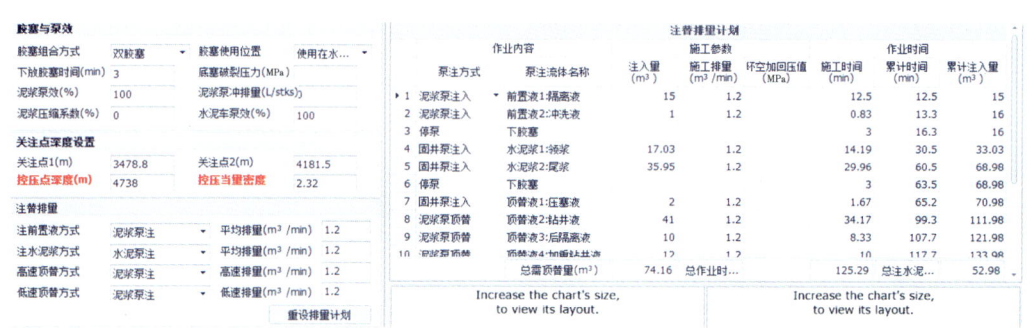

图5-3　控压参数设计

如图5-4所示为设定控压当量密度后，计算的环空控压压力后注替过程需要补充的环空回压变化曲线。图5-4显示为一个范围（绿色区域），说明环空回压值只要加在该范

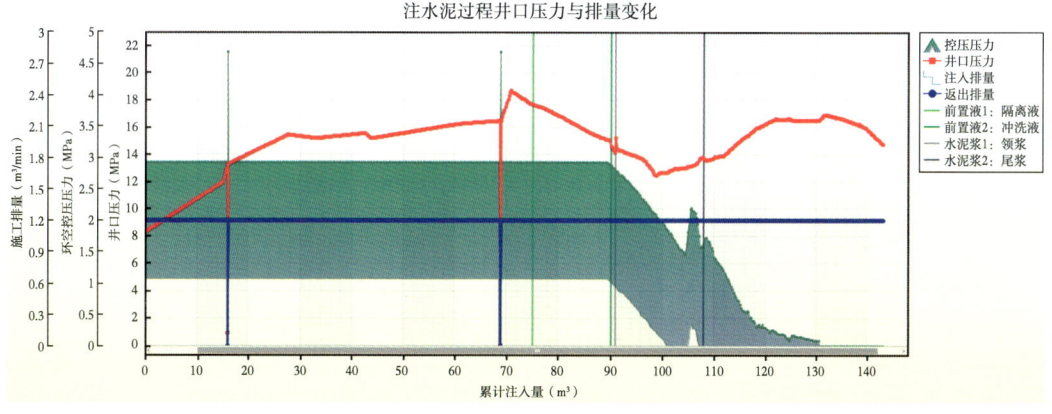

图5-4　模拟计算的注替过程井口压力与需要在环空补偿的回压值（绿色区域）

围，其环空注替动压当量密度（ECD）均能控制到压力安全窗口。

（2）分注替时间段对环空回压进行控制设计。

根据环空回压补偿的变化曲线，将注替水泥过程进行分段压力补偿设定，简化施工过程环空回压的操作控制。

如果按照前面环空回压曲线来控制操作，现场必须使用自动化的控压控制装备，且必须与注水泥实时监测系统连接起来使用。这样操作可以使整个固井过程对控制深度的当量密度进行精确控压，保证其在合理范围不变化，但对现场的施工操作控制与装备要求非常高。

考虑这种情况，软件可以根据前面的回压控制曲线进行分段处理，按施工注替的阶段进行相对稳定的井口回压补充，即在一定时间段保证环空回压为一恒定值。这样，虽然控压深度位置的压力当量会随着施工过程变化，但只要将其变化范围控制到安全密度窗口，也就是保证了施工过程的安全。按照这样方式，通过设定施工过程的回压控制值即可完成设计。施工排量设计与回压控制设定表如图5-5所示。

作业内容			施工参数			作业时间		
	泵注方式	泵注流体名称	注入量 (m³)	施工排量 (m³/min)	环空加回压值 (MPa)	施工时间 (min)	累计时间 (min)	累计注入量 (m³)
1	泥浆泵注入	前置液1:隔离液	15	1.2		12.5	12.5	15
2	泥浆泵注入	前置液2:冲洗液	1	1.2		0.83	13.3	16
3	停泵	下胶塞				3	16.3	16
4	固井泵注入	水泥浆1:领浆	17.03	1.2		14.19	30.5	33.03
5	固井泵注入	水泥浆2:尾浆	35.95	1.2		29.96	60.5	68.98
6	停泵	下胶塞				3	63.5	68.98
7	固井泵注入	顶替液1:压塞液	2	1.2		1.67	65.2	70.98
8	泥浆泵顶替	顶替液2:钻井液	41	1.2		34.17	99.3	111.98
9	泥浆泵顶替	顶替液3:后隔离液	10	1.2		8.33	107.7	121.98
10	泥浆泵顶替	顶替液4:加重钻井液	12	1.2		10	117.7	133.98
		总需顶替量(m³)	74.16	总作业时...		125.29	总注水泥...	52.98

图5-5　施工排量计划与回压控制设定表

不管使用前面哪种方式，设计好环空回压控制值后，都需要通过软件进行注水泥注替过程的流动模拟分析，计算出整个注替过程流动摩阻与环空液柱当量密度的变化，再考虑安全密度窗口，最终确定环空回压补偿要求与环空回压控制方案是否合理。

实施控压操作后，注水泥过程环空当量密度（ECD）模拟分析结果主要可通过下面两种模拟结果来分析。

（1）注替结束时环空不同井深的当量密度分布。

如图5-6所示为软件模拟计算的注替结束后的环空压力分布表与曲线，通过该结果可以分析注水泥结束时环空压力是否满足安全密度窗口要求。如图5-7所示为计算的示例井2任意注入时间时的环空压力分布。

（2）井底与观察井深位置的环空当量密度随注替时间和注入量的变化。

控压固井的关键是要通过井口环空回压的补偿，保证作用到关键层位（关注点）的动态压力当量密度在整个注替过程始终保持在地层的安全密度窗口之内。在这个前提下，为了获得更好的顶替效率，还可以把顶替排量适当提高。由于注替排量提高，会使井筒内流动摩阻压力增大，造成环空当量密度增大。但由于提前降低了井筒静压当量，给流动摩阻的增大预留了一定空间，因此，通过控压固井方式固井，实际上也起到了提高顶替效率的效果。

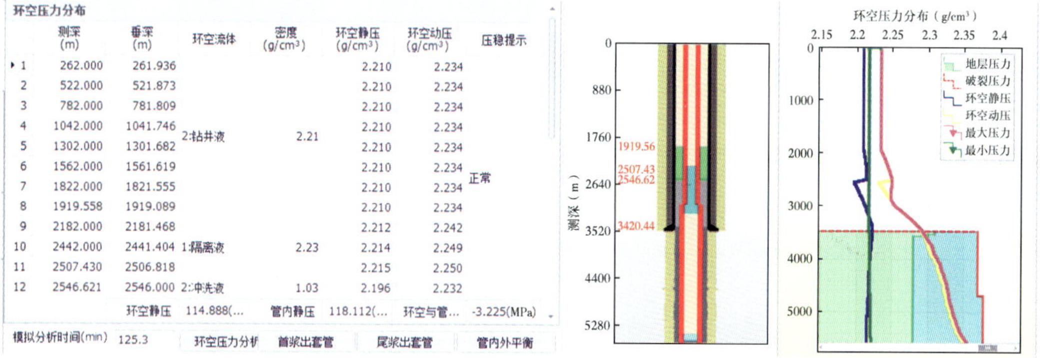

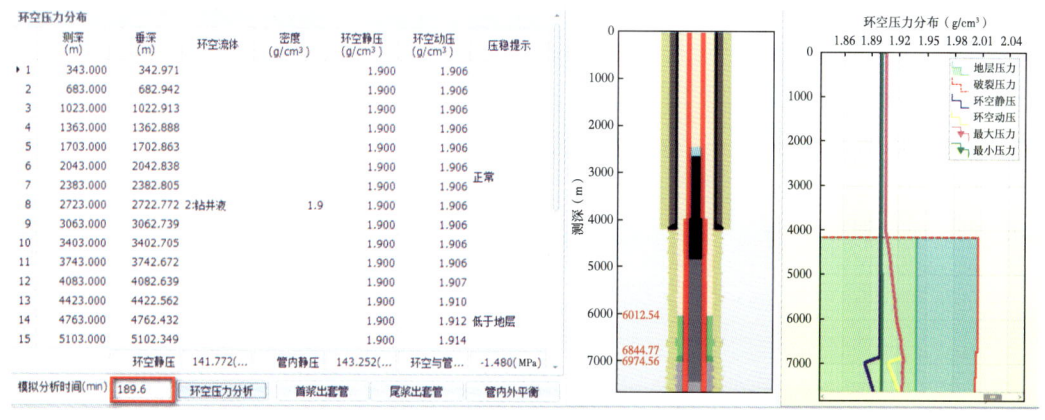

(a) 示例井1

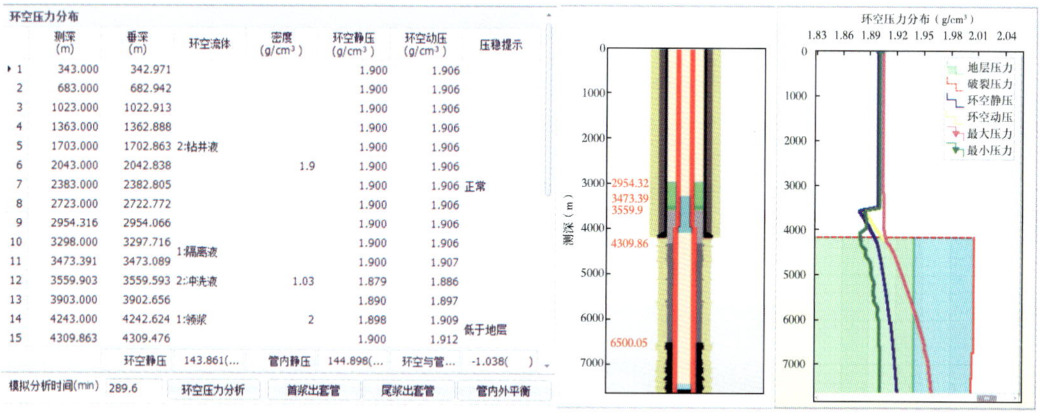

(b) 示例井2

图 5-6　注替结束时环空动压当量分布

图 5-7　注替到某一时间环空动压当量分布（示例井2）

如图 5-8 所示为注替过程中环空压力随注替时间和（注入量）的变化关系，图中显示了环空静压当量密度（浅蓝色线）、未考虑环空回压时动压当量密度（紫色线）以及考虑环空回压后的动压当量密度（深蓝色线），还显示了地层安全密度窗口（绿色区域）。

从图 5-8（a）中可以看出，注水泥开始较长时间，环空当量密度均是约低于地层压

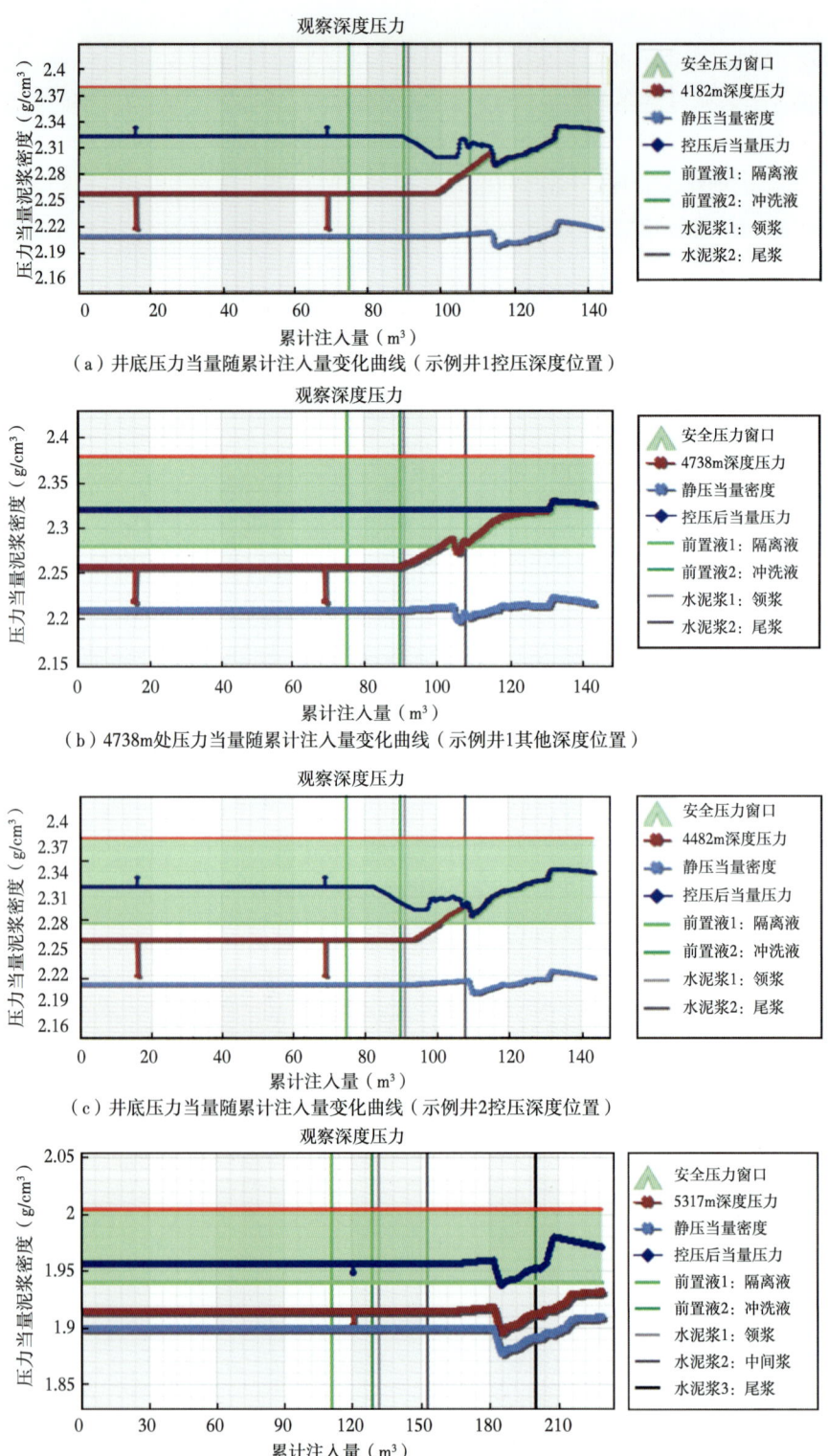

图 5-8 环空关注深度位置的压力当量随注入量和注替时间的变化曲线

力（安全密度窗口下限）的，需要通过环空补压保证其深度位置达到安全窗口以内。但上部观察井深 5563m 位置，即使不补充回压，其环空当量密度也是满足安全窗口的。这说明各井深位置其当量密度是不同的。

如图 5-8（c）所示为示例井 2 的计算模拟情况，从图中可以看出，如果不加回压，控压深度 5089m 位置在注替过程其环空动压均低于地层压力，这样注水泥施工时会造成气窜溢流，必须通过井口环空控压来保证环空当量密度处于安全窗口。图中深蓝色线为控压后环空该深度的当量密度变化，由于该曲线是按实时控制来设计的，考虑环空回压根据施工时间实时变化，以保证控压深度位置的动态当量密度为设计值，所以该曲线为直线。但按这种设计施工后，其他深度位置的当量密度还是会变化，设计时同样也要考虑保证其处于安全窗口，如图 5-8（d）所示为示例井 2 在控压固井下，上层套管鞋位置的环空当量密度变化。

二、常规固井设计

除了前面控压固井需要详细设计计算的内容外，由于采用控压固井作业的井都是复杂井，所以还需对整个固井作业过程进行系统的设计与分析。这些内容的设计计算也需要软件的支持。目前国内外能实现这些功能的软件已较成熟，但不论使用何种软件，针对实施控压固井作业的目标井，应该通过软件完成下入内容的计算与分析，以更好地保障固井作业的完成。

1. 固井下入套管柱力学分析

固井下入套管柱力学分析主要是针对入井管柱，完成考虑固井复杂工况下管柱强度、下入安全、居中等力学情况的计算分析，具体需要包括：

（1）管柱强度校核；
（2）管居中分析与扶正器安放位置设计；
（3）套管下入安全性分析；
（4）下入摩阻分析，套管通过性分析。

由于采用控压固井大多为深井、超深井尾管固井，因此，计算与分析管柱力学时，对井筒条件必须充分考虑、比如进行套管强度校核时，需要考虑套管在固井时可能遇到的复杂外载；设计扶正器安放位置时，需要掌握扶正器类型与力学参数的影响，能够设计多种扶正器混合使用；下套管摩阻分析与套管刚性、通过性分析对复杂井筒的套管安全下入非常重要。模拟钻具的模拟通过分析，下套管摩阻分析等力学计算对安全下套管具有很大的指导意义。

2. 注水泥循环温度与流体设计

控压固井作业中，水泥浆体系与性能的设计也非常关键。降低水泥浆流动摩阻，提高水泥浆流变性能，对于降低环空当量密度有明显的作用。水泥浆流动摩阻降低，可以有助于设计较大的顶替排量，这对提高顶替效率有直接的效果。

注水泥时环空循环温度的变化直接影响到井筒流体的流变性，影响到流动摩阻的准确计算。因此，注水泥设计中，对井筒循环温度场进行模拟分析很有必要。

3. 注水泥顶替效率分析

固井设计的最终目标是获得一个好的固井质量，保证井筒水泥环获得长效封隔。而保证这个目标的前提是固井过程要获得一个良好的顶替效率。因此，针对固井设计方案与施工作业措施进行注水泥顶替效率模拟分析，可在施工前及时调整与完善施工方案与措施，保障固井质量。

4. 有关设计软件示例

中国石油西南油气田分公司联合西南石油大学针对控压固井设计与分析开发了控压固井设计与分析软件，形成了有效的软件设计模型与方法，并通过软件可以完成如下内容的设计与分析：

（1）井下循环温度计算；
（2）套管强度校核；
（3）下套管与扶正器安放设计；
（4）水泥浆与隔离液设计；
（5）复杂井身结构下注水泥流动计算（精细控压压力平衡分析）；
（6）失重与气窜预测与评价与候凝期间精细控压设计计算；
（7）固井注水泥基本计算与工艺设计；
（8）井眼环空清洁与顶替效率分析。

该软件主要功能模块由如下四部分组成，每个模块由一可独立运行的软件支撑。

（1）基础数据集成化管理模块。

井筒平台与井身结构（含井眼与管柱数据）生成管理包括：

①全井概述与套管程序；
②当前设计套管层基本数据概述与可视化图示；
③分类基本设计数据，包括地层数据、目的层数据、温度与压力数据、钻井液数据、井径测量数据、定向井数据、钻具和套管串数据。

（2）固井管柱力学计算模块。

①扶正器安放设计与套管居中度分析；
②下套管摩阻分析；
③安全下套管计算。

（3）精细控压平衡压力注水泥设计计算模块。

①注水泥常规计算，包括水泥环空结构，平衡压力，注水泥用量；
②注水泥流体设计，包括配方计算与材料用量计算；
③注水泥作业程序，包括注水泥作业过程井下动态压力与有关参数计算；
④精细控压注水泥环空压力预测计算；
⑤注水泥环空失重与窜流分析，候凝期间平衡压力控压方案计算；
⑥注水泥施工动态模拟。

（4）注水泥设计分析模块。

①井眼循环温度分析；
②井眼清洁与顶替效率分析。

（5）设计报告生成打印模块。

该模块提供按不同需求打印为不同格式的输出管理，打印输出设计为可输出为EX-CEL、WORD格式。

软件集成主界面示例(数据管理与设计功能)如图 5-9 至图 5-12 所示。

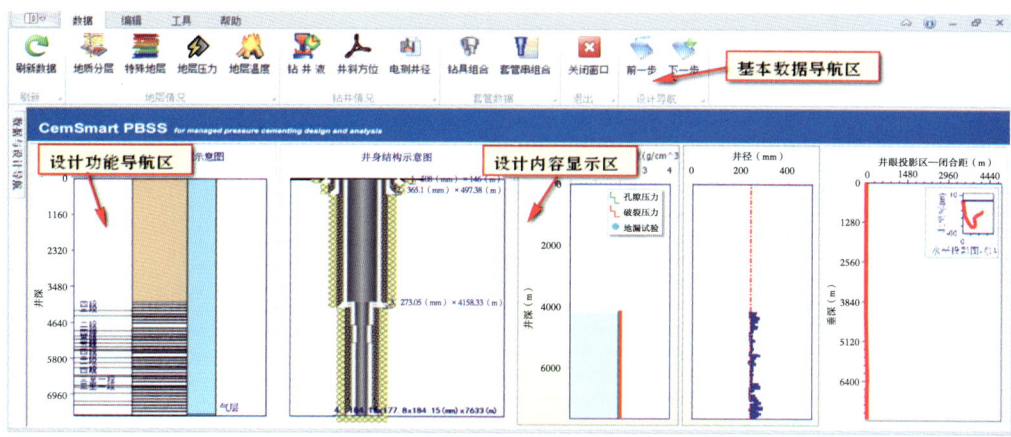

图 5-9 软件主界面(井眼数据综合图示)

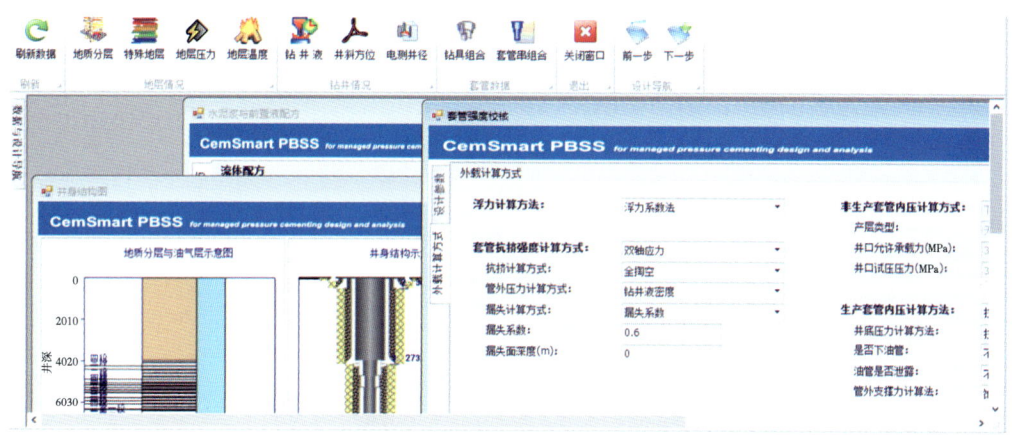

图 5-10 软件主界面(多窗口基本数据编辑)

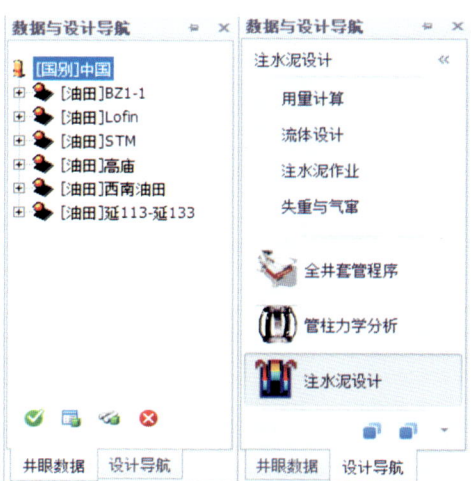

图 5-11 设计基本数据导航与设计功能导航

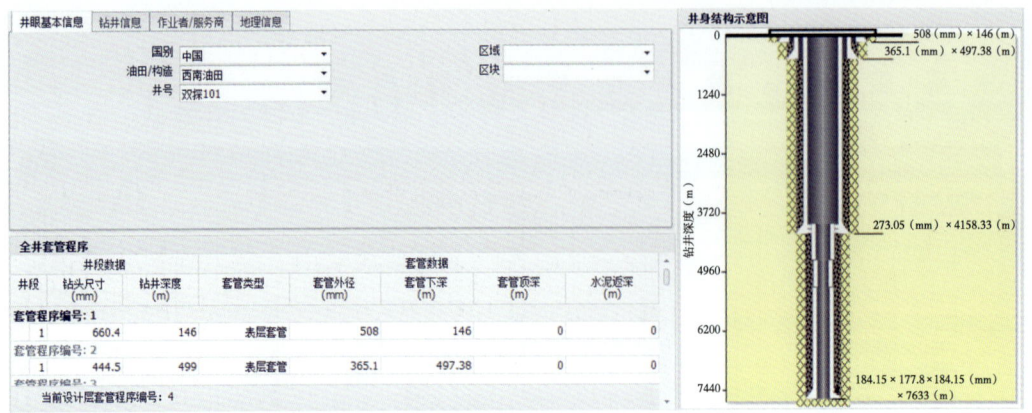

图 5-12　设计井套管程序录入操作界面

固井设计计算操作界面示例如图 5-13 至图 5-16 所示。

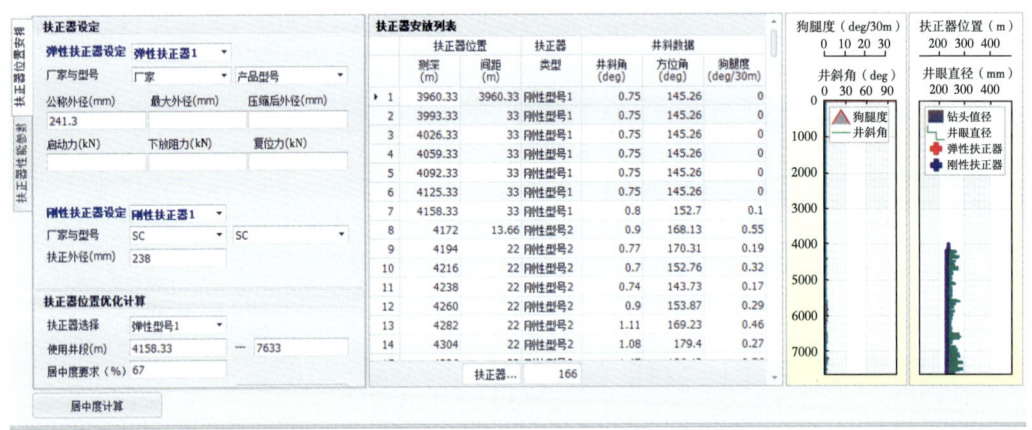

图 5-13　扶正器安放位置与居中度计算操作界面

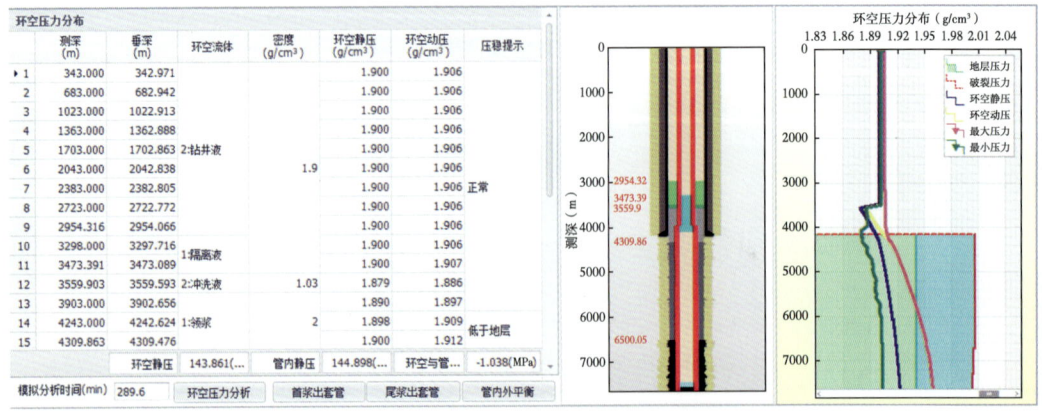

图 5-14　注水泥流体结构用量计算模块操作界面

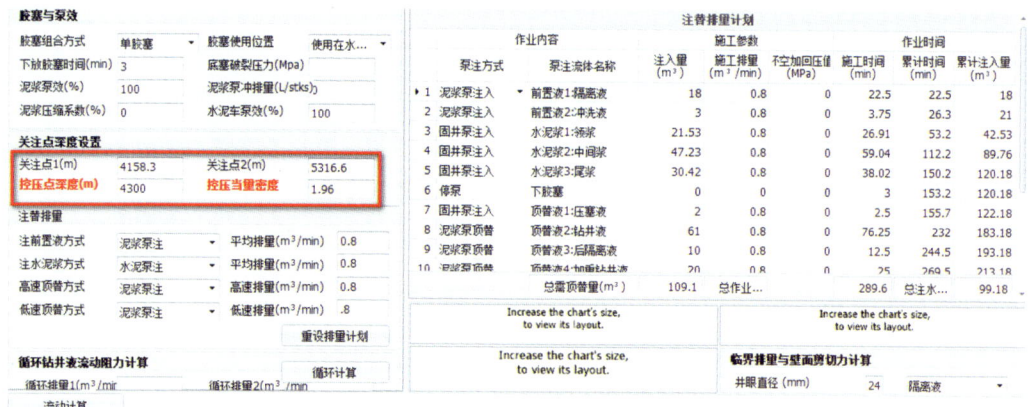

图 5-15　控压注水泥流动计算操作界面

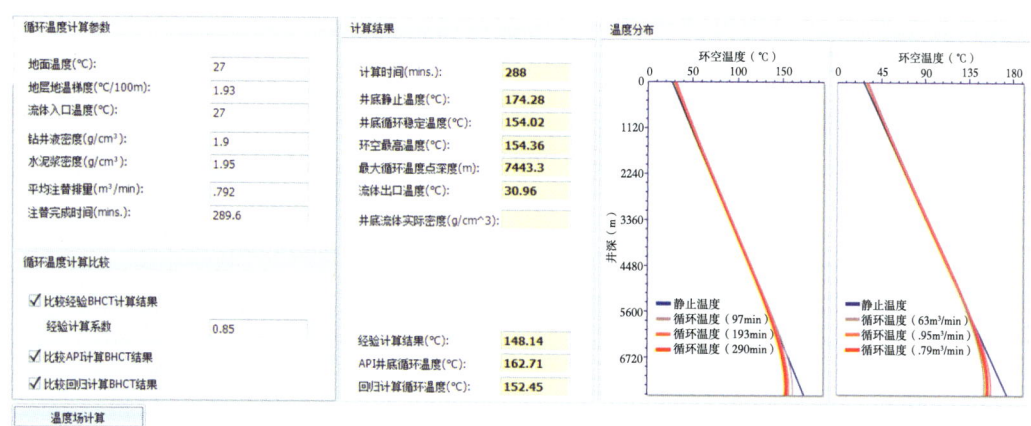

图 5-16　循环温度分析计算模块操作界面

设计结果显示界面示例如图 5-17 至图 5-21 所示。

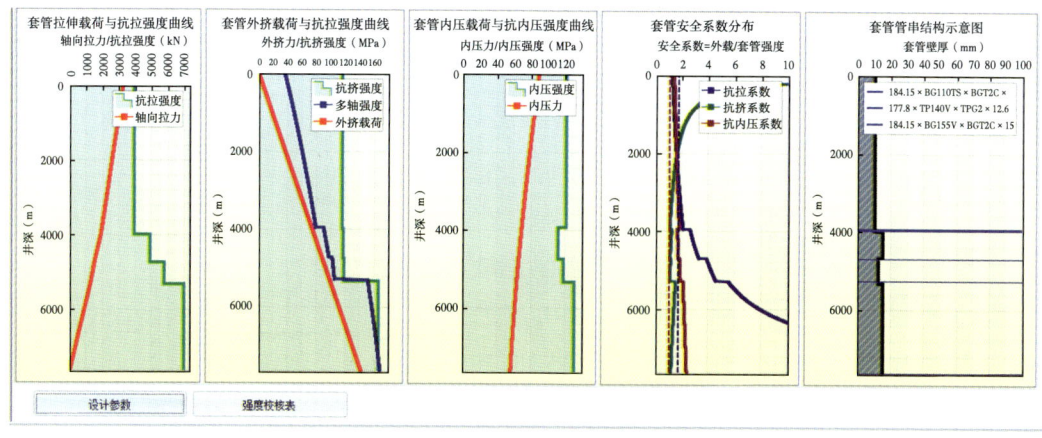

图 5-17　套管柱强度校核计算模块操作界面

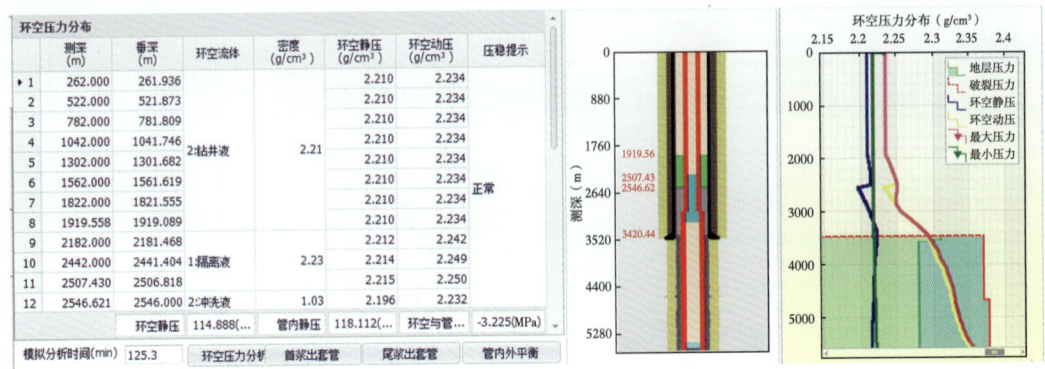

图 5-18 环空流体动压力计算结果显示界面

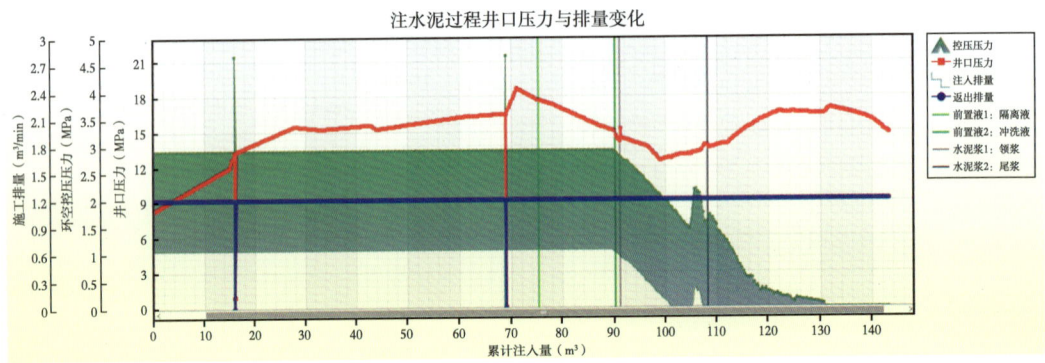

图 5-19 精细控压环空回压力计算结果显示界面

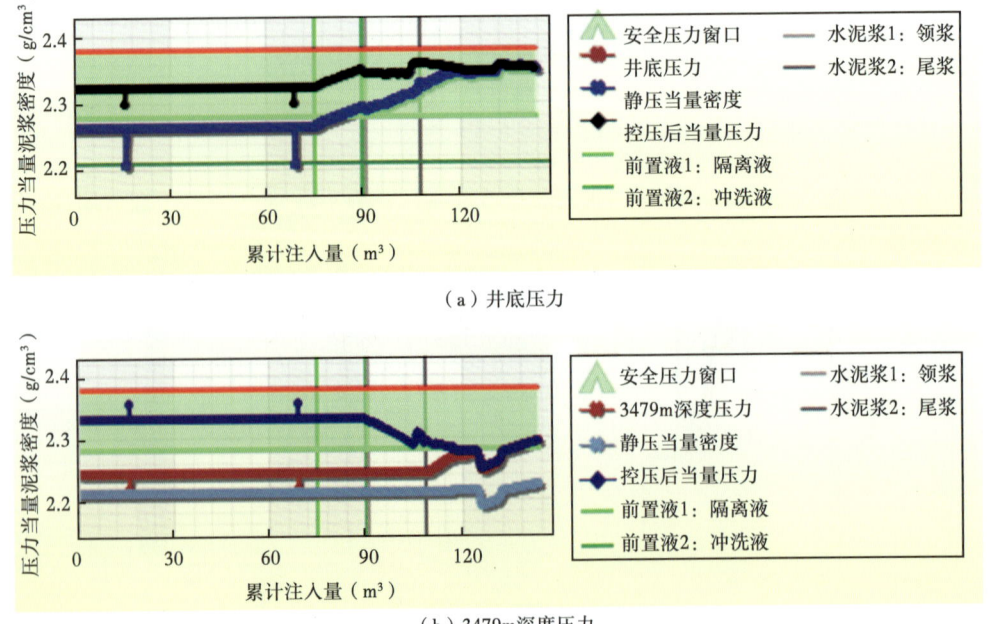

（a）井底压力

（b）3479m 深度压力

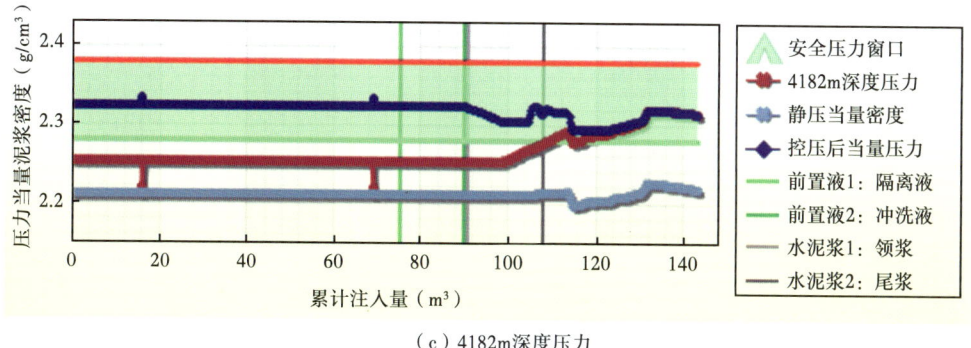

（c）4182m深度压力

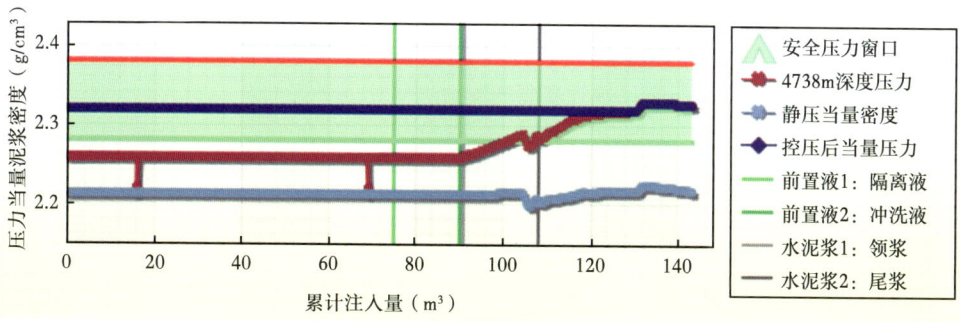

（d）4738m深度压力

图 5-20　精细控压注水泥过程井筒当量密度结果显示界面 1

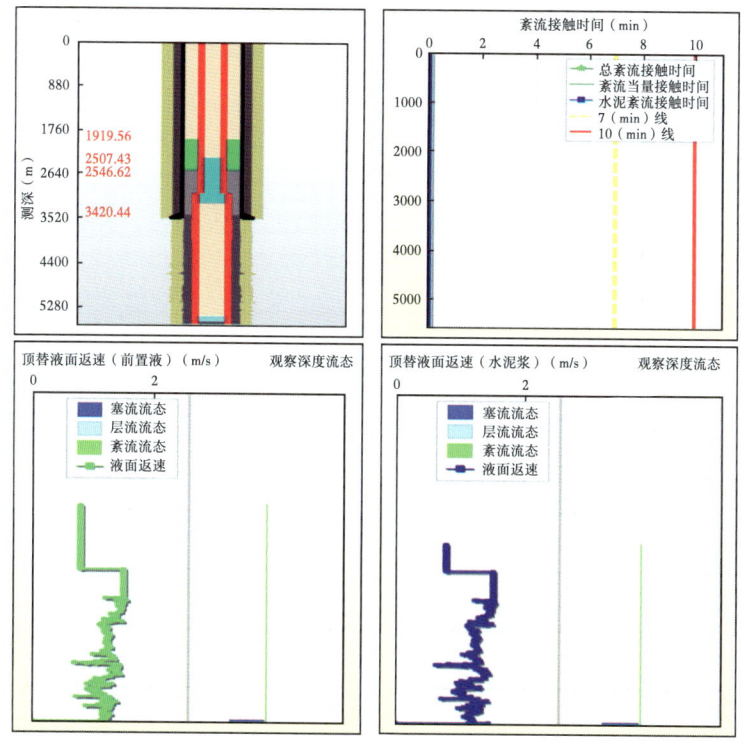

图 5-21　精细控压注水泥过程模拟计算结果显示界面 2

设计分析显示界面如图 5-22 至图 5-23 所示。

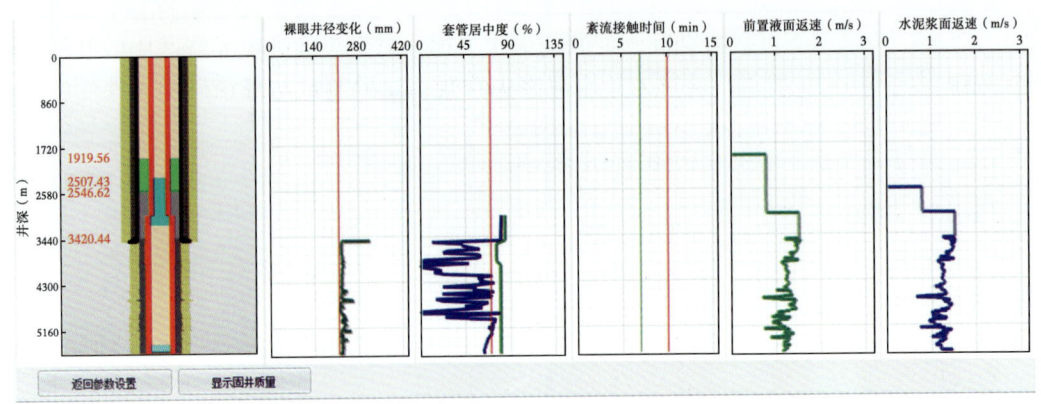

图 5-22　顶替效率参数与结果对比分析界面

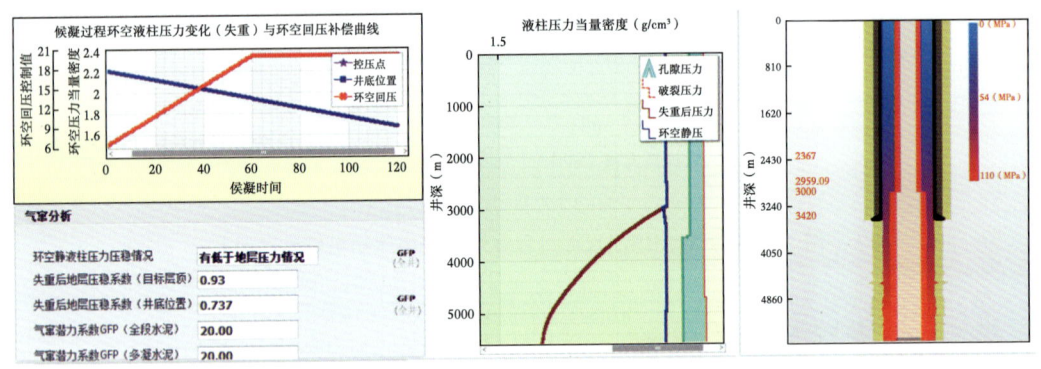

图 5-23　环空失重与气窜分析结果界面

第二节　水泥浆失重与候凝过程控压计算软件

注水泥完成后，水泥浆在候凝期间会发生失重，失重后环空静液柱压力要降低。但由于此时水泥浆胶凝强度还不足以防止地层气窜，因此在候凝期间还必须在井口环空控制一定的回压，补偿其环空压降。由于水泥浆失重，在候凝过程可能导致环空压力低于地层压力，引起地层流体窜入环空。为防止水泥浆失重造成的这一问题，直接的方式就是注水泥后在水泥浆开始失重时就从环空井口位置憋上一定压力，弥补失重的影响。但由于水泥浆失重是逐渐发生的，环空压力按某规律逐渐下降，这样，如果一开始就增加很大的环空回压，则可能造成地层漏失，所以环空回压也只能逐渐增加。但如果增加回压晚于水泥失重过程，则可能出现窜流。因此，什么时间加回压，如何加，最后加到多大，必须根据对环空水泥浆失重压力场的模拟计算来确定。

为此，中国石油西南油气田分公司联合西南石油大学开发了水泥浆失重与候凝过程控压计算软件，可以有效解决这个问题。

一、环空水泥浆柱失重规律模拟分析

合理模拟与预测固井候凝期间水泥浆的失重规律,对于正确确定环空回压的补偿方法非常关键。如图5-24所示,通过大量水泥浆失重规律试验测试与理论研究,软件将不同体系水泥浆的失重影响归结为当量密度变化,通过不同的失重曲线来表述,在软件中可以人为选定不同水泥浆领浆、尾浆的失重规律为曲线、直线或按实测曲线来描述,然后根据失重时间确定其环空所有水泥浆对井底或某深度位置的当量失重压力。如图5-25所示为模拟的环空失重压力场变化。图5-26所示为根据失重压力计算的环空憋压压力分布。这样,注水泥完成后,可按憋压曲线在145min逐渐增加上环科系回压,最后憋压候凝至开井。

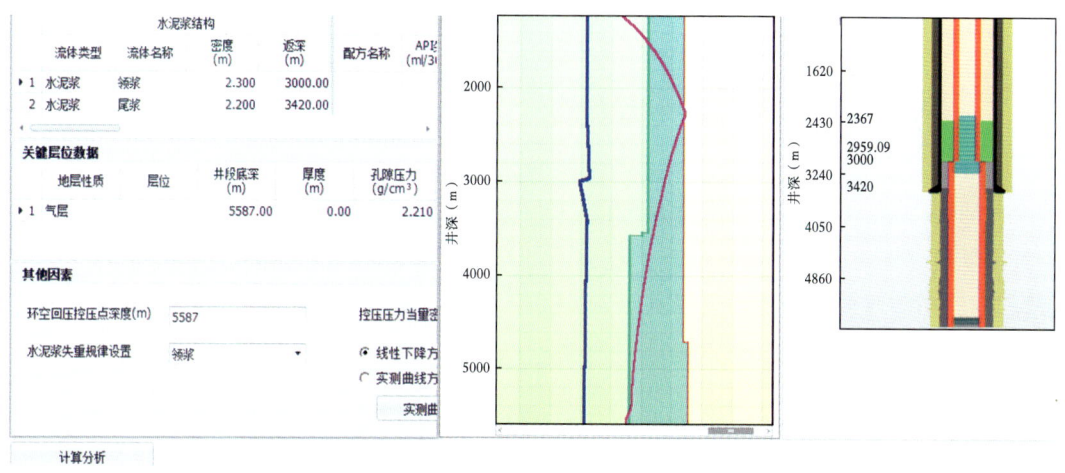

图5-24 失重分析软件模拟条件设定界面

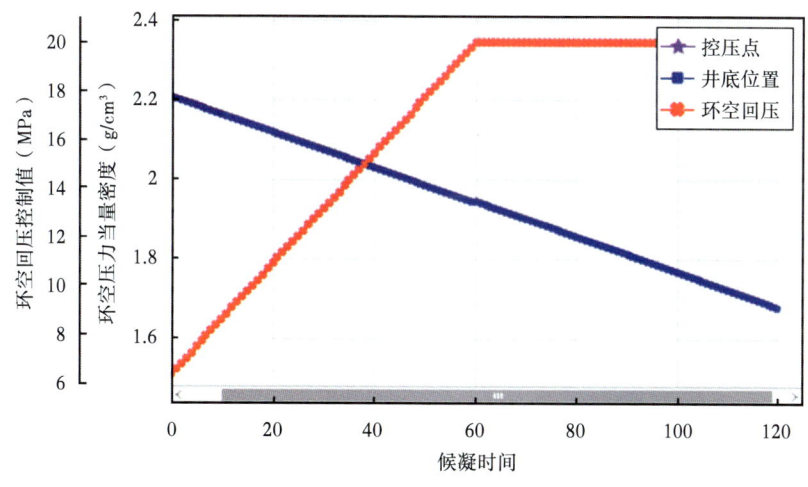

图5-25 环空失重模拟曲线

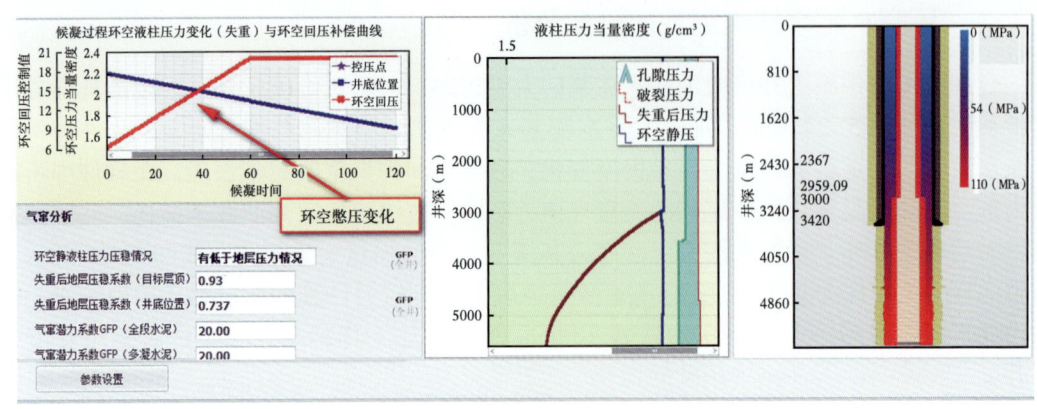

图 5-26　软件模拟的环空憋压压力场

二、候凝过程环空回压控制设计

通过前面的失重压力场模拟方法，利用计算机软件，可以计算出最终加压值、初始加压值、加压过程时间段，从初始加压值开始在 60~90min 按计算曲线梯度逐渐加到最终加压值。以最终加压值持续憋压候凝，结束时间按现场水泥样终凝后附加 8~10h 考虑；如图 5-26 所示为计算软件通过对失重压力场模拟分析结果及在设定控压深度位置要达到的当量密度下，在 60min 内环空憋压曲线要求。

第三节　下套管环空当量密度模拟分析软件

套管下放过程产生的激动压力可能压漏薄弱层位，造成井下复杂，增加固井难度。尤其是针对川渝地区复杂超深井窄安全密度窗口地层固井，由于套管尺寸比钻具更大，套管进入裸眼段后，激动压力增加，下套管过程防漏工作更加困难，因此必要的下套管环空当量密度模拟分析尤为重要。

下套管过程环空当量密度模拟计算分析主要是通过软件模拟不同井筒与管串结构中，管柱下入速度与环空当量密度的变化关系，为下套管速度及钻井液性能调整提供依据。当套管下至上层套管鞋处，需循环降低钻井液密度，结合井口的精细控压，达到井筒动压力与地层溢流及漏失压力平衡。

套管下入阶段，井口控压值取决于所降低的钻井液密度 $\Delta\rho$ 与套管下送时产生的激动压力 p_j，具体包括坐卡与下送两个不同状态。

（1）坐卡时：

$$p_{ka} = p_p - p_{ha} = \Delta\rho g H$$

式中　H——关键层位井深，m。

（2）下送时：

$$p_{ka} = p_p - p_{ha} - p_j$$

随着套管下深增加，激动压力变大，井口控压值逐渐减小。下套管激动压力计算模拟示意图如图 5-27 所示。套管下放速度与井口控压值分析模拟实例如图 5-28 所示。

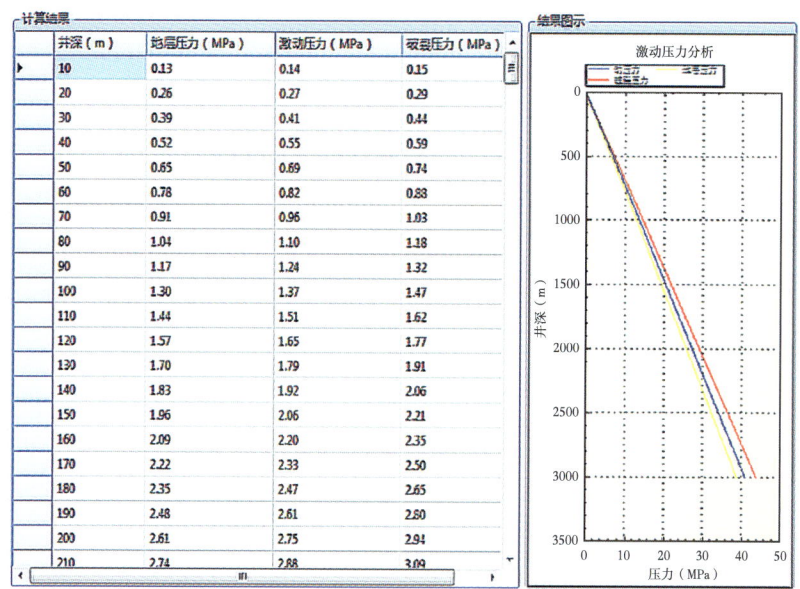

图 5-27　下套管激动压力计算模拟示意图

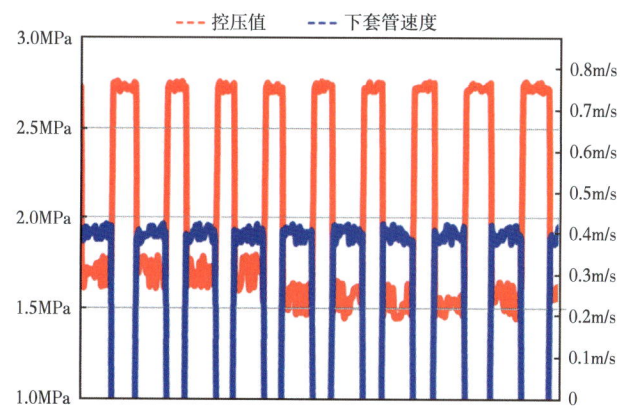

图 5-28　套管下放速度与井口控压值分析模拟实例

第四节　控压固井实时控制软件

注水泥过程施工参数（注浆密度、注入排量、施工时间与压力）处于波动变化状态，会造成注替过程井下压力相应产生波动。要做到精细压力控制，必须准确预测模拟这些变化影响。因此，建立考虑施工实时参数下动态注水泥模拟模型是精细控压压力平衡法固井的一个关键技术。实时监测现场示意图如图 5-29 所示。

由于施工过程动态变化影响，井筒压力也会动态变化，这样在前面依据地层安全窗口模拟确定出环空安全当量密度值后，如何实时反馈到井口压力控制系统，实现井口精细压力控制，便是精细抗压固井最为关键的技术。如图 5-30 所示为通过实时固井检测数据与精细控压动态分析控制计算系统结合后，通过连接精细抗压固井装备控制固井环空回压的示意图。

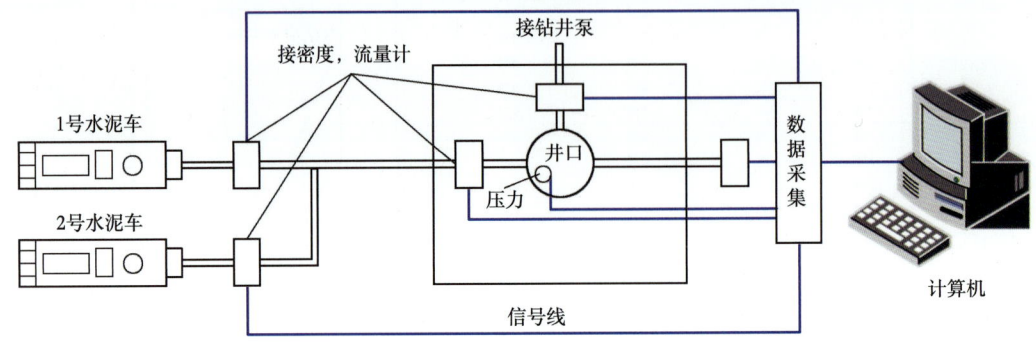

图 5-29　实时监测现场示意图

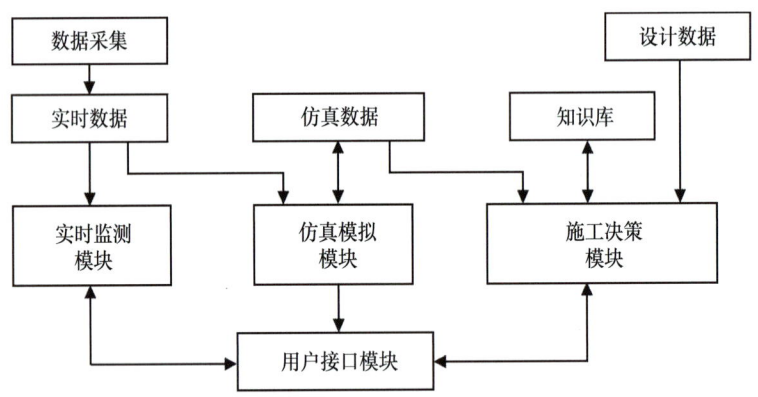

图 5-30　实时监测与控压软件一体化结构图

为此，研究开发了高精度的固井注水泥计算软件系统，再与现场高可靠性的数据监测与控制系统结合起来，即可实现精细控压注水泥作业。如图 5-31 所示为实时控压软件界面。

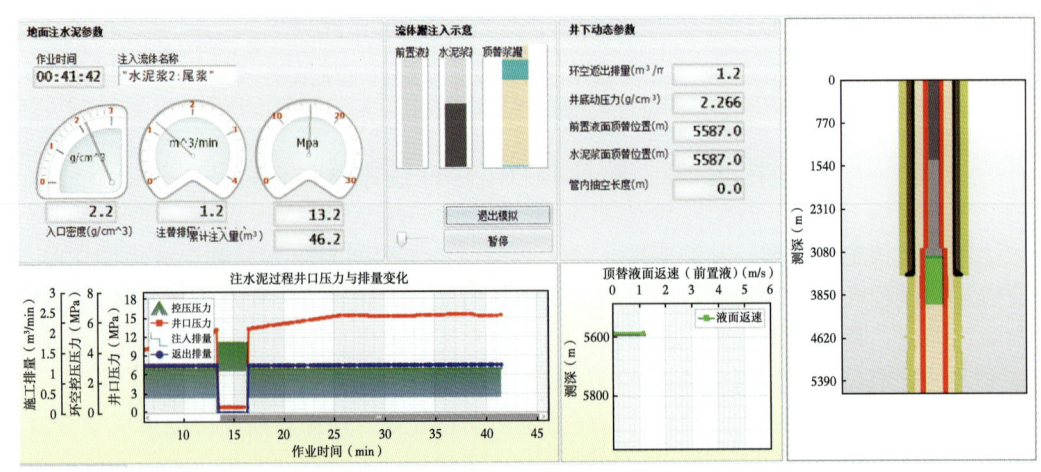

图 5-31　实时控制软件

第五节 精细控压平衡压力固井现场应用井设计示例

四川盆地某探井 ST101 井实钻井深 7633m，采用 φ177.8mm+184.15mm 尾管悬挂固井，悬挂器位置 3950.00m，重合段 3950.00~4158.33m，采用三凝浆柱结构。该井地层压力与漏失压力之间安全窗口较小，表 5-1 为承压试验情况与安全密度窗口。

表 5-1 ST101 地层承压能力与安全密度窗口数据

井深（m）	地层压力当量密度（g/cm³）	动承压试验当量密度（g/cm³）	安全密度窗口（g/cm³）
6738.54	1.94	2.007	0.067
7301.50	1.94	2.005	0.065
7601.00	1.94	2.004	0.064

一、环空浆柱结构与静压当量密度设计

针对封固要求，如果按照传统压力平衡原则设计环空水泥浆柱密度结构，其环空压力当量密度需大于 1.94g/cm³，这样在 7600m 井深的窄间隙井筒中进行固井注水泥顶替，其流动摩阻产生的附加当量加上静压很容易超过其井筒承压能力。通过模拟软件分析，必须把施工排量控制到 10L/s 以内才有可能通过安全窗口，这同时也大大增加了施工时间和水泥浆难度。因此，采用控压固井方式完成本次固井作业，为了保证在一定排量范围内，环空当量密度也需控制在安全窗口内。将环空水泥浆浆柱密度适当降低，使其环空静压当量密度在裸眼段不到 1.92g/cm³，这样就扩大了安全密度窗口。而静压不足造成压力不平衡，则通过精细控压压力平衡法固井技术在环空进行补偿，以达到总体压力平衡。表 5-2 为环空浆柱结构产生的静压、动压当量密度。

表 5-2 环空浆柱结构产生的静压、动压当量密度

环空流体	密度（g/cm³）	测深（m）	垂深（m）	环空静压（g/cm³）	环空动压（g/cm³）	最大压力（g/cm³）
钻井液	1.940	1278.00	1277.89	1.940	1.947	1.949
隔离液	1.900	3473.39	3473.09	1.934	1.943	1.949
冲洗液	1.030	3559.90	3559.59	1.912	1.921	1.949
领浆	2.000	4299.87	4299.49	1.927	1.945	1.957
中间浆	1.900	6500.05	6498.63	1.918	1.969	1.993
尾浆	1.900	7633.00	7630.99	1.915	1.972	1.998
关注点 1		4158.30		1.925	1.938	1.952
关注点 2		5316.60		1.922	1.956	1.970
关注点 3		7301.00		1.916	1.972	1.998

二、注水泥过程环空压力控制计算

由于环空静压当量密度不足以平衡地层压力，因此，在整个固井过程中，必须在环空

控制补偿一定回压。通过模拟软件分析计算,注水泥过程环空压力补偿可按如图 5-32 所示计算的曲线(绿色线)进行控压固井作业。该井承压在 7301~7633m 井段较低,通过控制井口环空回压,必须保证在 7301m 位置当量密度不能超过地层承压。为此,通过模拟软件,计算了保证在 7301m 井深位置环空当量密度控制在 1.99~2.02g/cm³ 的回压控制方案。图 5-33 可以看出控压后注水泥过程 7301m 深度当量密度大都保持在 1.99g/cm³ 这条直线上(蓝色线),仅在后面有一小段,当流动阻力增大后,当量密度不需要控压也大于了 1.99g/cm³。但在井底位置(图 5-34),由于井口回压作用到井深的当量密度有变化,其控压后的环空当量密度在水泥浆出套管后仍会变化,但始终保持在安全窗口之内。图 5-35 至图 5-37 为如果 7301m 位置控压密度设定到 2.004g/cm³ 上限,虽然 7301m 位置当量密度满足控压要求,但上部套管鞋位置 4158m 的当量密度已经超过安全窗口。所以,设计控压安全密度时要整体平衡裸眼段各关键位置的安全窗口,保证全井段达到安全范围。

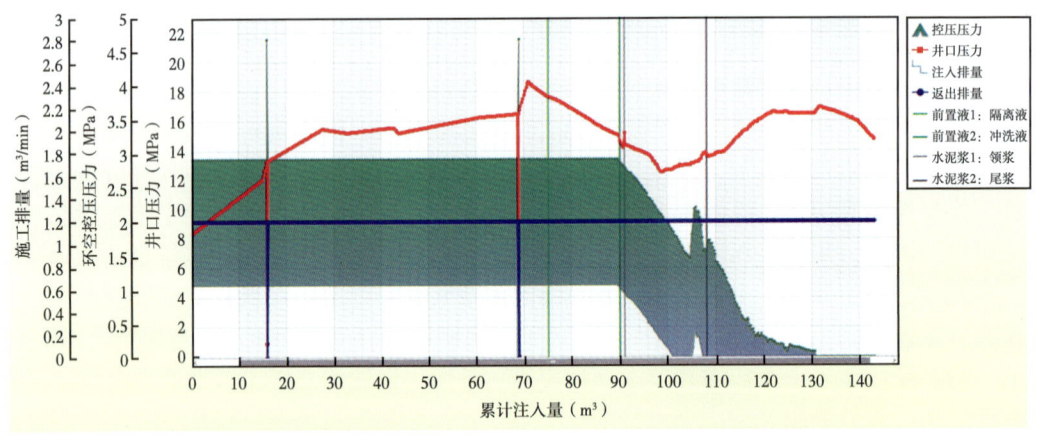

图 5-32 精细控压压力平衡法固井环空压力控制计算结果

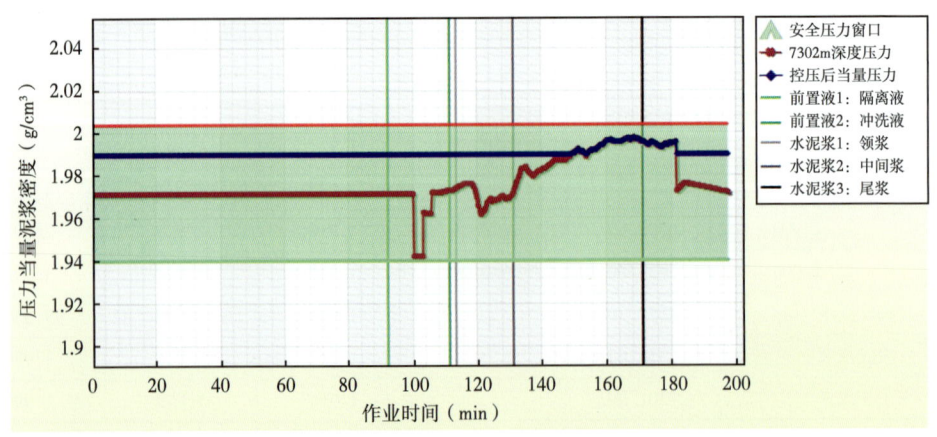

图 5-33 7301m 位置按 1.99g/cm³ 控压前后环空当量密度

第五章 精细控压压力平衡法固井计算机设计与控制软件应用

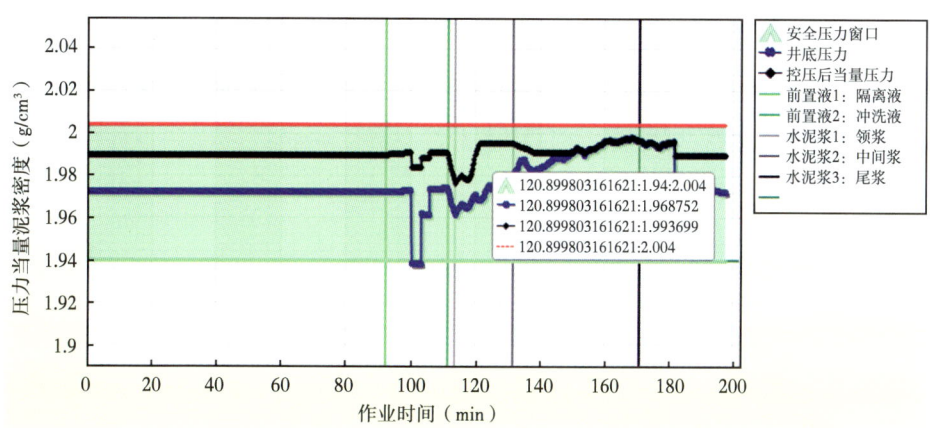

图 5-34　按 1.99 g/cm³ 控压井底环空当量密度

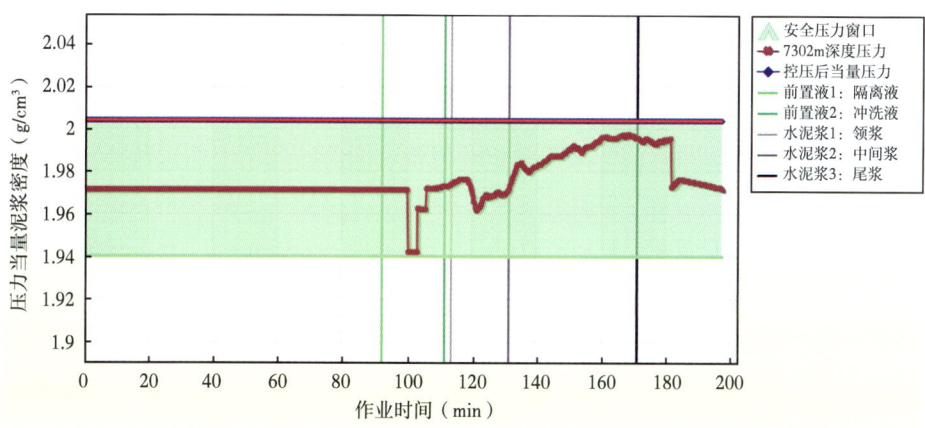

图 5-35　7301m 按 2.004 g/cm³ 控压前后环空当量密度

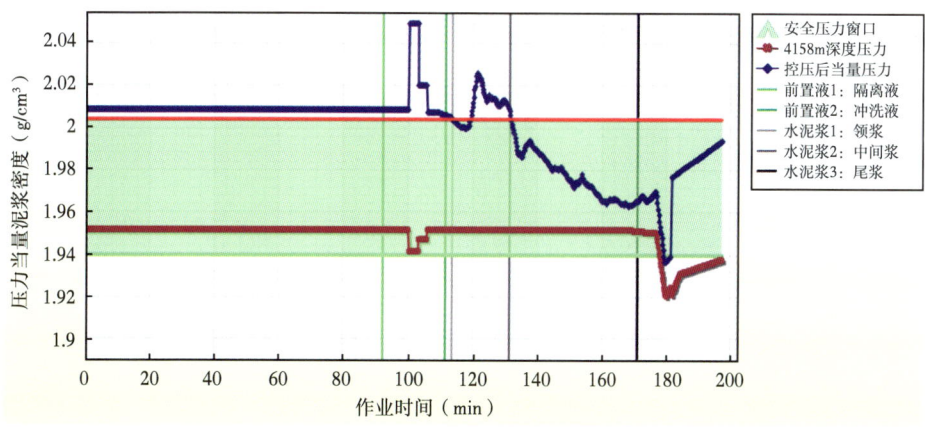

图 5-36　4158m 处环空当量密度变化

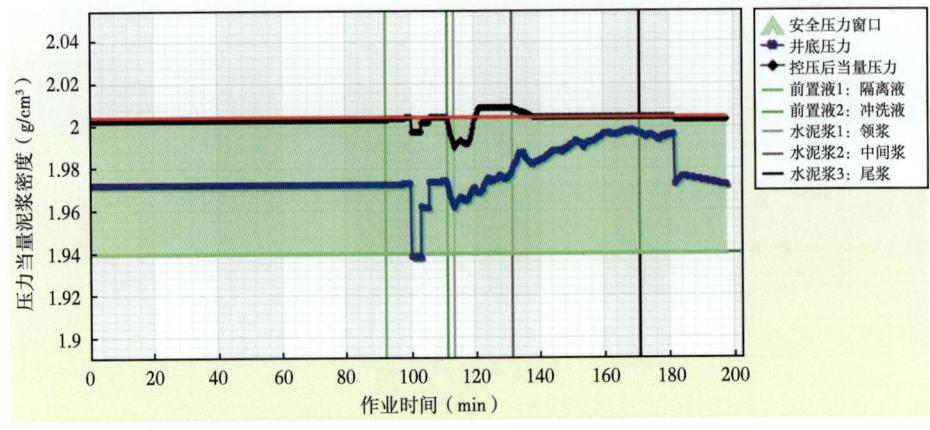

图 5-37 井底环空当量密度变化

三、候凝过程环空压力控制计算

由于设计环空静液柱压力比地层压力稍低,再加上注水泥候凝过程水泥浆失重造成的环空静压压力下降,所以在注水泥完成后需继续在环空补充回压。按照水泥浆的失重规律,在开始水泥浆候凝到初凝前,水泥浆发生失重可能造成气窜,所以候凝期间环空回压需要从注水泥结束时的 2~3MPa 在 1h 内逐渐增大到 7~8MPa(最大憋入量控制在 $1m^3$),候凝 48h,然后开井候凝 96h。

四、施工结果与应用效果

按照前面施工方案,整个 ST101 尾管固井注水泥过程非常顺利,没有出现井漏或气窜的现象。该井固井候凝后通过测井评价,全井段固井水泥胶结合格率为 94.6%,胶结优井段为 75.3%,固井质量良好,说明按照本设计方案进行的控压固井作业是成功的。

第六章　精细控压压力平衡法固井现场应用及效果

截至2019年12月，精细控压压力平衡法固井技术在中国石油西南油气田分公司川西地区九龙山、双鱼石等构造和川中地区磨溪构造深井、超深井进行了规模化现场应用，电测固井质量合格率平均为87.46%，同比前期"正注反挤"固井质量提高121%。其中，川西地区LG70井首次采用精细控压压力平衡法固井技术并取得重大突破，电测固井质量合格率为90.9%，优质率为86.6%；双鱼石构造电测固井质量合格率为93.76%，优质率为63.45%；磨溪构造电测固井质量合格率为80.0%，优质率为45.48%。

第一节　四川盆地九龙山构造现场应用及效果

一、区域构造概况

九龙山地区位于四川盆地川西地区北部，大地构造位置处于上扬子陆块北缘与秦岭造山带接合部的米仓山台缘隆起断褶构造带前缘川北低平褶皱带，属地台北部边缘凹陷带中印支期的三级局部构造。西为龙门山推覆断褶构造带，北为米仓山台缘隆起，南及东南边与苍溪—兴马向斜紧邻，西南面邻梓潼向斜，背斜构造与向斜平行。该地区既是区域上的活动带，又是稳定的局部背斜构造。九龙山构造的展布明显受到龙门山推覆和米苍山台缘隆起以及地台北边巴中—通江旋转构造体系的控制，是龙门山挤压力与米仓山隆起产生的旋转垂直上升力共同作用的结果。而在米仓山山前则形成与之平行的东西向和南西—北东向的二叠系断褶构造群，并形成向梓潼坳陷倾斜的构造总趋势。

米仓山台缘隆起的主体为汉南鹰嘴崖杂岩体，其主要由元古宇火地垭群变质岩系和岩浆岩组成，围绕着杂岩体外围出露震旦系—侏罗系等不同时代的地层。在其地质历史发展过程中，曾经历了从震旦纪—中三叠世的被动大陆边缘到晚三叠世前陆冲断阶段，以及侏罗纪、白垩纪的内陆湖盆演化阶段。在加里东期，扬子板块西北缘向华北板块下俯冲，具有被动大陆边缘性质。沿大陆边缘广泛遭受剥蚀，并在局部形成了多个古隆起。该区即处在汉南隆起前端，早古生代沉积间断多，寒武纪末和志留纪中末期的抬升，导致本区缺失下寒武统上部至下奥陶统和中上志留统至泥盆、石炭系。二叠纪开始，地壳全面下沉，上扬子古陆全被海水淹没，九龙山地区处于南秦岭洋的一部分，二叠系碳酸盐岩沉积发育。晚二叠世拉张断裂形成的广旺—开江—梁平海槽，印支运动及其以后由于地壳收缩、沉积充填而导致海槽消亡，其后为川西前陆盆地的形成与发展。中三叠世末完成了拉张型被动大陆边缘盆地向挤压型前陆盆地的转换，至此结束了长期海侵，继而进入中生代前陆盆地沉积阶段。晚三叠世及其以后，该区曾形成侏罗纪前陆盆地沉降和沉积中心。二叠系石灰岩是断褶构造发育的主要构造层，其上、下影响至下三叠统和志留系，下三叠统的塑性岩类膏岩、泥页岩、薄板状灰岩、泥质灰岩和志留系的泥页岩等，在二叠系断褶作用向上、向下传递过程中起缓冲作用或形成滑脱面，并在局部形成构造圈闭。九龙山地区处于米仓山山前断褶构造与川北低平褶皱带的接合部，独特的构造位置使其形态既不同于米仓山山前断褶构造带，也有别于龙门山山前断褶构造带。该构造钻井存在以下地质风险。

（1）九龙山构造条件复杂，地震解释成果的可靠性在一定程度上受到了影响。虽经多次处理，但每一次解释其闭合度、闭合面积、高点位置、高点海拔均有一定差异，地震深度数据可能存在误差，设计层位深度与实钻深度可能存在一定误差。三维地震资料处理解释成果及邻井实钻资料表明，茅口组岩溶储层发育，栖霞组主要发育薄层的台内滩相白云岩储层。作为探索茅口组岩溶储层发育特征的风险探井及该区栖霞组薄层白云岩储层发育的强非均质性，该井下二叠统具体储层发育特征有待钻井证实，该区茅口组岩溶储层分布控制因素、储层发育情况有待深入研究。

（2）本区已钻探井从侏罗系开始多层异常高压如图6-1所示，多层异常间隔、多层系高产、井控风险大，安全钻进是最大的挑战。本区虽多口井在下二叠统获高产工业气流（含硫化氢），且具有相对可靠的压力借鉴资料，但岩溶储层可能具有相对独立的压力体系，压力系数的预测难度客观存在。并且本区域下古生界无钻探成果，地层及压力预测可能存在偏差，钻井前应做好针对不同高压层、漏层的安全预案，针对性的钻井方案，出现

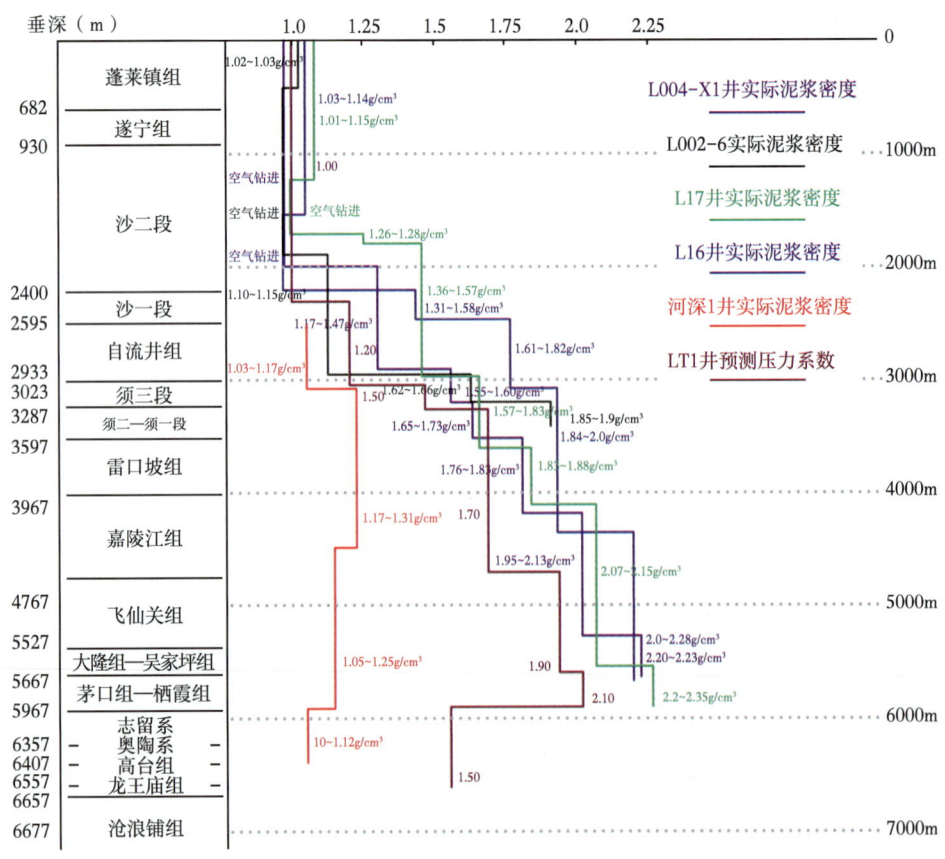

图6-1　九龙山构造地层压力预测剖面

异常后的处理措施、对策，钻井过程中加强地层跟踪，加强高压油气流的监测，确保井控安全。

（3）纵向上须家河组—二叠系高压层段长，应防止喷、漏事故。珍珠冲段主力产层注意防伤害、防喷，地层可钻性极差，含有砾岩层，其砾石成分有石英、燧石和黄铁矿等，研磨性强。雷口坡组、嘉陵江组将钻遇大段石膏层，注意防膏盐伤害，否则易卡钻和影响机械钻速。嘉二段、吴家坪组可能钻遇高压盐水。

（4）钻进过程中注意防高温高压。碳酸盐岩地层注意防 H_2S。区域内完钻的井栖霞组井深为 6207.23m，井温为 151.09℃，预计目的层井底温度为 155~165℃。

二、固井技术难点

本地区已钻井中，蓬莱镇组、遂宁组以井漏显示为主，沙溪庙组以井涌、气侵、气测异常等气显示为主。同时，由于目的层局部裂缝较发育，造成地层压力系数有所差异，局部地区存在压力漏斗，钻进过程中钻井液密度不易控制，易见井漏。具体表现在珍珠冲段，有的井使用钻井液密度为 $1.70g/cm^3$ 时有气侵显示，而有的井使用钻井液密度为 $1.55g/cm^3$ 时发生井漏。须二下亚段为底水气藏，地层压力表现也大小不一，易造成钻井液使用不恰当而形成的井漏或井涌显示。雷口坡组以下地层逐步表现为异常高压，越深越明显，常常表现为气侵或井涌。提高钻井液密度，表现为井漏（L16井飞仙关组、茅口组）。此外，嘉二段为高压盐水层（L16井钻井过程中有显示）。本井钻经该段时，应注意防盐水侵。

（1）多压力层系窄压力窗口固井，易发生井漏。

为提高深井完井管柱密封完整性，LG 地区采用了单级固井或先悬挂尾管固井，再回接固井的两次固井方式。封固段长、压力层系多、地层流体显示活跃，完井时密度较低。在静观、电测、通井过程中为满足井控安全和固井需要，需多次提高钻井液密度，导致安全压力窗口逐步缩小，诱发井漏。

（2）尾管封固段长，上下温差大，水泥柱顶部易"超缓凝"。

LG 地区深井地质条件相对较复杂，为确保钻至设计井深，对井身结构进行了简化，多采用长裸眼钻井工艺技术。

（3）储层埋藏深，地层油气显示活跃，防气窜难度大。

LG 地区长兴组气层埋藏超过 6000m，压力达 120MPa，温度高达 170℃，气层的物性较好，渗透率较高，且含 H_2S，属于固井后环空气窜高危险井，控制环空气窜难度大。首先由于受钻头尺寸和套管层次的限制，技术套管和生产套管常常要封隔多个层位和不同压力层系的裸眼井段。如果不能实行平衡压稳固井施工作业，在固井施工中或候凝阶段，容易发生气窜。其次 $\phi177.8mm+193.7mm$ 复合尾管和 $\phi127mm$ 套管环空间隙均在 11mm 左右，循环摩阻大，施工泵压高，水泥浆与井壁接触时间短，顶替效率差，窜槽严重，水泥环薄，强度低。再者由于水泥石本身特性及后期作业影响，固井后容易发生环空带现象。

（4）钻井液性能变化大，污染试验难度大。

随着钻井工艺和钻井液体系不断发展，钻井液处理剂的种类也在不断增加和更新。钻井液处理剂种类繁多，其中的某些处理剂会引起水泥浆处理剂反向。另外由于高温高压钻井的钻井时间长，钻井液在高温高压下性能变化大，导致水泥浆与钻井液接触后稠化时间缩短，严重威胁固井施工安全。为了解决水泥浆与钻井液的相容性问题，需要反复调节水泥浆、处理钻井液。现场花费较多时间进行了几种液体的相容性性试验，增加了固井作业周期。

以 LG70 井为例，四川盆地川西地区为中国石油西南油气田分公司重点勘探区域，目的层为茅口组、栖霞组等，完钻井深在 7793m。为确保下部高压地层安全钻进，主要在五开回接套管至井口后，六开采用 ϕ139.7mm 钻头钻进。ϕ139.7mm 井眼钻进具有超深、高温、含硫的特点，同一裸眼井段存在多层区域性储层、高低压互存、小井眼井段长等特点，极易出现上喷下漏、压差卡钻，井控安全风险高。实钻过程中，钻遇多达 10 个显示层、4 个漏层，地层出水 4 次，漏、涌交替发生。其中，二叠系茅口组实钻钻井液密度介于 1.95~2.05g/cm³，采用密度为 1.95g/cm³ 的钻井液钻进，井口控压至 0.8~1.9MPa。全烃一直维持在 30%~33%，出口点火燃，火焰高度介于 4~5m。加重至 1.98g/cm³ 后全烃降至 16.19%，火灭，但井下处于微漏状态，承压堵漏非常困难，钻井液性能维护处理难度大。二叠系栖霞组设计压力系数为 1.36，仍必须采用 1.97~2.00g/cm³ 的高密度钻井液钻进，井底压差高达 48MPa，压差卡钻、井漏风险高。

该井 ϕ114.3mm 悬挂尾管固井为小井眼深井超深井固井，环空间隙小，施工摩阻大，最高施工泵压超过 25MPa，一次性上返井漏风险极大，见表 6-1。

表 6-1　LG70 井 ϕ114.3mm 尾管固井泵压模拟

工况	套管下到位			固井施工结束		
排量（L/s）	7	9	11	7	8	9
密度窗口（g/cm³）	2.08~2.12					
栖霞组漏层动当量密度（g/cm³）	2.161	2.185	2.238	2.172	2.183	2.197
吴家坪气侵段动当量密度（g/cm³）	2.142	2.153	2.202	2.143	2.148	2.156
泵压（MPa）	18.5	22.8	28.7	20.23	21.92	25.63

此外，小尺寸尾管固井易漏失，容易造成井漏或加剧井漏，从而造成液柱压力降低，引起下部井段的油气上窜，一、二界面胶结强度低，导致固井质量不合格。易漏失小尺寸生产尾管固井水泥浆用量难以确定。该层套管固井单位环容为 5~6L/m，水泥施工总量少。若出现井漏，且漏失量超过水泥浆附加量，可能裸眼段无水泥环；若按照最大漏速重新估算水泥浆附加量，固井过程中又未出现井漏，或漏速小于预期，水泥浆上返位置过高，可能会危及固井施工安全。LT1 井尾管封固段井漏情况如图 6-2 所示。

多年来，复杂超深井窄安全密度窗口地层固井多采用"正注反挤"工艺，固井质量无法保障、合格率低，易造成重大安全隐患。部分超深井尾管固井质量统计如图 6-3 所示。

三、现场实施情况

下面以 LG70 井为例说明该区块的应用实施情况。

1. 基本情况

LG70 井是中国石油西南油气田分公司部署在川北低平构造带剑阁构造的一口预探井，完钻井深 7793m，目的层为志留系。实钻加深钻探至下二叠统，钻穿栖霞组进入梁山组垂深 10m 完钻，采用六开非常规井身结构，如图 6-4 所示。本开采用 ϕ139.7mm 钻头，密度为 2.11g/cm³ 的钾聚磺钻井液，钻进至 7793m 完钻，下 ϕ114.3mm 套管进行尾管悬挂固

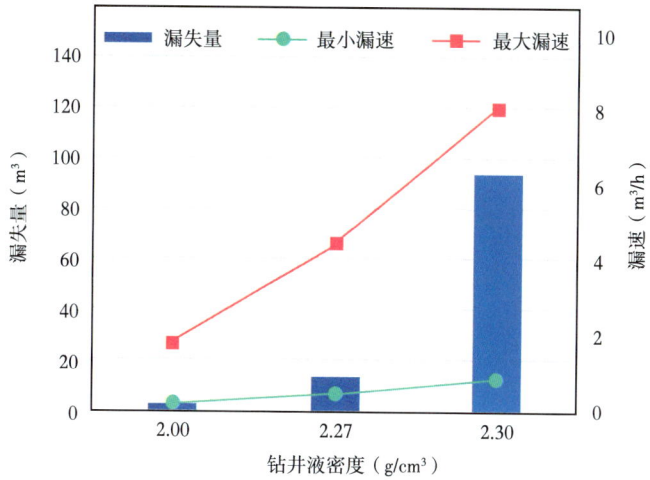

图 6-2 LT1 井 φ114.3mm 尾管封固段井漏情况

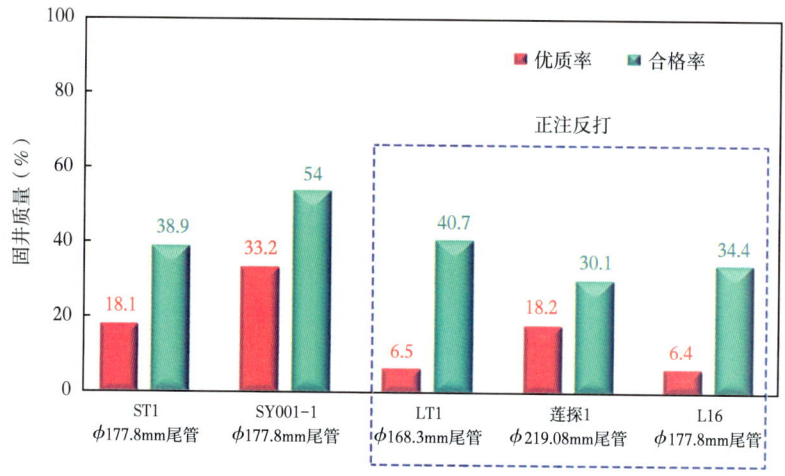

图 6-3 部分超深井尾管固井质量统计

井。悬挂点为 6784m，两凝界面为 7300m，重合段长 150m，裸眼段长 859m。

该井六开 φ139.7mm 裸眼封固段地层包括吴家坪组、茅口组、栖霞组、梁山组与志留系等，实测井底温度 165℃，裸眼段共钻遇 10 个显示层、4 个漏层，地层出水 4 次，漏、涌交替发生，其中茅口组实钻钻井液密度为 1.95~2.05g/cm³，栖霞组设计压力系数为 1.36。采用密度为 1.97~2.00g/cm³ 钻井液完钻，不同层系安全密度窗口窄，后效气侵严重。主要问题表现为压力窗口窄，漏失压力当量密度小于 2.10g/cm³。而在井筒 2.12g/cm³ 短起钻观察期间，7335~7426.77m 井段存在地层水侵，茅口气侵严重（密度 1.99g/cm³，静止 9h，后效峰值 77.3881%），对注替工艺和水泥浆防窜能力存在挑战。

针对此类复杂情况，提出了超深井小间隙尾管精细控压压力平衡法固井方案。在实施过程中，通过优化浆柱结构，强化浆体的高温流变性和防漏性能，工艺上以压稳防漏为主，优化注替排量，配备精细化控压流程，采用井口精细动态控压防窜、低压地层当量密

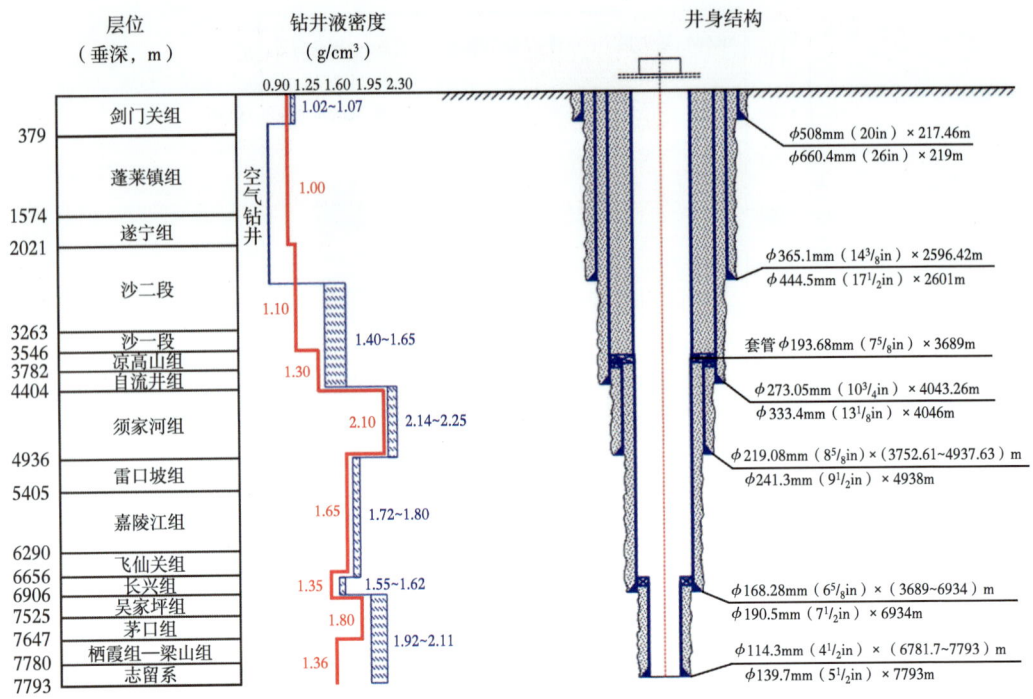

图 6-4　LG70 井身结构图

度平衡防漏的固井方式，实现了注替期间动态防漏失和停泵静止期间防气窜，有效解决了 859m 小井眼、长封固段茅口组异常高压和栖霞组压力系数低一次性注水泥上返的难题。

2. 浆柱结构设计

根据本井实钻及固井难点，确定采用两凝水泥浆体系，两凝界面为 7300m。快干采用加砂防漏水泥浆体系，密度为 2.10g/cm³，封固 7300～7793m 井段；缓凝水泥浆密度为 2.10g/cm³，封固 7300～6464m，下水泥塞长度 10.0m，上塞按 ϕ168.3mm 套管内 150m 考虑，如图 6-5 所示。替浆到茅口组气层，静当量密度为 2.05g/cm³；关井口控压 5.4MPa（压差），茅口组气层当量密度达到 2.12g/cm³，可满足起钻条件。

考虑到钻井液、隔离液与水泥浆密度级差成梯级匹配，确定隔离液密度为 2.00g/cm³，各种流体用量根据电测实际井径进行计算，设计结果见表 6-2。

表 6-2　LG70 井 ϕ114.3mm 悬挂尾管固井浆柱结构设计数据

液体类型	液体名称	密度（g/cm³）	有效用量（m³）	高度（m）
前隔离液	隔离液	2.00	9	1096.2
前冲洗液	缓凝药水	1.03	1	121.8
水泥浆	缓凝水泥浆	2.10	7	828
水泥浆	快干水泥浆	2.10	3.3	493
压塞液	缓凝药水	1.03	2	269.6
顶替液	隔离液	2.00	6.3	912.7
顶替液	加重钻井液	2.40	6	1061.3
顶替液	钻井液	2.00	30.84	5456.3

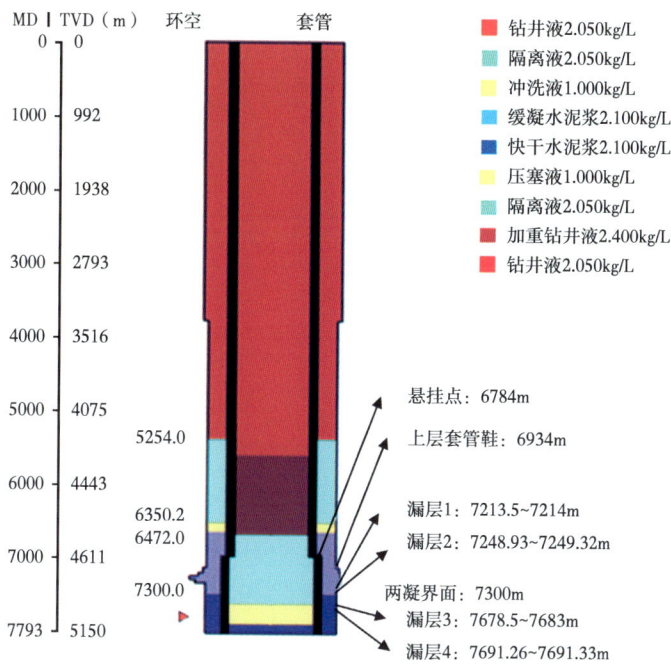

图 6-5　LG70 井 ϕ114.3mm 尾管固井浆柱结构设计示意图

3. 压稳防漏施工参数设计

按照上述固井浆柱结构，采用软件根据不同排量下顶替效率计算，结果如图 6-6 所

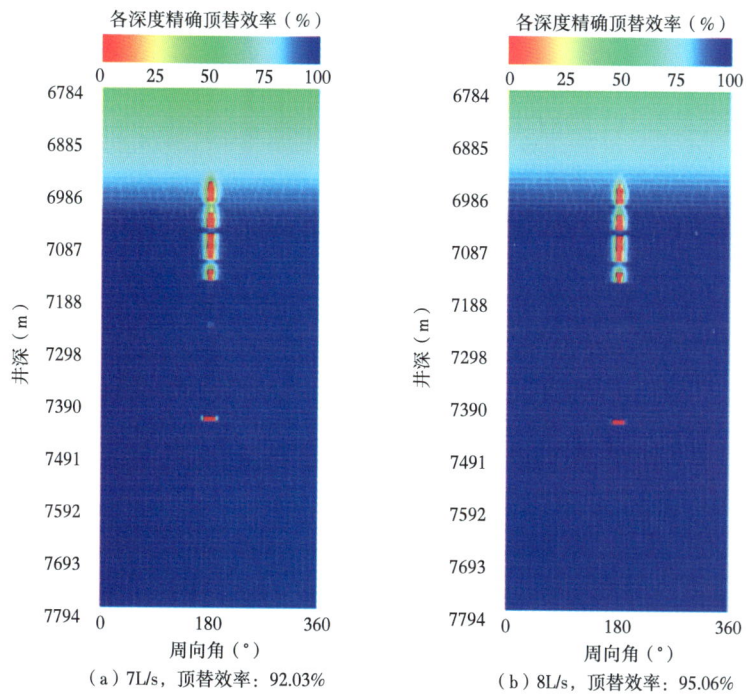

(a) 7L/s，顶替效率：92.03%　　(b) 8L/s，顶替效率：95.06%

图 6-6　LG70 井不同排量下顶替效率模拟结果

141

示。综合考虑国内外相关标准与经验，要求固井顶替效率大于90%才能为较好的固井质量提供支撑，因此确定LG70井 ϕ114.3mm尾管固井最优排量大于0.42m³/min（7L/s）。

确定最优排量范围后，根据流变学计算公式及地层承压能力预测值。通过钻进显示、测录井资料、承压上限值计算，可估算地层承压能力，计算各易漏层环空循环当量密度，分析固井井漏风险，最终确定满足平衡压力固井的最低排量，并以此排量进行模拟计算泵压与井底压力（图6-7），确定施工过程中环空控压值。

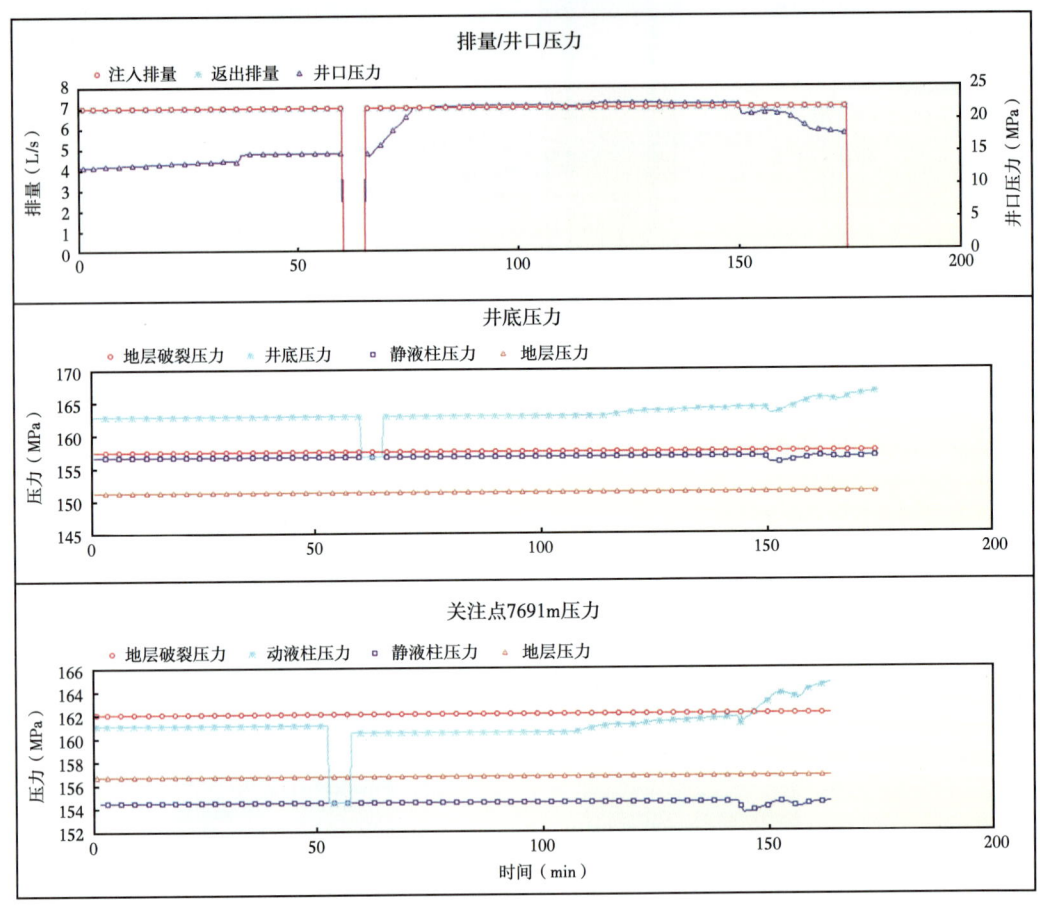

图6-7 排量0.42m³/min情况下的施工泵压与井底压力模拟结果

4. 固井施工过程

LG70井 ϕ114.3mm悬挂尾管固井采用半程精细控压压力平衡法固井工艺技术，施工排量0.36~0.48m³/min，控压值2.6~7MPa，主要参数见表6-3。

表6-3 LG70井 ϕ114.3mm悬挂尾管固井主要参数

井眼尺寸（mm）	套管尺寸（mm）	井段（m）	密度窗口（g/cm³）	钻井液密度（g/cm³）	水泥浆密度（g/cm³）	控压值（MPa）
139.7	114.3	6784~7793	2.08~2.12	2.00	2.10	2.6~7.0

详细固井施工过程及步骤如下。
（1）下套管与循环处理钻井液。
①采用 ϕ101.6mm 钻杆控压下送尾管至井深 7793m；
②循环处理钻井液，密度由 2.11g/m³ 降至 2.00g/cm³，排量为 0.18~0.36m³/min，立压 12.5~15MPa。
（2）控压坐挂尾管悬挂器。
小排量间断开泵送球到位，憋压座挂，继续憋压，15MPa 降至 8.5MPa 顶通，正转 35 圈倒扣成功，停泵环空补压 6.5MPa。
（3）控压进行固井准备。
①控压接固井管线，控压值为 6.5MPa；
②控压冲洗管线并试压 35MPa 后装胶塞，控压值为 6.5MPa。
（4）注前置液、水泥浆施工。
①泵注密度为 2.00g/cm³ 的前置隔离液 9m³，排量 0.42~0.48m³/min，泵压 14.5~16.2MPa，停泵环空补压 5.6MPa；
②车注密度为 1.03g/cm³ 的冲洗液（缓凝水）1m³，排量 0.4~0.42m³/min，泵压 16.5~17MPa，停泵环空补压 6.6MPa；
③车注密度 2.10g/cm³ 的缓凝水泥 7m³，排量 0.42~0.45m³/min，泵压 15~12MPa；
④车注密度为 2.10g/cm³ 的快干水泥 4m³，排量 0.4~0.45m³/min，泵压 12~10MPa。
（5）顶替与碰压。
①精细控压 6.8MPa，开挡销，倒闸门，投胶塞；
②车替压塞液密度为 2.00g/cm³ 的水泥浆 0.2m³ 顶胶塞，排量 0.45m³/min，泵压 6~7MPa，停泵环空补压 5.6MPa；
③车替密度为 1.00g/cm³ 的后冲洗液 0.3m³，排量 0.4 m³/min，泵压 8~7MPa，停泵环空补压 5.5MPa；
④泵替密度为 2.00g/cm³ 的钻井液 4.2m³，排量 0.36~0.45m³/min，泵压 10.5~15.2MPa，停泵环空补压 2.6MPa；
⑤泵替密度为 2.00g/cm³ 的后隔离液 8.3m³，排量 0.4~0.42m³/min，压力 15~17.5MPa，停泵补压 4.8MPa；
⑥泵替密度为 2.40g/cm³ 的加重钻井液 7.2m³，排量 0.36~0.45m³/min，压力 8.0~13.2MPa；
⑦泵替密度为 2.00g/cm³ 的钻井液 24.5m³ 碰压，排量 0.38~0.45m³/min，压力 12.0~13.5MPa，碰压压力由 13.5MPa 升至 20MPa。
（6）控压起钻与候凝。
①控压起钻 10 柱至井深 6474.81m，控套压 4.7~7.0MPa；
②控压正循环洗井，密度为 2.00g/cm³，排量为 0.45m³/min，泵压为 17.2~20MPa；
③关井憋压 7~8MPa 候凝。
详细工艺流程与施工曲线如表 6-4 与图 6-8 所示。

表 6-4 龙岗 70 井 ϕ114.3mm 悬挂尾管精细控压压力平衡法固井现场施工工艺流程

顺序	操作内容	工作量（m³）	密度（g/cm³）	排量（m³/min）	累计量（m³）	环空补压（MPa）
1	下套管		2.11			
2	循环处理钻井液		2.11↓2.00	0.18~0.36		
3	座挂尾管					6.5
4	冲管线、试压与装胶塞					6.5
5	泵注前隔离液	9	2.00	0.42~0.48	9	停泵 5.6
6	泵注前冲洗液	1	1.00	0.4~0.42	10	停泵 6.6
7	车注缓凝水泥浆	7	2.10	0.42~0.45	17	
8	车注快干水泥浆	4	2.10	0.4~0.45	21	
9	开挡销、倒闸门				21	6.8
10	车替压塞液	0.2	2.00	0.45	21.2	停泵 5.6
10	车替冲洗液	0.3	1.00	0.4	21.5	停泵 5.5
11	泵替钻井液	4.2	2.00	0.36~0.45	25.7	停泵 2.6
12	泵替隔离液	8.3	2.00	0.4~0.42	34	停泵 4.8
13	泵替加重钻井液	7.2	2.40	0.36~0.45	41.2	
14	泵替钻井液	24.5	2.00	0.38~0.45	65.7	
15	碰压、泄压及检查回流				65.7	4.8
16	起钻				65.7	4.7~7
17	正循环洗井	80	2.00	0.45	145.7	
18	憋压候凝	环空憋压 4~7MPa 候凝 48h，开井候凝至 96h				

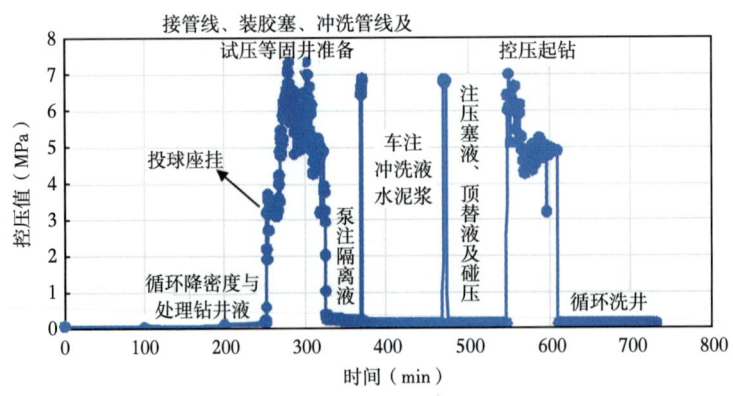

图 6-8 LG70 井 ϕ114.3mm 尾管固井施工控压情况

四、应用效果

LG70 井 ϕ114.3mm 精细控压压力平衡法尾管固井的成功实施，标志着川渝油气田复杂超深井、小间隙尾管固井技术取得阶段性进展，为后续超深井窄密度窗口条件下防窜、漏提供了一种切实可行的全新固井工艺。同时，LG70 井 φ114.3mm 尾管固井作业为同时期中国石油川渝第一深井，创新性应用精细控压尾管固井工艺，刷新了中国石油川渝地区超深井固井纪录，实现了窄密度窗口漏喷同存复杂井况下注水泥一次性上返，固井优质率达 86.6%，合格率为 90.9%，为后期完井试油及投产奠定了基础。

固井质量测量段内绝大部分井段 CBL 幅值低，VDL 地层波清晰，固井质量整体较好。即便测量段多数井段为快地层，但其 VDL 清晰显示地层波特征，说明水泥与套管及地层胶结较好，固井质量合格，如图 6-9 所示。

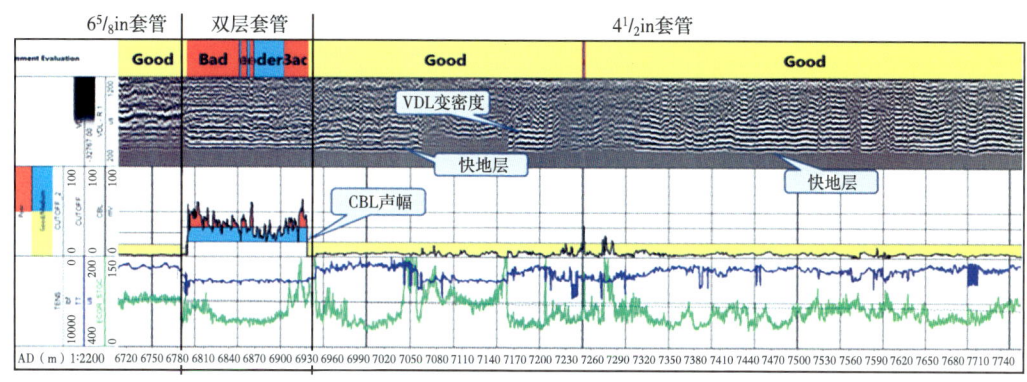

图 6-9　LG70 井 φ114.3mm 尾管电测固井质量

第二节　四川盆地双鱼石区块现场应用及效果

一、区域构造概况

双鱼石区块主要位于四川省广元市剑阁县昭化区及利州区境内，四川盆地川西北部龙门山断褶带与川北古中坳陷低缓带的过渡区，西邻龙门山逆掩推覆带，东接川北古中坳陷低缓区，北部为米仓山隆起南缘山前断褶带。龙门山逆掩推覆带呈北东向展布，长 500 余千米，宽 50~80km，构成四川盆地西侧的高山区。从西向东，龙门山北段至盆地之间，由于构造应力的差异，形成了逆冲推覆构造带、隐伏前缘构造带两大构造带。区块内地面出露白垩系、侏罗系，至丘陵地貌，地面海拔 580~1020m。

该区块受龙门山推覆作用的影响，具有明显的"分带分层"特征。自西向东依次划分为龙门山逆冲推覆带、龙门山隐伏前缘带、梓潼—剑阁坳陷带，自下而上的构造结构分为下构造层、中构造层、上构造层。中三叠统及以上地层为上构造层，该层断裂不发育，在整体形态上为一单斜，北西高南东低、北西陡南东缓。嘉陵江组以下（以下二叠统顶界为代表）为中构造层，形态复杂，褶皱加剧，断裂发育，次一级断褶增多，发育多个潜伏构造或封闭于断层的潜伏断块、断鼻，总的趋势仍显示为北西高南东低。寒武系以下地层为下构造层，具弱变形特征，断层不发育。

双鱼石区块主力产层为栖霞组，根据 ST1 井区钻井所测地层温度资料，交会得回归公式 $T=0.0191H+13.84$，T 为任意点的温度，H 是某一点的垂深。拟合相关系数 0.984，地温梯度为1.91℃/100m，折算至单井气层中部地层温度为153.75~159.69℃，折算至气藏中部海拔为-6416.26m处的地层温度为154℃，为高温气藏。

根据双鱼石区块栖霞组气藏各井实测地层压力，ST1井区单井气层中部地层压力为95.32~96.15MPa，压力梯度为0.3065~0.3016MPa/100m，折算气藏中部海拔-6400m地层压力为95MPa，气藏中部埋深7150m，压力系数为1.37，为高压气藏（表6-5）。

表6-5 双鱼石区块栖霞组气藏地层温度、压力汇总表

井号	测点垂深（m）	测点压力（MPa）	测点温度（℃）	产层中部垂深（m）	产层中部地层压力（MPa）	中部温度（℃）	压力系数	折算至-6606.77m压力（MPa）
ST1井	6445.88	93.378	140.2	7155.75	95.55	154.25	1.36	96.13
ST3井	7196.56	95.405	155.1	7437.4	96.15	159.73	1.32	96.15
SY001-1井	6244.63	92.77	136.3	7173.4	95.32	157.55	1.36	95.86

该区块压力系统复杂，局部存在异常压力。前期完钻的井，压力表现不一致。ST1井珍珠冲段钻遇高压，密度高达1.68g/cm³。ST3井用密度为1.64g/cm³钻井液在自流井钻进时发生气侵，加重至1.73g/cm³发生井漏，累计漏失钻井液86.9m³。后续钻进过程中该段井漏不断，证实该段为断层发育区导致井漏频繁。而Y1井自流井组钻井液密度仅在1.20~1.27g/cm³顺利钻过该层。

截至2018年12月，双鱼石构造已完钻井共计9口，主要目的层为栖霞组，地表出露层下白垩统剑门关组，目的层下二叠统栖霞组顶界垂深在7000m以上。

根据建立的双鱼石构造三压力剖面，结合双鱼石构造实钻工程地质特点，吸取前期ST1井实钻经验，茅口组、栖霞组在同一裸眼段存在高低压互层，井漏严重。ST3井、SY001-1井井身结构经过优化设计了六开的非常规井身结构，有效分隔了茅口组异常高压地层与栖霞组相对低压地层，同时兼顾了吴家坪组与上部飞仙关组等易漏失地层进行分隔。实钻过程中配套应用"刚性粒子+高失水材料"的承压堵漏技术将吴家坪组以上易漏失地层承压能力提至2.00g/cm³。ϕ241.3mm钻头加深钻至栖霞组顶部，下入ϕ177.8mm技术套管，井身结构从设计的六开优化为五开，如图6-10所示。

二、固井技术难点

随着四川盆地天然气资源勘探开发向深井超深井方向发展，川西地区双鱼石区块下二叠统深层超深层气藏勘探工作的进一步深入，固井面临井深不断加深，最深可达7600m以上；井底温度高，最高可达160℃以上，温差达到65~90℃；地层压力高，最高钻井液密度达2.40g/cm³；尾管封固段加长，封固段长2500~4000m；尾管与环空间隙小（11~12mm），水泥环薄；栖霞组、茅口组及以上地层显示活跃；地层安全密度窗口窄、井漏频发等多重挑战。各层次套管固井存在众多难点：

（1）ϕ508mm和ϕ365.13mm套管固井，由于大套管固井地表地层较为疏松、环空间隙较大、返速低，套管内混浆严重，地层较为疏松，易垮塌、易漏失，常规固井方法难于确保质量和水泥浆有效返至地面；

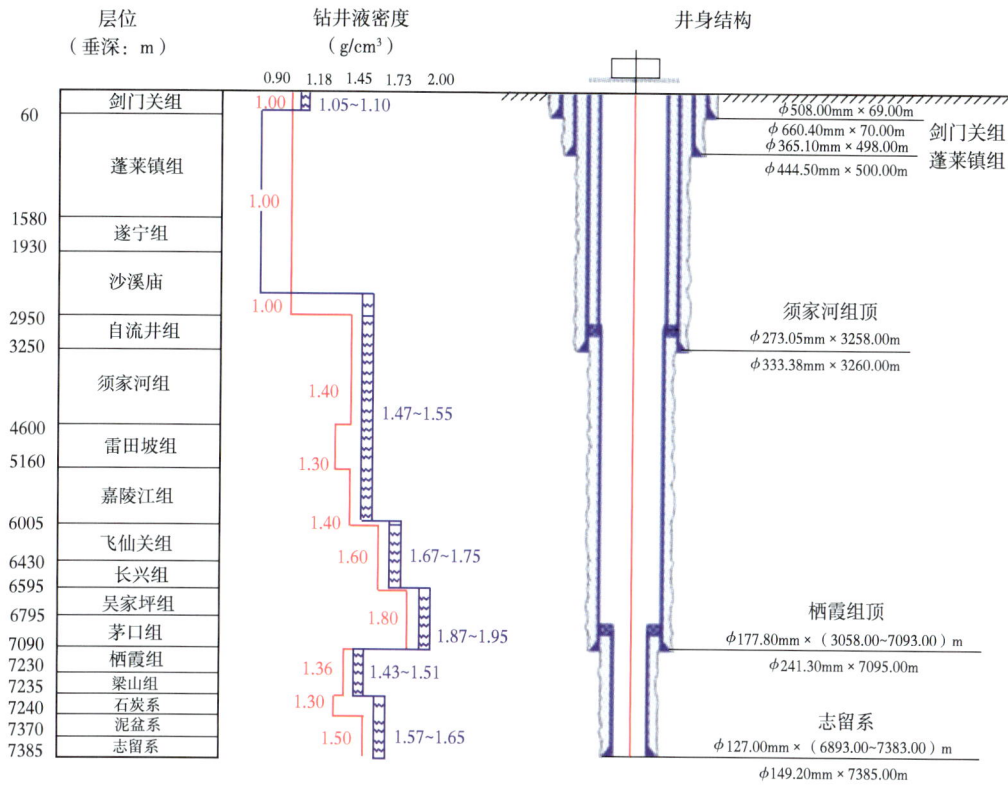

图 6-10 双鱼石构造超深井推荐井身结构示意图

（2）φ273.1mm 技术套管固井，裸眼段长，可能存在井漏、垮塌、气侵等复杂情况，影响固井质量；

（3）φ177.8mm+184.15mm 油层悬挂套管固井，由于套管串长，间隙较大，水泥浆用量较多，在水泥浆驱替钻井液时，可能造成混浆严重，不利于环空顶替效率的提高，造成环空间隙封固不好，水泥环质量差；

（4）该地区产层硫化氢含量高，将对水泥浆有腐蚀作用，造成水泥石强度降低。

尤其是 φ177.8mm+184.15mm 油层悬挂套管固井，窄安全密度窗口地层数量增多，出现喷漏同存，采用现有常规固井工艺技术普遍存在固井施工作业井控安全风险高问题，固井质量难以保证，不合格井大幅度增加，且难以采用其他相关补救措施，对油气井完整性、油气田长期安全开发造成较大影响。具体难点与问题如下。

（1）封固段长，油气显示活跃，喷漏同存。

安全密度窗口窄，喷漏同存，面临易漏失，难压稳等问题。由于安全密度窗口非常窄，调节空间小，在施工过程难以做到既要压稳地层又要防止压漏地层，难以实现平衡固井。川西地区双鱼石构造目的层为茅口组、栖霞组，设计采用五开非常规井身结构。其中，四开 φ177.8mm 复合尾管固井裸眼封固井段长如图 6-11 所示，存在多套压力系统，长兴组、茅口组地层显示活跃，压稳防窜难度大；吴家坪以下地层承压能力低，漏层数量多，易发生井漏。川西地区双鱼石完钻井部分固井段油气显示与漏层统计见表 6-6。

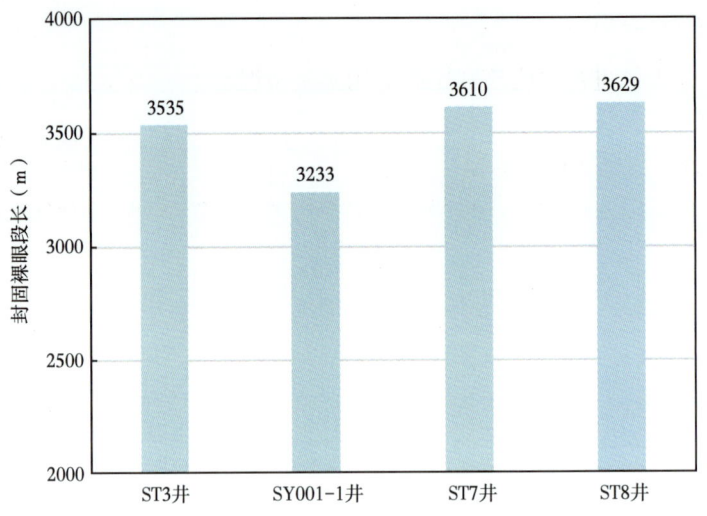

图 6-11 双鱼石构造 ϕ177.8mm 复合尾管封固段长

表 6-6 川西地区双鱼石完钻井部分固井段油气显示与漏层统计

井号	尾管尺寸（mm）	裸眼段长（m）	油气显示段数	漏层数量
ST2 井	168.3	505	7	1
ST3 井	177.8+193.68	3535	35	3
SY001-1 井	177.8+193.68	3233	12	2
ST7 井	177.8+193.68+184.15	3610	8	5
ST8 井	177.8+193.68	3629	23	2

（2）顶替效率低，固井质量难以保证。

由于高温高压窄安全密度窗口超深井通常钻井液密度高、黏切大，油气侵造成的含油较多，固井过程中，井壁与套管壁上的虚滤饼、油膜和钻井液难以清洗干净。此外，窄密度窗口限制了钻井液、隔离液和水泥浆的密度级差，三者密度、流变性难以形成梯级匹配，影响顶替效率。小尾管固井水泥浆总量少，接触时间短，顶替后形成的混浆段比例大；流动摩阻大，施工排量受限也是造成顶替效率低的重要因素。小尺寸尾管固井水泥浆量少，接触时间短，顶替后形成的混浆段较长；环空间隙小，流动摩阻大，施工排量受限，顶替效率低。窄密度窗口固井与常规固井密度级差对比见表 6-7。

表 6-7 窄密度窗口固井与常规固井密度级差对比

井号	固井尾管尺寸（mm）	密度值（g/cm³）			
		钻井液	隔离液	水泥浆	级差
SY001-1 井	127	1.65	1.70	1.90	0.25
LG70 井	114.3	2.03	2.05	2.10	0.07
LT1 井	114.3	2.27	2.30	2.35	0.08

三、现场实施情况

下面以 ST7 井为例进行说明该区块的应用实施情况。

1. 基本情况

ST7 井为部署在川西北地区双鱼石—河湾场构造带田坝里潜伏构造的一口预探井,目的层为茅口组、栖霞组。该井四开采用 ϕ241.3mm 钻头,密度为 2.07g/cm³ 聚磺钻井液钻至井深 7582m 中完,下入 ϕ177.8mm+193.68mm+184.15mm 套管封固 3770~7582m 井段,裸眼段长 3613m,其井身结构如图 6-12 所示。

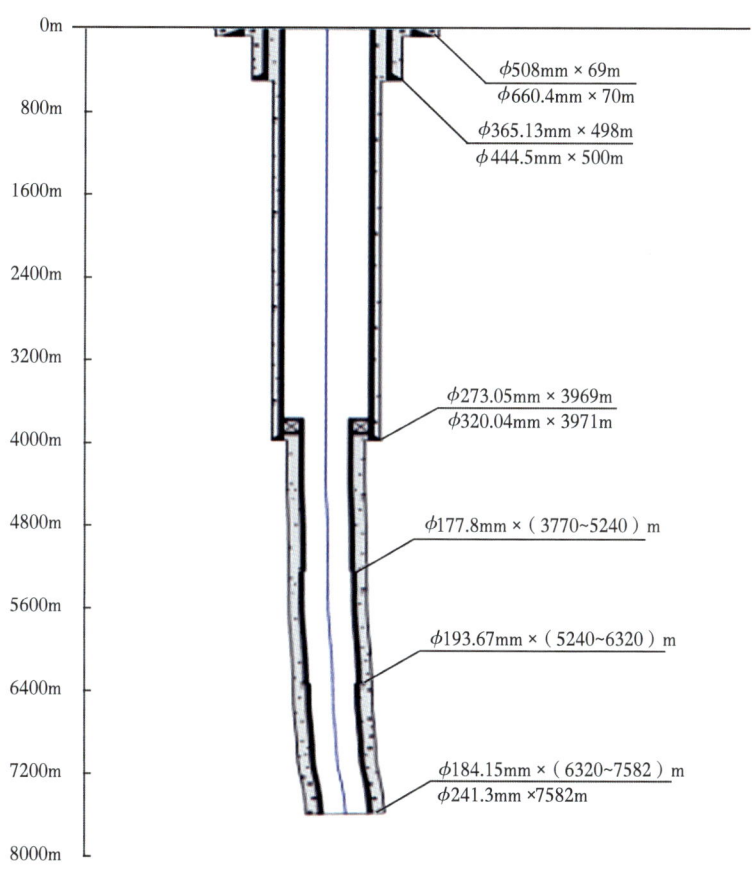

图 6-12 ST7 井四开固井时井身结构

本次固井裸眼井段 3770~7582m,主要存在多层区域性储层、高低压互存问题,极易出现上喷下漏,井控安全风险高,固井作业防窜漏难度极大。固井难点包括:安全密度窗口窄,封固段最大承压能力为当量密度 2.12g/cm³,压稳嘉五段盐水层需当量密度 2.10g/cm³,压稳长兴组及茅口组气层需当量密度 2.05g/cm³,最小安全压力窗口仅 0.02g/cm³;封固段长、温差大,井底温度为 159℃,喇叭口温度约 78℃;气、水显示活跃,对水泥浆性能要求高。

本次固井采用全程精细控压压力平衡法固井技术,在下套管、注水泥浆、替浆全过程实时精细控压 1.0~4.2MPa,解决了安全压力窗口窄的难题。

2. 浆柱结构设计

测定地层压力窗口，设计浆柱结构（确定钻井液、水泥浆密度），采用动承压方式应用固井设计软件模拟计算不同循环排量下循环当量密度，结合钻井过程显示情况与起下钻后效情况测定压力窗口，为确定控压固井方案设计提供基础。固井前可通过动态承压试验，进一步检验地层承压能力是否满足固井要求。若承压值不满足要求，根据地层承压能力上限值及岩性孔渗特性，确定固井工艺。

良好的水泥浆体系设计是固井成功的重要保障，针对本次固井难点及实际情况，采用了三凝水泥浆体系，缓凝界面设计在5200m，确保在中凝失重时能有效地压稳5581m处盐水层。最终，设计快干封固6700~7582m井段，中凝封固5200~6700m井段，缓凝封固3770~5200m井段，上水泥塞及多返约8m³。ST7井固井具体浆柱结构见表6-8。ST7井 ϕ177.8m 层管固井浆柱结构图如图6-13所示。

表6-8 ST7井固井浆柱结构数据

液体类型	液体名称	密度（g/cm³）	有效用量（m³）	高度（m）
前隔离液	抗污染隔离液	2.05	20	469
冲洗液	缓凝配浆水	1.03	2	63
水泥浆	缓凝水泥浆	2.05	47	1430
水泥浆	中凝水泥浆	2.00	31	1500
水泥浆	快干水泥浆	2.00	25	882
压塞液	缓凝配浆水	1.03	2	108
顶替液	钻井液	2.03	62	3348
顶替液	加重钻井液	2.36	12	648
顶替液	钻井液	2.03	19	1026

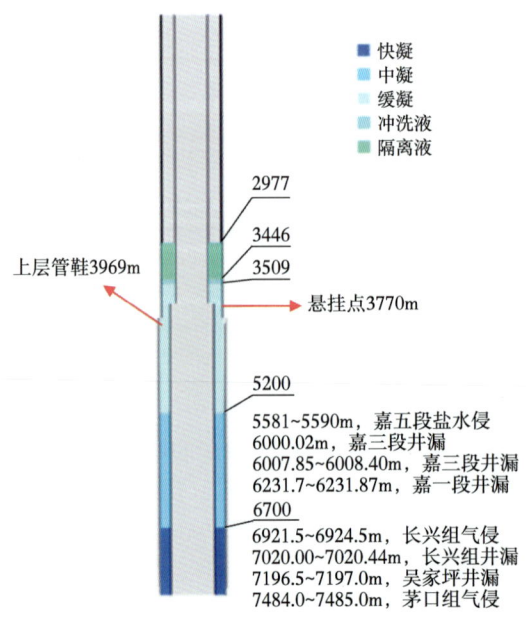

图6-13 ST7井 ϕ177.8mm 尾管固井浆柱结构图

3. 压稳防漏施工参数设计

按照上述固井浆柱结构,采用模拟软件根据不同排量下顶替效率计算结果,如图6-14所示。综合考虑国内外相关标准与经验,要求固井顶替效率大于90%才能为较好的固井质量提供支撑,因此确定ST7井 ϕ177.8mm+193.68mm+184.15mm 复合尾管固井最优排量大于 1.1m³/min(18.3L/s)。

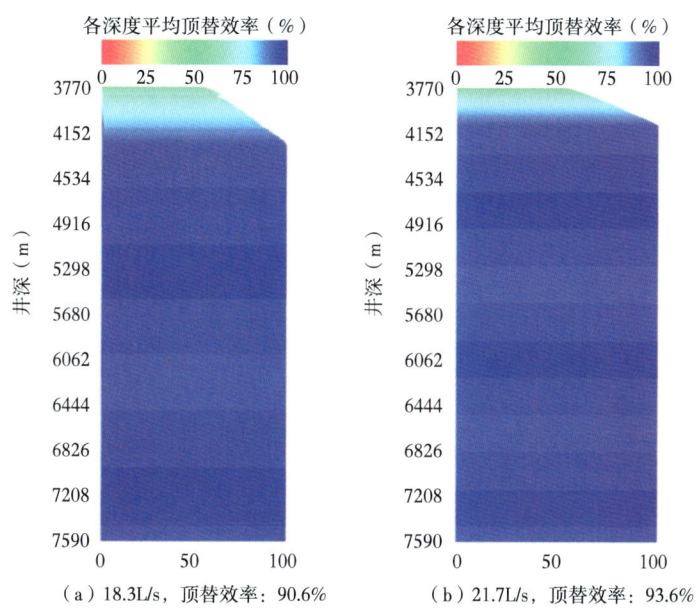

图6-14 ST7井不同排量下顶替效率模拟结果

确定最优排量范围后,根据流变学计算公式及地层承压能力预测值。通过钻进显示、测录井资料、承压上限值计算,可估算地层承压能力,计算各易漏层环空循环当量密度,分析固井井漏风险,最终确定满足平衡压力固井的最低排量,并以此排量进行模拟计算泵压与井底压力(图6-15),确定施工过程中环空控压值。

4. 固井施工过程

基于以上设计与实测结果,在前期精细控压压力平衡法固井基础上,创新采用全程实时控压的方式完成本次 ϕ177.8mm+193.68mm+184.15mm 复合尾管固井,施工排量为 1.1~1.3m³/min,全程控压 1.0~4.2MPa,主要参数见表6-9。

表6-9 ST7井精细控压压力平衡法固井现场应用主要参数

井眼尺寸 (mm)	套管尺寸 (mm)	井段 (m)	密度窗口 (g/cm³)	钻井液密度 (g/cm³)	水泥浆密度 (g/cm³)	控压值 (MPa)
241.3	177.8+193.68+184.15	3725.79~7582	2.10~2.12	2.03	2.00~2.05	1.0~4.2

详细固井施工过程及步骤如下。

(1)控压下套管与循环处理钻井液。

①采用 ϕ139.7mm 钻杆控压下送尾管至井深7582m,控压值 1.0~1.4MPa;

②控压循环处理钻井液,密度由 2.07g/cm³ 降至 2.03g/cm³,排量为 11.9~18.0L/s,

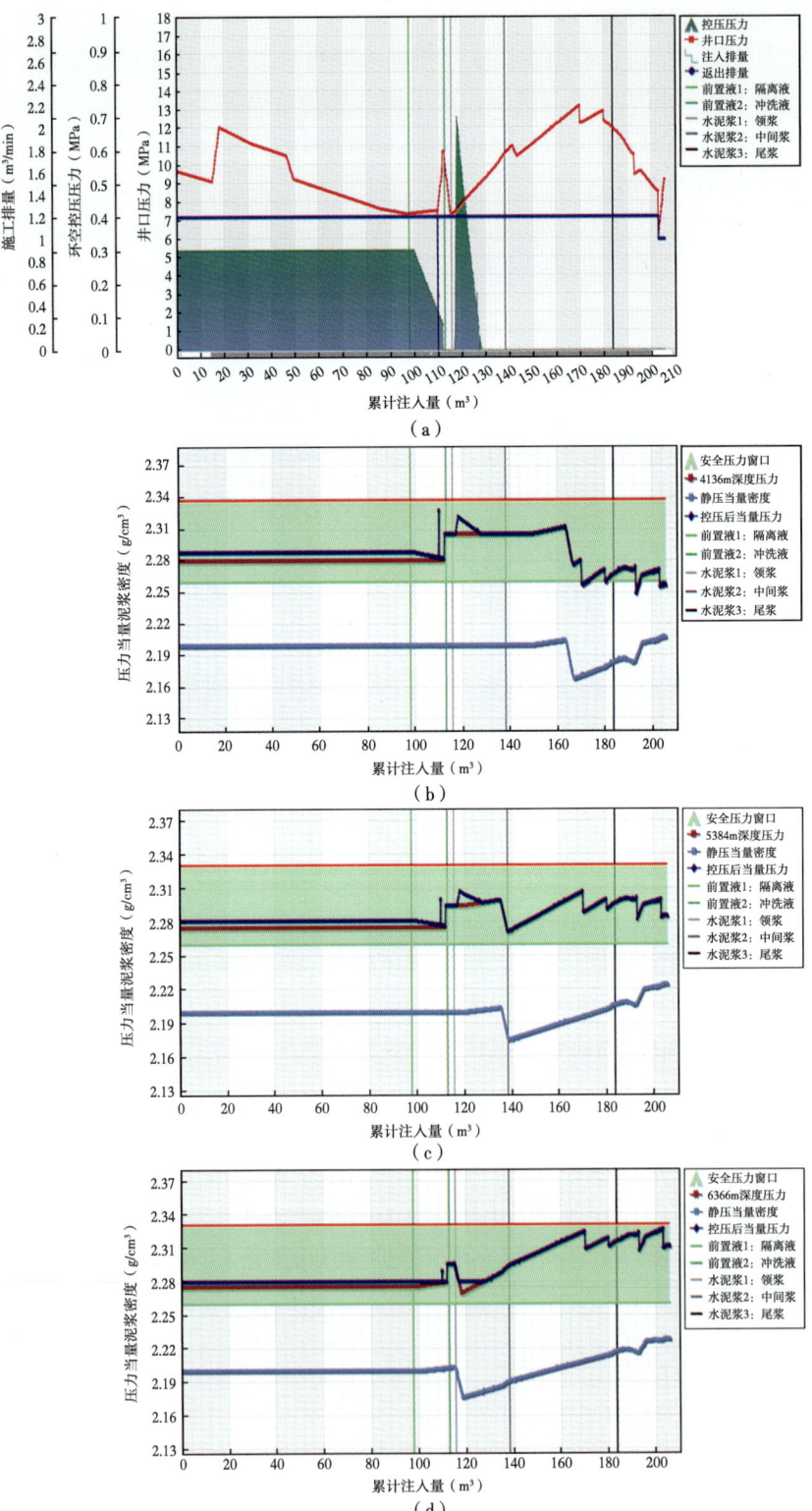

图 6-15　排量 1.2m³/min 情况下的施工泵压与井底压力模拟结果

立压6.5~15.5MPa，控压值0.5~2.0MPa；

③控压循环钻井液，密度2.03g/cm³，排量17.9~21.7L/s，立压5.2~11.5MPa，控压值1.6~1.8MPa。

（2）控压坐挂尾管悬挂器。

控压小排量间断开泵送球到位，憋压由0上升至17.5MPa座挂，继续憋压由17.5MPa升至23.0MPa再降至5.6MPa顶通，悬重由2950kN降至1250kN再升至1350kN，正转25圈倒扣成功，控压值3.0~4.0MPa。悬挂器座挂井深3735.61m，喇叭口井深3730.35m，套管下深7582m。

（3）控压进行固井准备。

①控压接固井管线，控压值为3.5~4.0MPa；

②控压循环钻井液，排量1290L/min，泵压12.0~12.5MPa，控压值1.8~2.0MPa；

③控压冲洗管线并试压35MPa后装胶塞，控压值4.0MPa。

（4）控压注前置液、水泥浆施工。

①控压泵注密度为2.05g/cm³的前置隔离液20m³，排量1200~1300L/min，泵压7.5~10.0MPa；

②控压车注冲洗液（缓凝水）2.0m³，排量1100~1300L/min，泵压3.0~4.0MPa；

③控压车注嘉华G级缓凝水泥47m³（干灰70×10³kg），排量1100~1300 L/min，泵压7.0~12.0MPa，水泥浆密度最大2.08g/cm³，最小2.03g/cm³，平均2.05g/cm³；

④控压车注嘉华G级中凝水泥31m³（干灰55×10³kg），排量1100~1300L/min，泵压9.0~12.0MPa，水泥浆密度最大2.01g/cm³，最小2.00g/cm³，平均2.00g/cm³；

⑤控压车注嘉华G级快干水泥25m³（干灰38×10³kg），排量1100~1300L/min，泵压6.0~11.0MPa，水泥浆密度最大2.01g/cm³，最小1.98g/cm³，平均2.0g/cm³；该阶段全程控压值1.8~2.0MPa。

（5）控压顶替与碰压。

①精细控压4.0MPa，开挡销，倒闸门，投胶塞；

②控压车替压塞液2.0m³顶胶塞，排量1200L/min，泵压1.2MPa，控套压1.8~2.0MPa；

③控压泵替密度为2.03g/cm³的钻井液62.0m³，排量1100~1300L/min，泵压11.0~15.0MPa，控套压1.8~2.0MPa；

④控压泵注密度为2.05g/cm³的后置隔离液13.5m³，排量700~900L/min，泵压9.0~9.5MPa，控套压为2.0~2.5MPa；

⑤控压泵替密度为2.36g/cm³的加重钻井液12m³，排量1100~1200L/min，泵压7.0~9.0MPa，控套压0.7~1.0MPa；

⑥控压泵替密度为2.03g/cm³的钻井液19m³，排量900~1200L/min，泵压5.0~10.0MPa；碰压由5.2MPa升至15.5MPa，稳压5min。

（6）控压起钻与候凝。

①控压起钻15柱至井深3289.18m，控套压4.0~4.2MPa；

②控压正循环洗井，排量2328L/min，泵压为13.7MPa，控套压3.0MPa；

③起钻至井深3265.51m，关井憋压候凝，控套压由4.0MPa降至3.0MPa；

④关井憋压候凝，控套压由 4.9MPa 降至 4.3MPa 再升至 6.4MPa 最后降至 4.0MPa。详细工艺流程与施工曲线如表 6-10 与图 6-16、图 6-17 所示。

表 6-10　ST7 井精细控压压力平衡法固井施工工艺流程

顺序	操作内容	工作量（m³）	密度（g/cm³）	排量（m³/min）	累计量（m³）	环空补压（MPa）
1	下套管		2.06			1~1.4
2	循环处理钻井液		2.06↓2.03	0.72~1.08		0.5~2
3	座挂尾管		2.03			3~4
4	冲管线、试压与装胶塞					4
5	泵注前隔离液	20	2.05	1.2~1.3	20	1.8~2
6	泵注前冲洗液	2	1.03	1.1~1.3	22	1.8~2
7	车注缓凝水泥浆	47	2.05	1.1~1.3	69	1.8~2
8	车注中凝水泥浆	31	2.00	1.1~1.3	100	1.8~2
9	车注快干水泥浆	25	2.00	1.1~1.3	125	1.8~2
10	开挡销、倒闸门				125	4
11	车注压塞液	2	1.03	1.1~1.3	127	1.8~2
12	泵替钻井液	62	2.03	1.1~1.3	189	1.8~2
13	泵替加重钻井液	12	2.36	1.1~1.2	201	0.7~1
14	泵替钻井液	19	2.03	0.9~1.2	220	0~0.7
15	碰压、泄压及检查回流				220	4
16	起钻				220	4~4.2
17	正循环洗井	160	2.03	2.3	380	3
18	憋压候凝	环空憋压 4~6MPa，候凝 60h，开井候凝至 96h				

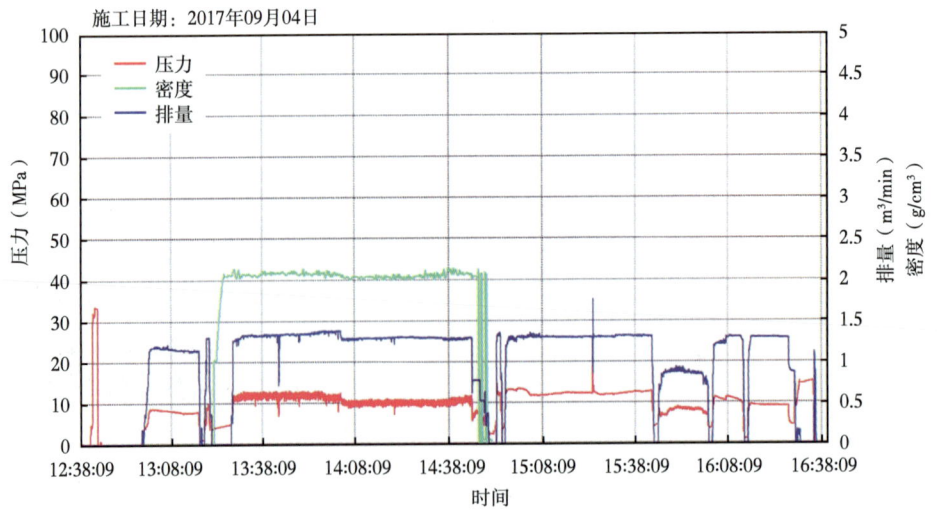

图 6-16　ST7 井 φ177.8mm 尾管固井施工曲线

第六章 精细控压压力平衡法固井现场应用及效果

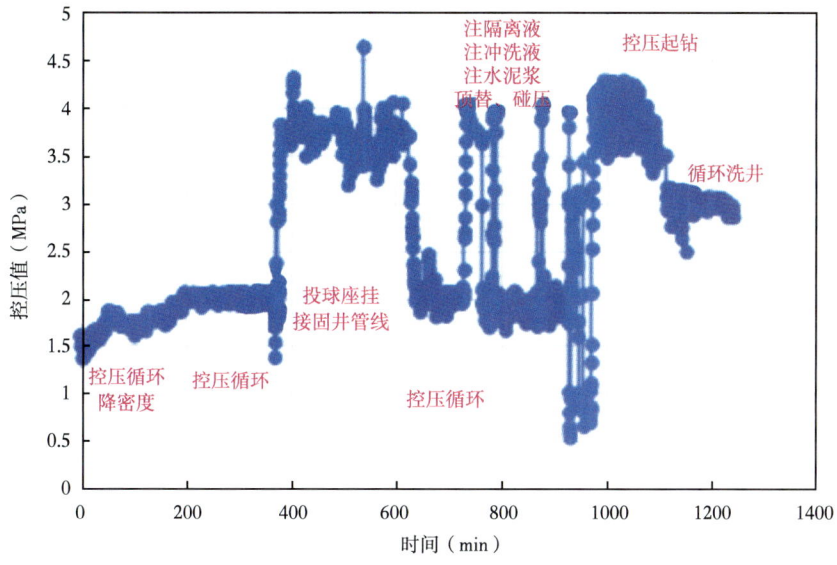

图 6-17 ST7 井 φ177.8mm 尾管固井施工控压情况

四、应用效果

候凝结束后，采用 CBL-VDL 固井质量综合评价测井。测井解释结果显示：水泥胶结优良井段为 56.2%，水泥胶结中等井段为 41.1%，水泥胶结差井段为 2.7%。全井段固井水泥胶结合格率为 97.3%，测井评价为合格。本次 φ177.8mm+193.68mm+184.15mm 复合尾管全井段固井质量见表 6-11。

表 6-11 ST7 井复合尾管全井段固井质量统计表

序号	标准（%）	厚度（m）	比例（%）	结论
1	0.00~20.0	2138.1	56.2	优
2	20.0~40.0	1561.0	41.1	中
3	40.0~100.0	102.9	2.7	差

本次尾管固井井段内有 7 个差气层，主要分布在长兴组、吴家坪组与茅口组，详见表 6-12。

表 6-12 ST7 井 φ177.8mm+193.68mm+184.15mm 复合尾管段差气层解释表

序号	层位	井段（m）	厚度（m）	解释结论	固井质量
1#	长兴组	6780.3~6783.9	3.6	差气层	中等
2#	长兴组	6791.6~6801.1	9.5	差气层	中等
3#	吴家坪组	7197.6~7205.6	8	差气层	优
4#	茅三	7272.3~7283.9	11.6	差气层	优
5#	茅二b	7376.7~7382.9	6.2	差气层	优
6#	茅二b	7385.5~7388.6	3.1	差气层	优
7#	茅二b	7396.0~7403.2	7.2	差气层	优

表6-12中4#储层段7272.3~7283.9m,该封固井段上部声幅值低,一界面水泥胶结优;变密度曲线反映套管波能量较弱、地层波能量较强,二界面水泥胶结中等,固井质量解释为优,如图6-18所示。

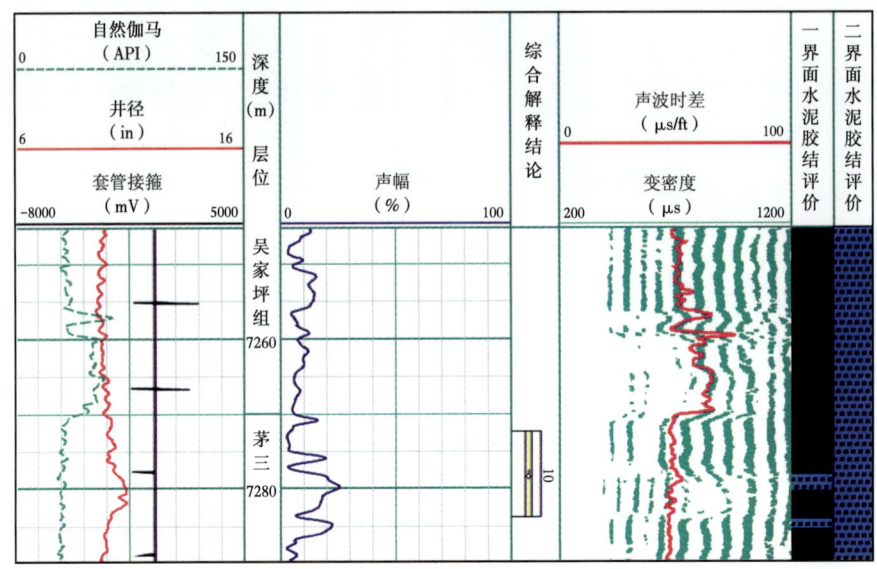

图6-18 ST7井(7245~7290m)固井处理成果图

表6-12中5#储层段7376.7~7382.9m、6#储层段7385.5~7388.6m及7#储层段7396~7403.2,该封固井段上5#、6#储层声幅值低,一界面水泥胶结优;7#储层声幅值低~中,一界面水泥胶结优~中;储层段变密度曲线反映套管波能量弱、同时地层波能量较强,二界面水泥胶结中等,固井质量评价为优,如图6-19所示。

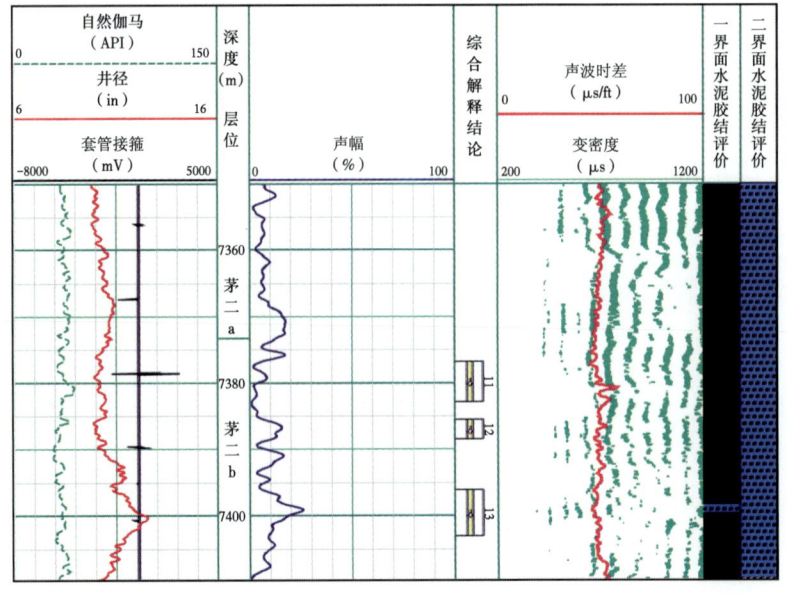

图6-19 ST7井(7350~7410m)固井处理成果图

第三节 四川盆地高石梯—磨溪构造现场应用及效果

一、区域构造概况

乐山—龙女寺古隆起区是盆地内加里东期形成的巨形鼻状古隆起，是一个长期继承性发育的巨型古隆起。受桐湾运动、加里东运动影响，二叠系以下地层均遭受了不同程度的剥蚀或缺失。特别是对震旦系灯影组和寒武—奥陶系的风化剥蚀，形成了两套岩溶改造型储层。

从宏观上看，安岳气田高石梯—磨溪地区寒武系底界构造格局表现为在乐山—龙女寺古隆起背景上的北东东向大型鼻状隆起，由西向北东倾伏，呈多排、多高点的复式构造特征。整个高石梯—磨溪地区可以形成一个共圈，最低圈闭线海拔为-5010m，构造主轴轴向为北东东向，长度为94.7km，构造宽度为92.2km。共圈主高点位于磨溪①号断裂南的断高，高点海拔为-4581m，圈闭面积4518.2km^2，闭合高度429m。

四川盆地上震旦统灯影组，为元古宙与显生宙之交、大型古生物出现前夜、菌藻类极为繁盛地层，是典型干热古气候背景下沉积的巨厚碳酸盐岩建造，主要为碳酸盐岩台地沉积背景。在灯四段沉积期，为碳酸盐岩局限台地环境，以丘滩、丘间及台坪沉积为主。

根据沉积微相识别特征，划分了30口已钻井沉积微相，连井对比及平面分布研究表明，高石梯区块台缘带灯四段GS9—GS8井区丘滩最为发育，丘翼+丘核有利沉积微相所占地层厚度比例达70%左右；磨溪区块台缘带仅灯四上亚段丘滩发育，丘翼+丘核有利沉积微相所占地层厚度比例约40%~70%；而灯四下亚段以丘基微相为主。

由于四川盆地在晚震旦—早寒武世发生的桐湾运动以升降运动为主，在灯四段沉积之前由于桐湾Ⅰ幕的影响，研究区整体遭受抬升，灯二段和灯三段沉积期之间存在较短时期的剥蚀，这时形成的地貌的高低影响了后续灯四段的沉积格局，在灯三、灯四段沉积前的古地貌高部位区域更易于丘滩的发育。因此，灯四段碳酸盐岩的有利沉积相组合类型，无论是在垂向演化序列还是平面分异格局上，均表现为丘滩复合体。纵向上，丘滩复合体底部发育以深灰色泥晶白云岩、深灰色含泥质白云岩、硅质白云岩、硅质岩等岩性为主的丘基微相；中下部发育以藻凝块白云岩、藻叠层白云岩、藻纹层白云岩等岩性为主的丘翼微相；中上部发育以灰色砂屑白云岩、灰黑色藻砂屑白云岩为主的丘核微相；顶部发育以灰色、灰白色泥晶白云岩、泥晶含粉砂质白云岩为主的丘盖微相。其中，以丘翼、丘核微相沉积的藻凝块云岩、藻叠层云岩、粒屑云岩对储层发育最有利。

根据目前的勘探认识，震旦系灯影组储层主要发育于灯二、灯四段，但各段储层特征存在差异。灯影组储层类型包含有缝洞型、孔洞型和孔隙型三种，其中灯四段主要受风化作用影响，以孔洞型为主，其次为缝洞型。储层主要为藻白云岩，见角砾状、花斑状、层纹状藻云岩及硅质条带，中小型溶蚀孔洞发育，孔洞多被自形晶白云石、石英、沥青半充填，见热液矿物（方铅矿和黄铁矿），钻井过程中常表现为钻井放空、井漏等。

参考邻井资料分析结果，MX22井区主要存在以下钻井风险及难点。

（1）沙溪庙组—凉高山组垮塌严重。

MX022—H4井钻至507m表层固井井深起钻前，用稠浆举砂，举出直径为3~5cm岩屑 1.5m³，起钻遇卡；通井探得沉砂厚度 41.5m，用密度为 2.27~2.31g/cm³、黏度为 55~65s 的稠浆五次举砂，共举出直径为 3~7cm 岩屑 7.5m³。钻至 1945.2m（须家河组顶）起钻，起至 1723.31m（珍珠冲段）遇卡，探得沉砂厚度约 7m，用密度为 2.31g/cm³ 的钾聚磺钻井液举砂，举出直径为 2~4cm 岩屑 0.4m³。

（2）浅层气显示频繁。

MX108 井沙一段使用密度为 1.51g/cm³ 的钻井液钻进见气测异常，大安寨段使用密度为 1.64g/cm³ 的钻井液见两次气测异常；MX022-H4 井凉高山组使用密度为 1.67g/cm³ 的钻井液钻进见气测异常，大安寨段使用密度为 1.72g/cm³ 的钻井液钻进见气测异常；MX022-X1 井凉高山组使用密度为 1.54g/cm³ 的钻井液钻进见气测异常，大安寨段使用密度为 1.55g/cm³ 的钻井液钻进见气测异常、气侵；MX103 井大安寨段使用密度为 1.55g/cm³ 的钻井液见气侵，珍珠冲段使用密度为 1.65g/cm³ 的钻井液钻进见气测异常。

（3）雷口坡组—嘉陵江组可能钻遇大段石膏层，存在缩径卡钻风险。

本区域石膏主要发育于雷口坡组、嘉陵江组，钻进过程中预防缩径卡钻。

（4）嘉二段—筇竹寺组裸眼段长，压力差异大，易发生喷漏同存的复杂局面。

MX103 井使用密度为 2.15 g/cm³ 的钻井液钻至 3449.67m（嘉二² 段）发现液面上涨 1.2m³；使用密度为 2.23g/cm³ 的钻井液钻至 3481.80m（嘉二¹ 段）发现液面上涨 0.6m³；使用密度为 2.27g/cm³ 的钻井液钻至 4665.78m（栖一段）、4681m（栖一段）分别发生井漏，共漏失钻井液 963.3m³，堵漏过程中出现液面上涨的情况，泄压点火可燃。MX105 井栖霞组用密度为 2.21g/cm³ 的钻井液钻进见井漏，累计漏失钻井液 355m³；MX108 井使用密度为 2.16g/cm³ 的钻井液钻至嘉二² 段发现气侵，钻至栖霞组，用密度为 2.15g/cm³ 的钻井液钻进见井漏，漏失钻井液 85m³；MX022-H4 井用密度为 2.31g/cm³ 的钻井液钻至 4774.54m（栖一段）见井漏，漏失钻井液 269.9m³。

（5）栖霞组—灯影组可钻性差，钻进速度慢。

龙潭组岩性泥质重、塑性强，PDC 钻头难以吃入，机械钻速低；沧浪铺组上部、灯四段石英含量高、研磨性特别强，钻头磨损严重，寿命短。

（6）灯影组钻井液密度安全窗口窄，井漏严重。

本井区灯影组溶蚀洞缝发育，钻井过程中普遍井漏，钻井液密度窗口窄。

（7）高温、高压、含硫，钻进安全风险高。

高石梯—磨溪区块灯四段平均地层温度为 153.64℃，最高地层压力达到 96.65MPa 左右；雷口坡组—震旦系均含 H_2S，雷一¹ 段、嘉二段、飞仙关组、长兴组、龙王庙组、灯影组等层系 H_2S 含量分别为 21g/m³、0.5g/m³、0.05g/m³、0.015mg/m³、8.7g/m³、27g/m³；灯四段 CO_2 含量为 146g/m³。

二、固井技术难点

1. ϕ339.7mm 表层套管固井

由于大套管固井地表地层较为疏松、环空间隙较大，返速低，套管内混浆严重，地层较为疏松，易垮塌、易漏失，常规固井方法难以确保质量和水泥浆有效地返至地面。

2. ϕ247.65+244.5mm 技术套管固

裸眼段较长，易发生井漏、垮塌等复杂情况，影响固井质量；固井后井筒内介质反复变化，易形成微间隙，引起环空带压。

3. ϕ177.8mm 尾管固井

封固段长、上下温差大、水泥浆易发生超缓凝；高压气层分布整个裸眼井筒，油气显示活跃，喇叭口易气窜；钻井液密度高，水泥浆与钻井液兼容性差，混浆严重威胁施工安全及不利于高效顶替；安全压力窗口窄，易发生井漏导致水泥浆漏封；下开低密度钻井液钻进引起套管径向收缩形成微环隙；后期生产期间高温条件下强度衰退降低了水泥石对后续作业环境的长期适应性，易导致环空带压。

4. ϕ127.0mm 尾管固井

固井面临高温、小间隙，水泥环薄，后期高温高压环境下投产，对水泥环长期适应性要求高，固井水泥石耐久性面临严峻考验。

5. ϕ177.8mm 回接固井

后期作业温度压力变化对水泥环长期适应性要求高，固井水泥石耐久性面临严峻考验。

本次固井施工主要难点：

（1）茅口气侵显示龙潭组多次井漏，根据钻进工况推测，密度窗口为 2.35~2.41g/cm³，安全密度窗口窄，井漏风险高；

（2）茅二段气侵显示活跃，后效气侵较严重，钻井液密度为 2.39g/cm³ 时仍有后效显示，固井压稳防窜难度较大。

三、现场实施情况

下面以 MX022-H21 井 ϕ177.8mm+184.15mm 复合尾管固井为例。

1. 基本情况

MX022-H21 井目的层为灯影组，三开采用 ϕ215.9mm 钻头钻至井深 5563.00m 中完，拟下入 ϕ177.8mm+184.15mm 复合尾管封固 3135.00~5563.00m 井段，为下步钻进创造条件。

本次固井采用精细控压压力平衡法固井方法，控制井底环空当量密度不超过 2.41g/cm³（依据中完时密度 2.39g/cm³、980L/min 循环不漏计算当量密度为 2.41g/cm³），茅二段及龙潭组环空当量密度为 2.35~2.40 g/cm³（显示层 2.35g/cm³ 能压稳，中完时密度 2.39g/cm³、980L/min 循环不漏计算当量密度为 2.41g/cm³），兼顾龙潭组、灯影组防漏与茅二段压稳。

2. 浆柱结构设计

针对本次固井难点及实际情况，采用两凝浆柱结构，两凝界面 3534.85m，快干水泥浆密度为 2.30g/cm³，封固 3534.85~5563.00m 井段；缓凝水泥浆密度为 2.35g/cm³，封固 3135.00~3534.85m 井段，上水泥塞及多返共 10m³，下水泥塞 50m。具体浆柱结构如图 6-20 所示。

3. 压稳防漏施工参数设计

按照上述固井浆柱结构，在满足顶替效率的情况下（图 6-21），确定本次复合尾管固井最优排量应大于 1.2m³/min（20L/s）。

确定最优排量后，根据流变学计算公式及地层承压能力预测值。通过钻进显示、测录

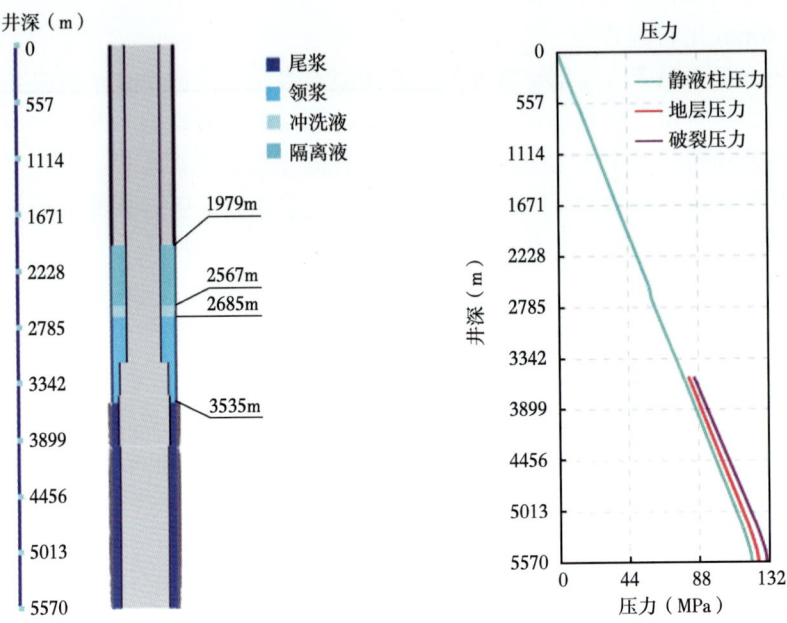

图 6-20 MX022-H21 井固井浆柱结构图

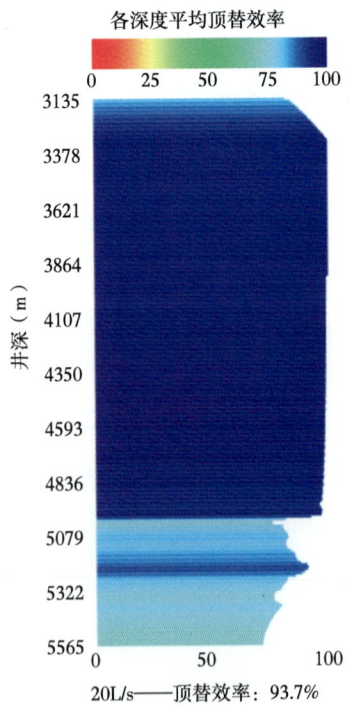

图 6-21 MX022-H21 井不同排量下顶替效率模拟结果

井资料、承压上限值计算，可估算地层承压能力，计算各易漏层环空循环当量密度，分析固井井漏风险，最终确定满足平衡压力固井的最低排量，并以此排量进行模拟计算泵压与井底压力（图6-22），确定施工过程中环空控压值。

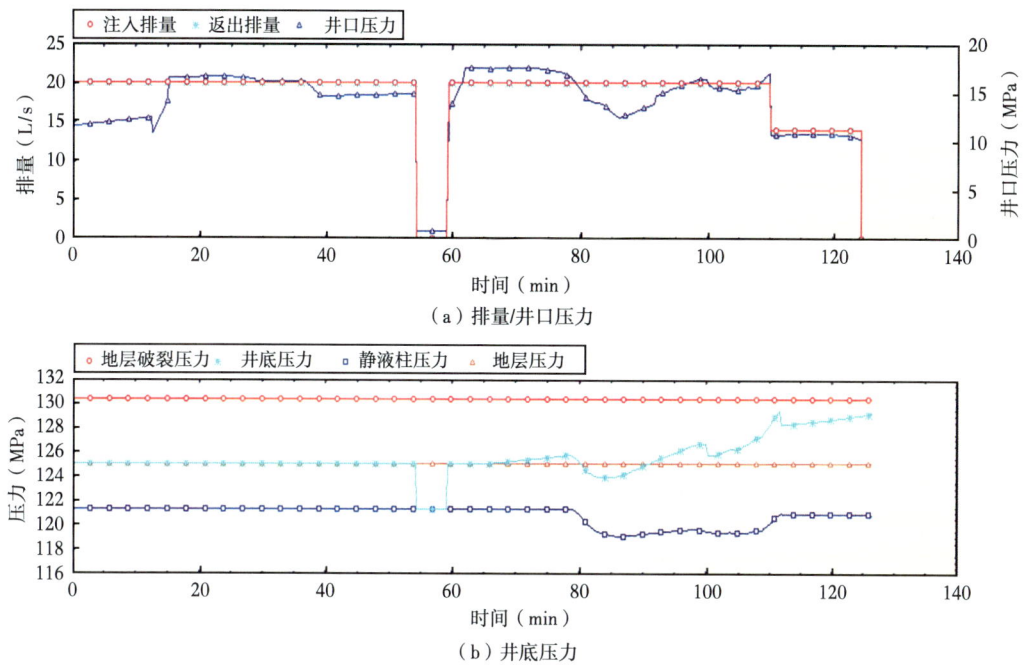

图6-22 排量1.2m³/min情况下的施工泵压与井底压力模拟结果

4. 固井施工过程

本次MX022-H21井φ177.8mm复合尾管精细控压压力平衡法固井在前期现场应用的基础上，下送尾管到底后将钻井液密度由2.33g/cm³降至2.28g/cm³，然后采用全程精细控压的固井方式，施工排量1.2~1.3m³/min，控压0~6.0MPa，主要参数见表6-13。

表6-13 MX022-H21井精细控压压力平衡法固井现场应用主要参数

井眼尺寸（mm）	套管尺寸（mm）	井段（m）	密度窗口（g/cm³）	钻井液密度（g/cm³）	水泥浆密度（g/cm³）	控压值（MPa）
215.9	177.8+184.15	3135~5563	2.35~2.41	2.28	2.35/2.30	0~6.0

详细工艺流程与施工曲线如表6-14和图6-23所示。

表6-14 MX022-H21井精细控压压力平衡法固井施工工艺流程

顺序	操作内容	工作量（m³）	密度（g/cm³）	排量（m³/min）	累计时间（min）	累计注替量（m³）	环空补压（MPa）	目标当量密度（g/cm³）
1	冲管线试压						4~4.5	4502m：2.37
2	装胶塞							4606m：2.37 5563m：2.36

续表

顺序	操作内容	工作量 (m^3)	密度 (g/cm^3)	排量 (m^3/min)	累计时间 (min)	累计注替量 (m^3)	环空补压 (MPa)	目标当量密度 (g/cm^3)
3	泵隔离液	15	2.29					
4	注冲洗液	3	1.03	1.1~1.2			开泵4↓0 停泵0↑4	4502m：2.35~2.37 4606m：2.35~2.37 5563m：：2.36
5	注缓凝水泥浆	18	2.35		16	18.0		
6	注快干水泥浆	29	2.30		41	47.0		
7	投胶塞				46	47.0		
8	车替压塞液	3	1.03	1.1~1.2	49	50.0		
9	泵替钻井液	37	2.28		81	87.0		
10	替后隔离液	10	2.29		90	97.0	开泵4↓（1~1.5） 停泵1.5↑6	4502m：2.35~2.40 4606m：2.35~2.40 5563m：2.35~2.41
11	泵替加重钻井液	14	2.50	0.9~1.0	105	111.0	开泵6↓（2~1.5） 停泵1.5↑5	
12	泵替钻井液	9.4	2.28	0.8~0.9	116	120.4	开泵5↓0 停泵0↑6	
13	停泵泄压，检查回流，卸水泥头				131	120.4	6	4502m：2.40 4606m：2.40 5563m：2.38
14	环空憋压6MPa，坐封隔器				151	120.4	5.5~6.5	
15	起钻15柱				211	120.4	4~4.4	4606m：2.36
16	循环洗井	100	2.28	1.8~2.1	262	220.4	0	
17	关井72h后，方可开井进行下步作业							

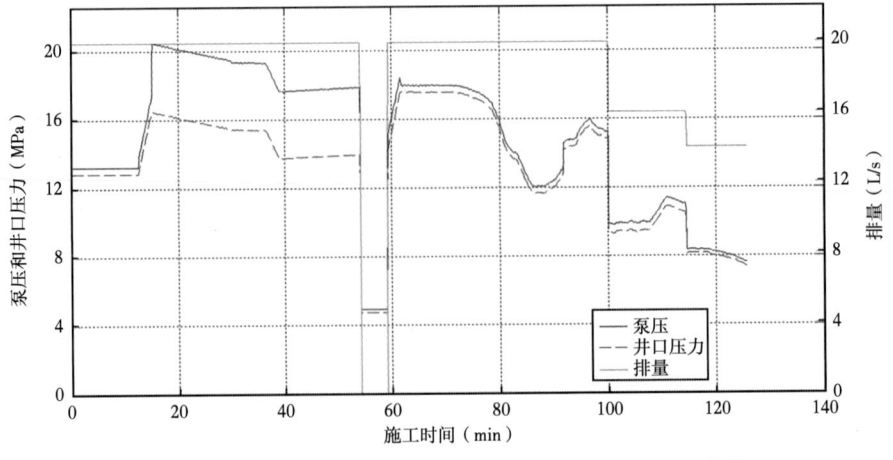

图6-23　MX022-H21井 φ177.8mm复合尾管固井施工曲线

四、应用效果

候凝结束后,采用 CBL-VDL 固井质量综合评价测井。测井解释结果显示:水泥胶结优良井段为 30.4%,水泥胶结中等井段为 56.3%,水泥胶结差井段为 13.3%。全井段固井水泥胶结合格率为 86.7%,测井评价为合格。本次 ϕ177.8mm 复合尾管全井段固井质量见表 6-15。

表 6-15　MX022-H21 井复合尾管全井段固井质量统计表

序号	标准(%)	厚度(m)	比例(%)	结论
1	0.00~20.0	684.1	30.4	优
2	20.0~40.0	1271.0	56.3	中
3	40.0~100.0	300.9	13.3	差

4580~4630m 封固井段上部声幅值中到高到低,一界面水泥胶结中到差到优。4580~4630m 储层声幅值低到中,一界面水泥胶结优到中,如图 6-24 所示。

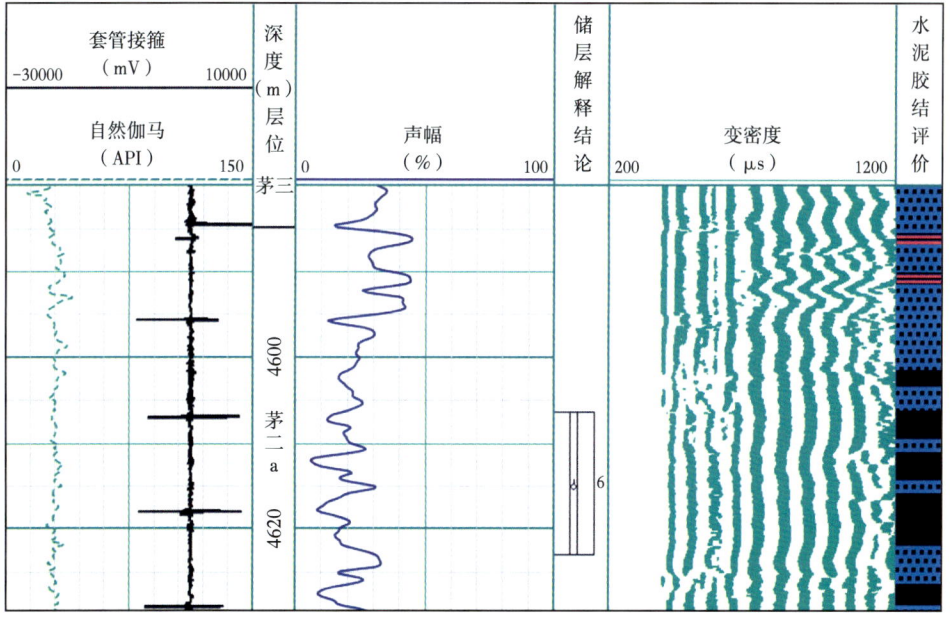

图 6-24　MX022-H21 井(4580~4630m)固井处理成果图

参 考 文 献

[1] 《钻井手册》编写组. 钻井手册（第二版）（上册）[M]. 北京：石油工业出版社, 2013：66-75.

[2] 郭建华, 郑有成, 李维, 等. 窄压力窗口井段精细控压压力平衡法固井设计方法与应用 [J]. 石油天然气工业, 2019, 39（11）：86-91.

[3] 杨雄文, 周英操, 方世良, 等. 国内窄窗口钻井技术应用对策分析与实践 [J]. 石油矿场机械, 2010 (8)：7-11.

[4] 张兴国, 高兴原, 冯明. 固井质量影响因素分析 [J]. 钻采工艺, 2002, 25（2）：10-13.

[5] 钟福海, 宋元洪, 费中明, 等. 缅甸D区块窄密度窗口防漏防窜固井技术探讨 [J]. 钻井液与完井液, 2010, 27（5）：61-64.

[6] 康祥. 固井防漏技术综述 [J]. 石化技术, 2016, 23（5）：122-122.

[7] 杨海席. 国内外防气窜固井技术研究 [J]. 石化技术, 2017, 24（12）：99.

[8] 沈元波, 和鹏飞, 徐彤, 等. 调整井固井难点分析及水泥浆体系优化研究 [J]. 石油化工应用, 2018, 37（12）：7-10.

[9] 秦克明. 元坝7井超深井高温高压小间隙尾管固井技术 [J]. 新疆石油天然气, 2018, 14（2）：28-32.

[10] 张凯, 李明, 刘小利, 等. 国内外小井眼固井技术研究现状 [J]. 钻采工艺, 2015, (2)：23-26.

[11] 唐世春, 崔龙兵. 小井眼扩孔技术在塔河油田的应用 [J]. 石油钻探技术, 2001, 29（3）：35-36.

[12] 赵静, 刘义坤. 影响调整井固井质量的主要因素及计算方法 [J]. 钻井液与完井液, 2007, 24 (2)：45-47.

[13] 沈海超, 胡晓庆, 王希玲. 提高窄安全密度窗口地层固井质量的力学机制研究 [J]. 钻井液与完井液, 2011, 28（5）：44-46.

[14] 李德红, 蒋新立, 李明忠, 等. 调整井固井工艺技术研究进展 [J]. 探矿工程-岩土钻掘工程, 2019, 46（4）：30-36.

[15] 康祥. 固井防漏技术综述 [J]. 石化技术, 2016, 23（5）：122-122.

[16] 顾军, 杨亚馨, 张鹏伟, 等. MTA防窜固井技术原理及现场应用分析 [J]. 石油钻探技术, 2012, 40（1）：17-21.

[17] 陈滨, 陈波, 李定文, 等. 环空底部加压固井技术的研究与应用 [J]. 复杂油气藏, 2016, 9（4）：62-67.

[18] 周代, 何德清, 黄后初, 等. 平衡固井技术在程1井中的应用 [J]. 内蒙古石油化工, 2010, 36 (9)：143-145.

[19] 郭继刚. 精细动态控压固井技术在顺南区块的应用 [J]. 钻井液与完井液, 2016, 33（5）：76-79.

[20] 杨旭东. 控压固井技术的应用现状及发展趋势 [J]. 化学工程与装备, 2019, (2)：78-79.

[21] 马勇, 郑有成, 徐冰青, 等. 精细控压压力平衡法固井技术的应用实践 [J]. 天然气工业, 2017, 37（8）：61-65.

[22] 贾永江. 平衡压力固井技术在塔河油田尾管固井中的应用 [J]. 钻采工艺, 2012, 35（4）：101-103.

[23] 刘世彬, 徐峰, 曾凡坤. 平衡压力固井施工三参数的正确设计及合理搭配 [J]. 钻采工艺, 2007, 30（6）：119-120.

[24] 胡锡辉, 唐庚, 李斌, 等. 川西地区精细控压压力平衡法固井技术研究与应用 [J]. 钻采工艺, 2019, 42（2）：14-16.

[25] 郑忠茂, 许莉. 基于精细控压压力平衡法固井技术的应用实践 [J]. 中国石油和化工标准与质量, 2018, 38（22）：165-166.

[26] 郑忠茂, 许莉. 基于精细控压压力平衡法固井技术的应用实践 [J]. 中国石油和化工标准与质量, 2018, 38 (22): 165-166.

[27] 邹灵战, 毛蕴才, 刘文忠, 等. 盐下复杂压力系统超深井的非常规井身结构设计——以四川盆地五探1井为例 [J]. 天然气工业, 2018, 38 (7): 73-79.

[28] 郑述权, 罗良仪, 陈正云, 等. 多压力系统中钻井安全作业密度的确定和应用——以四川盆地五探1井 Φ333.38mm 井眼钻井为例 [J]. 天然气工业, 2018, 38 (7): 80-85.

[29] 陈涛, 赵思军, 常小绪, 等. 四川盆地川东地区复杂地层大斜度超深定向钻井技术 [J]. 天然气勘探与开发, 2018, 41 (1): 101-107.

[30] 李向碧, 王睿, 郑有成, 等. 多级架桥暂堵储层保护技术及其应用效果评价——以四川盆地磨溪—高石梯构造龙王庙组储层为例 [J]. 天然气工业, 2015, 35 (6): 76-81.

[31] 马勇, 姚坤全, 付华才, 等. 非常规条件下超深漏失井尾管固井作业——以云安002-7井为例 [J]. 天然气工业, 2012, 32 (9): 71-73.

[32] 刘世彬, 宋艳, 李兵, 等. LG地区超深井固井工艺技术 [J]. 天然气工业, 2009, 29 (10): 65-68.

[33] 鲜明, 陈敏, 余才焌, 等. 动态平衡固井技术与实践 [J]. 钻井液与完井液, 2017, 34 (6): 73-78.

[34] 左星, 万昕, 苏立飞. 精细控压钻井技术在四川盆地安岳气田震旦系灯影组气藏开发中的应用 [J]. 天然气勘探与开发, 2017, 40 (4): 105-109.

[35] 左星, 周井红, 刘庆. 精细控压钻井技术在高石001-X4井的实践与认识 [J]. 天然气勘探与开发, 2016, 39 (3): 70-72.

[36] 周峰, 左星, 李明宗. 精细控压钻井技术在高石001-H2井的实践与认识 [J]. 钻采工艺, 2017, 40 (5): 19-21.

[37] 晏凌, 吴会胜, 晏琰. 精细控压钻井技术在喷漏同存复杂井中的应用 [J]. 天然气工业, 2015, 35 (2): 59-63.

[38] 左星, 杨玻, 海显贵. 精细控压钻井技术在磨溪-高石梯海相地层应用可行性分析 [J]. 钻采工艺, 2015, (4): 15-17.

[39] 左星, 肖润德, 梁伟, 等. 精细控压钻井技术在高石19井实践与认识 [J]. 钻采工艺, 2014, (6): 9-10.

[40] 孙海芳, 冯京海, 朱宽亮, 等. 川庆精细控压钻井技术在NP23-P2009井的应用研究 [J]. 钻采工艺, 2012, 35 (3): 1-4.

[41] 郭继刚. 精细动态控压固井技术在顺南区块的应用 [J]. 钻井液与完井液, 2016, 33 (5): 76-79.

[42] 鲜明, 曾凡坤, 聂世均, 等. 高压气井动态控压固井新技术及应用 [J]. 断块油气田, 2018, 25 (3): 385-389.

[43] 石林, 杨雄文, 周英操, 等. 国产精细控压钻井装备在塔里木盆地的应用 [J]. 天然气工业, 2012, 32 (8): 6-10.

[44] 韩付鑫, 樊洪海, 张治, 等. 基于四参数流变模式的套管下放速度分析 [J]. 石油钻采工艺, 2016, 38 (3): 331-334.

[45] 孙旺. 大斜度井下套管波动压力计算分析 [D]. 青岛: 中国石油大学 (华东), 2015.

[46] 徐璧华, 冯青豪, 谢应权, 等. 考虑循环温度影响下注水泥流变性能计算方法 [J]. 钻井液与完井液, 2017, 34 (6): 79-82.

[47] 王锦昌. 大牛地气田下套管作业中环空波动压力分析 [J]. 石油钻采工艺, 2016, 38 (1): 36-41.

[48] 付华才, 刘洋, 孙政, 等. 套管下入激动压力计算模型及影响因素分析 [J]. 钻采工艺, 2013, 36 (3): 15-17.

[49] 管志川, 宋洵成. 波动压力约束条件下套管与井眼之间环空间隙的研究 [J]. 石油大学学报：自然科学版, 1999, 23 (6)：33-35..

[50] 樊洪海, 刘希圣. 直井钻井液粘性产生的波动压力的理论分析 [J]. 石油大学学报（自然科学版）, 1990 (02)：12-19.

[51] 王伟, 黄柏宗. 高温高压下水泥浆的流变性及其模式 [J]. 油田化学, 1994 (01)：18-22.

[52] 何世明, 刘崇建, 邓建民, 等. 温度压力对水泥浆流变性的影响规律研究 [J]. 石油钻采工艺, 1999：7-12+103.

[53] 袁彬, 杨远光. API"两点"法求解流变参数的精确算法 [J]. 钻井液与完井液, 2015, 32 (4)：48-50.

[54] 徐璧华, 刘文成, 杨玉豪. 小间隙井注水泥环空流动计算方法与应用 [J]. 天然气工业, 2014, 34 (4)：90-94.

[55] 冯青豪. 注水泥流动摩阻的准确计算方法研究与现场应用 [D]. 成都：西南石油大学, 2016.

[56] 王治国, 陈超, 潘少敏, 等. 深井注水泥小间隙环空流动计算方法研究与应用——以塔河油田S井为例 [J]. 石油地质与工程, 2014, 28 (3)：103-105.

[57] 刘崇建. 油气井注水泥理论与应用 [M]. 北京：石油工业出版社, 2001.

[58] 王文斌, 马海忠, 魏周胜, 等. 长庆苏里格气田欠平衡及小井眼固井技术 [J]. 钻井液与完井液, 2006, 23 (5)：64-66.

[59] 汪海阁, 白仰民, 高振果, 等. 小井眼环空压耗模式的建立及其在吉林油田的应用 [J]. 石油钻采工艺, 1999：1-6, 29-113.

[60] 樊洪海, 谢国民. 小眼井环空压力损耗计算 [J]. 石油钻探技术, 1998 (4)：48-50.

[61] 刘崇建, 刘孝良, 刘乃震, 等. 提高小井眼水泥浆顶替效率的研究 [J]. 天然气工业, 2003, 23 (2)：46-49.

[62] 周凤石. 偏心环隙流动的基本特征及其对钻井的影响 [J]. 石油钻采工艺, 1983, 5 (3)：007-16..

[63] 陆沛青, 桑来玉, 谢少艾, 等. 苯丙胶乳水泥浆防气窜效果与失重规律分析 [J]. 石油钻探技术, 2019, 47 (1)：52-58.

[64] 郭胜来, 步玉环, 柳华杰. 考虑失水影响的固井水泥浆失重模拟实验装置设计 [J]. 实验室研究与探索, 2017, 36 (7)：50-52.

[65] 程小伟, 刘开强, 李早元, 等. 油井水泥浆液-固态演变的结构与性能 [J]. 石油学报, 2016, 37 (10)：1287-1292.

[66] 刘崇建, 张玉隆, 郭小阳, 等. 水泥浆桥堵引起的失重和气侵研究 [J]. 天然气工业, 1997：41-46.

[67] 林友建. 一种固井环空水泥浆失重测量装置设计研究 [D]. 成都：西南石油大学, 2012.

[68] 郭辛阳, 步玉环, 李娟, 等. 井下复杂条件下固井水泥环的失效方式及其预防措施 [J]. 天然气工业, 2013, 33 (11)：86-91.

[69] Jiang Y, Zhou Y, Liu W, et al. The Analysis of Applications of Micro-flux Control Drilling Technology in Narrow Density Window Drilling Scenarios [J]. Procedia Engineering, 2014, 73：352-361.

[70] Elmarsafawi Y, Beggah A. Innovative Managed-Pressure-Cementing Operations in Deepwater and Deep Well Conditions [C] //SPE/IADC Drilling Conference. Society of Petroleum Engineers, 2013.

[71] Cui L, Wang H, Ge Y. Detailed Hydraulic Simulation of MPD Operation in Narrow Pressure Windows [C] //International Oil and Gas Conference and Exhibition in China. Society of Petroleum Engineers, 2010.

[72] Balanza J A, Justiniano L C, Poletzky I. Implementation of Managed Pressure Casing Drilling and Managed Pressure Cementing Techniques in Unconventional Reservoirs [C] //SPE/IADC Drilling Conference and Exhibition. Society of Petroleum Engineers, 2015.

[73] Siddiqi F A, Riskiawan A, Al-Yami A, et al. Successful Managed Pressure Cementing With Hydraulic Simulations Verification in a Narrow Pore-Frac Pressure Window Using Managed Pressure Drilling in Saudi Arabia [C] //SPE Annual Technical Conference and Exhibition. Society of Petroleum Engineers, 2016.

[74] Ficetti S, Baggini Almagro S P, Aldana S, et al. Innovative Techniques for Unconventional Reservoirs: Managed Pressure Cementing Application in Western Argentina Shale Formations [C] //SPE/IADC Managed Pressure Drilling and Underbalanced Operations Conference and Exhibition. Society of Petroleum Engineers, 2016.

[75] Claudey E, Fossli B, Elahifar B, et al. Experience using managed pressure cementing techniques with riserless mud recovery and controlled mud level in the barents sea [C] //SPE Norway One Day Seminar. Society of Petroleum Engineers, 2018.

[76] Elahifar B. Successful Deep Water Drilling MPD, Early Kick Detection and Performing Managed Pressure Cementing With CML Controlled Mud Level System in GOM and North Sea [C] //SPE/IADC Drilling Conference and Exhibition. Society of Petroleum Engineers, 2017.

[77] Mirrajabi M, Stave R S, Rohde B. Successful Implementations of Top-hole Managed Pressure Cementing in the Caspian Sea [C] //SPE Annual Technical Conference and Exhibition. Society of Petroleum Engineers, 2012.

[78] Tan B, Gillies J, Noh A, et al. Managed Pressure Cementing Enables Offshore Operator to Reach TD in Narrow Margin Ultra-HP/HT Well in Malaysia [C] //SPE/IADC Drilling Conference and Exhibition. Society of Petroleum Engineers, 2015.

[79] Russell E, Katz A, Pruett B. Achieving Zonal Isolation Using Automated Managed Pressure Cementing [C] //SPE/IADC Managed Pressure Drilling and Underbalanced Operations Conference and Exhibition. Society of Petroleum Engineers, 2016.

[80] Gallo F, Rubianto I, Rojas F, et al. MPD and MPC Successfully Applied to Deliver a Defying Exploratory Ultra-HPHT Well in Offshore Malaysia [C] //SPE/IADC Managed Pressure Drilling and Underbalanced Operations Conference & Exhibition. Society of Petroleum Engineers, 2015.

[81] Xu B, Yuan B, Guo J, et al. Novel technology to reduce risk lost circulation and improve cementing quality using managed pressure cementing for narrow safety pressure window wells in Sichuan Basin [J]. Journal of Petroleum Science and Engineering, 2019.

[82] Ma Y, Zheng Y, Xu B, et al. Application of precise MPD & pressure balance cementing technology [J]. Natural Gas Industry B, 2018, 5 (2): 162-166.

[83] Chow T W, McIntire L V, Kunze K R, et al. The rheological properties of cement slurries [J]. SPE (Society of Petroleum Engineers) Product. Eng.; (United States), 1988, 3 (4).

[84] Haciislamoglu M. Practical pressure loss predictions in realistic annular geometries [C] //SPE Annual Technical Conference and Exhibition. Society of Petroleum Engineers, 1994..

[85] Zeng Y, Lu P, Zhou S, et al. A new prediction model for hydrostatic pressure reduction of anti-gas channeling cement slurry based on large-scale physical modeling experiments [J]. Journal of Petroleum Science and Engineering, 2019, 172: 259-268.

[86] Zeng Y, Lu P, Zhou S, et al. A new prediction model for hydrostatic pressure reduction of anti-gas channeling cement slurry based on large-scale physical modeling experiments [J]. Journal of Petroleum Science and Engineering, 2019, 172: 259-268.